SHUANGTAN MUBIAOXIA
HUODIAN QIYE QUANGUOCHENG
JIENENG GUANLI

"双碳"目标下火电企业全过程节能管理

北京京能电力股份有限公司　组编

中国电力出版社
CHINA ELECTRIC POWER PRESS

内容提要

本书详细介绍了火电企业节能管理体系的构建，包括节能管理制度的编制、成员的职责、节能技术监督的主要内容及要求；介绍了火电企业开展节能分析的重要性以及节能分析的种类和编制方法；对火电企业各技术经济指标进行释义，并对影响指标的因素、控制调整措施进行了详细阐述；利用耗差分析理论推导出经济指标对热耗的影响，并给出了通用公式，是理论联系实际的一次突破，为火电企业更好地开展指标分析提供重要的参考依据。

本书的主要特点是理论联系实际，可为火电企业加快构建节能管理体系、完善提高节能管理水平、实现全过程节能管理提供重要的参考和帮助。

图书在版编目（CIP）数据

"双碳"目标下火电企业全过程节能管理/北京京能电力股份有限公司组编. —北京：中国电力出版社，2022.12

ISBN 978-7-5198-7159-8

Ⅰ．①双… Ⅱ．①北… Ⅲ．①火电厂－节能－管理 Ⅳ．①TM621

中国版本图书馆 CIP 数据核字（2022）第 196451 号

出版发行：中国电力出版社

地　　　址：北京市东城区北京站西街 19 号（邮政编码 100005）

网　　　址：http://www.cepp.sgcc.com.cn

责任编辑：刘汝青（22206041@qq.com）

责任校对：黄　蓓　常燕昆

装帧设计：赵姗姗

责任印制：吴　迪

印　　　刷：北京九天鸿程印刷有限责任公司

版　　　次：2022 年 12 月第一版

印　　　次：2022 年 12 月北京第一次印刷

开　　　本：787 毫米×1092 毫米　16 开本

印　　　张：19.75

字　　　数：306 千字

印　　　数：0001—2000 册

定　　　价：98.00 元

《"双碳"目标下火电企业全过程节能管理》

编 委 会

主　　任　张　伟

副 主 任　李染生

委　　员　戴忠刚　李心福　王金鑫　赵剑波　张　奇

　　　　　韩志勇　王　清　刘金学

编 写 组

主　　编　李染生

副 主 编　景　杰

编写人员　李染生　景　杰　程　锋　范双利　郭洪远

　　　　　柴国勋　解　涛　张利明　曹海波　赵　锦

　　　　　管辉尧　刘义杰　王晓磊　张大勇　文　龙

　　　　　周春燕　杨　进　张博楠　白丹丹　李　超

前　言

2020 年 9 月，习近平主席在第七十五届联合国大会一般性辩论上阐明，应对气候变化《巴黎协定》代表了全球绿色低碳转型的大方向，同时宣布中国将提高国家自主贡献力度，采取更加有力的政策和措施，二氧化碳排放力争于 2030 年前达到峰值，努力争取 2060 年前实现碳中和。碳达峰、碳中和即"双碳"目标正式提出。这不仅是建设人与自然和谐共生的现代化中国的要求，也是中国对世界的庄严承诺。在 2020 年 12 月举行的气候峰会上，习近平主席进一步宣布，到 2030 年，中国单位国内生产总值二氧化碳排放将比 2005 年下降 65%以上，非化石能源占一次能源消费比重将达到 25%左右。

为了落实"双碳"目标，2021 年 9 月 22 日，中共中央国务院下发《关于完整准确全面贯彻新发展理念做好碳达峰碳中和工作的意见》，要求"把节约能源资源放在首位，实行全面节约战略，持续降低单位产出能源资源消耗和碳排放，提高投入产出效率，倡导简约适度、绿色低碳生活方式，从源头和入口形成有效的碳排放控制阀门"。

电力行业尤其是火力发电厂，是煤炭消耗大户。目前我国发电和供热行业二氧化碳排放量占全国排放量的比重超过 40%,是国家节能减排工作的重点管控行业。火电厂的节能减排对实现电力行业碳排放达峰，乃至全国碳达峰、碳中和目标具有重要意义。

2021 年 10 月 29 日,《国家发展改革委、国家能源局关于开展全国煤电机组改造升级的通知》(发改运行〔2021〕1519 号）正式下发，要求推动能源行业结构优化升级，进一步提升煤电机组清洁高效灵活性水平，促进电力行业清洁低碳转型，统筹考虑煤电节能降耗改造、供热改造和灵活性改造，实现"三改"联动。通知明确规定到2025年，全国火电平均供电标准煤耗降至300g/（kW·h）以下。对无法通过改造达标的机组逐步淘汰关停，并视情况将具备条件的转为应急备用电源。

2017年8月28日，国家发展改革委、国家能源局联合下发了《关于开展电力现货市场建设试点工作的通知》特急文件，要求2018年底前启动电力现货市场试运行。结合各地电力供需形势、网源结构和市场化程度等条件，选择南方（以广东起步）、蒙西、浙江、山西、山东、福建、四川、甘肃等8个地区作为第一批试点，加快组织推动电力现货市场建设工作。经过几年的试运行，上述地区的电力现货交易已基本成为常态。现货市场下对于火电企业提出了更高的要求，如何通过节能降耗，压控发电成本，提升市场竞争力，成为企业是否盈利的关键。

现阶段，能源行业逐步加快绿色低碳发展步伐，火电企业虽然依旧占据"压舱石"的主体地位，但产能过剩、电量逐年下降，机组利用小时减少也是不争的事实。近两年已出现单机300MW机组淘汰关停的情况，落后产能加速出清。在电力市场过剩、新能源竞争冲击、高煤价低电价"两头压挤"等各种因素的影响下，火电企业利润空间被大幅压缩，生产经营十分困难。为有效控制标准煤单价，降低发电成本，争取利润最大化，被迫大量掺烧低价泥煤、劣质煤、洗中煤、高硫煤等，不可避免地带来了一定的负面影响。

当前无论是国家政策，还是市场环境，火电厂节能减排必将成为贯穿整个"十四五"期间的一项重要工作，节能管理的重要性愈加凸显。通过构建完善的节能管理体系，制定节能管理制度，明确管理职能，理顺关系，确保节能监督工作的顺利开展，实现"以管理促减排、向管理要效益"。

本书紧扣国家政策、市场形势，着眼火力发电厂节能管理，全面、系统介绍了火力发电厂节能管理网络架构、管理活动的主要内容。北京京能电力股份有限公司是一家电力上市公司，旗下运营电厂20余家，多年来积累了丰富的节能管理经验，并将其融入指标分析和耗差分析中，力求为读者奉献一本具有重要参考价值的工具书。本书可为新投产火力发电厂快速构建节能管理体系提供指导，为运营中的火力发电厂进一步完善节能管理提供帮助。

本书共五章，第一章节能管理概况主要介绍了火力发电厂节能管理机构的成员、职责以及节能管理制度的编制；第二章节能技术监督主要介绍了三级节能技术监督网的搭建、成员职责、火力发电厂节能技术监督的主要内容；第三章节能分析主要介绍了火力发电厂开展节能分析的重要性以及节能分析的种类和编制方法；第四章指标管理主要参考国家能源局最新版 DL/T 904—2015《火力发电厂技术经济指标计算方法》对各技术经济指标进行释义，并对影响指标的因素、控制调整措施进行了详细阐述；第五章耗差分析是通过理论推导给出各经济指标对热耗的影响，并推导出通用公式，为火力发电厂更好地开展耗差分析提供重要的参考依据。

本书对技术经济指标的计算引用了最新版 DL/T 904—2015《火力发电厂技术经济指标计算方法》，是对该计算方法的一次详细解读。耗差分析作为本书的一项重要内容，也是在之前公开发表的节能类图书中不多见的理论联系实际的一次突破。期待本书的出版能为读者送去想要的节能知识，为火力发电厂节能减排、助力实现"双碳"目标作出重要贡献。

由于编者水平有限，时间仓促，不足之处在所难免，敬请广大读者给予批评指正。

编　者

2022 年 10 月

目　录

前言

第一章　节能管理概况 …………………………………………………… 1

　　第一节　节能管理网络 ………………………………………………… 1

　　第二节　节能管理网络成员职责 ……………………………………… 2

　　第三节　企业各部门的节能管理职责 ………………………………… 5

　　第四节　节能管理内容 ………………………………………………… 7

　　第五节　中长期节能滚动规划 ………………………………………… 17

第二章　节能技术监督 …………………………………………………… 22

　　第一节　节能技术监督网络 …………………………………………… 23

　　第二节　节能技术监督网络成员职责 ………………………………… 24

　　第三节　节能技术监督日常管理 ……………………………………… 28

　　第四节　能源计量的节能技术监督 …………………………………… 43

　　第五节　各类指标的节能技术监督 …………………………………… 49

　　第六节　节能技术监督月报表模板 …………………………………… 59

第三章　节能分析 ………………………………………………………… 65

　　第一节　节能周报分析 ………………………………………………… 65

　　第二节　节能月报分析 ………………………………………………… 67

　　第三节　节能年报分析 ………………………………………………… 71

　　第四节　节能专题分析 ………………………………………………… 74

　　第五节　节能技改项目收益分析 ……………………………………… 88

第四章 指标管理 ··· 94

第一节　综合经济技术指标 ······································· 94

第二节　锅炉经济技术指标 ······································· 99

第三节　汽轮机经济技术指标 ··································· 124

第四节　除灰、脱硫经济技术指标 ····························· 170

第五节　燃料、汽水经济技术指标 ····························· 185

第六节　辅机单耗、耗电率指标 ································· 196

第五章 耗差分析 ··· 227

第一节　耗差分析概况 ··· 227

第二节　耗差分析指标体系的建立 ····························· 230

第三节　二级指标对供电煤耗的影响系数 ····················· 232

第四节　三级指标对供电煤耗的影响系数 ····················· 236

第五节　锅炉侧小指标对供电煤耗的影响系数 ················· 253

第六节　汽轮机侧小指标对供电煤耗的影响系数 ··············· 262

参考文献 ··· 302

第一章　节能管理概况

节约资源是我国的基本国策,节能是生态文明建设的内在要求,节能管理是实现能源节约的重要手段。燃煤发电厂作为能源消费的主要行业,是国家节能减排的重点管控行业,必须制定一套符合本企业实际情况的、行之有效的节能管理制度,才能确保各项节能工作顺利开展,不断降低机组能耗,促进煤电行业清洁低碳发展,助力全国碳达峰、碳中和目标如期实现。

一个高效的节能管理体系应包括三级节能管理网络、网络内成员的职责以及具体的节能管理活动开展内容。

第一节　节能管理网络

随着节能减排要求的不断提高,节能管理的覆盖面不断扩展,以往一家用能单位只设立一个节能专责的管理模式已经不能满足现阶段节能管理的要求。必须设立专门的节能管理机构,统一领导,实行分级管理。

为了更好地开展节能工作,满足日益严格的节能减排要求,目前很多发电企业都成立了专门负责全厂节能管理的机构——节能管理中心。体制的改变,促进了管理的提升,实现了企业节能管理工作站得高、管得全、有考核、能闭环。

一、节能管理工作目标和基本任务

节能管理是电力生产管理体系的一项重要工作,各级生产人员均应积极参与节能管理活动。

节能管理工作的目标是建立规范化、标准化和科学化的节能管理体系,不断提高发电设备的经济运行水平,助力"碳达峰、碳中和"目标的实现。

节能管理工作的基本任务是运用科学高效的节能管理手段,降低发电成本,提高发电设备的经济运行水平;建立健全节能评价、分析、管理体系,提高发电设备系统的运行经济性,按照同类可比、相对先进的原则,实现发电机组在全国同等级机组经济指标评比中处于先进水平。

二、三级节能管理网络的构成

三级节能管理网络具体如图 1-1 所示。

第一级：节能领导组，领导组下设节能中心，组长由分管领导担任，副组长由节能中心主任担任，领导组成员为各部门负责人，节能中心全面负责节能管理的具体工作。

第二级：各部门节能员。

第三级：各专业、班组节能员。

通过三级节能管理网络的搭建，真正实现了厂级、部门、班组节能管理的全覆盖，各级人员各负其责，上传下达，管理、监督并重，将节能管理融入日常工作中，为节能工作的顺利开展奠定坚实的基础。

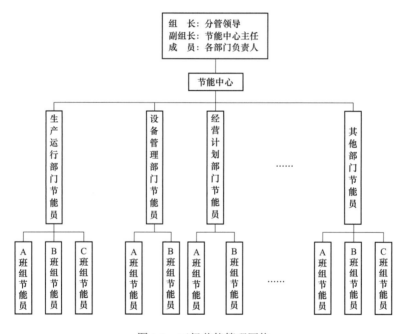

图 1-1　三级节能管理网络

第二节　节能管理网络成员职责

一、节能领导组在节能管理中的主要职责

（1）贯彻国家、电力行业有关节能管理的法规、政策，审定本单位节能管理等各项节能制度，完成本单位节能管理基本任务，统筹协调各项节能工作。

（2）建立和健全本单位的节能管理体系，指导本单位各部门节能工作的开展。

（3）审定并落实本单位节能滚动规划和年度措施计划。

（4）审定本单位节能技术改造、新技术应用推广项目，检查资金到位、项目进度情况。

（5）每月组织召开一次节能例会，制定月度节能管理目标和措施。总结经验、分析问题，不断提高全员的节能管理水平，使各项经济指标水平经常保持在最佳状态。

（6）组织重大节能技术改造项目的技术论证、评审。对能耗异常情况，组织调查分析，并提出指导意见。

（7）负责对节能工作先进集体和个人的审定和表彰奖励。

（8）组织对改造、扩建和新建工程的节能审查，确保工程设计内容中有明确的节能指导思想以及正确选用节能设备、材料、工艺，督促工程管理部门，抓好节能工程验收和效果鉴定工作。

（9）组织节能管理应用课题研究，开展国内外节能管理先进技术、先进经验的交流与合作，推动节能管理水平的不断提高。

二、节能中心在节能管理中的主要职责

（1）由分管领导直接管理，负责本单位节能日常管理工作。

（2）贯彻执行有关节能管理规定，负责制定本单位的各项节能管理制度，将节能指标分解落实到各部门，并实施监督和考核。

（3）参照 GB/T 25329—2010《企业节能规划编制通则》，组织编制本单位中长期节能规划、年度节能计划、年度节能培训计划，并监督执行情况，定期向节能领导组汇报。

（4）运用节能分析、评价理论，指导设备检修和改造，定期对设备的经济运行水平进行评价，并提出节能降耗的改进措施。

（5）对新改造设备的方案进行节能论证，并组织人员进行全过程跟踪、效果测评和效益评估。

（6）定期组织召开节能分析会，总结存在的问题，制订解决方案，提出改进措施。全面评价设备安装、检修运行等因素对设备能耗的影响，并制订月度节能工作目标和措施。

（7）定期进行节能业务培训，组织开展节能降耗的科技攻关、新技术推广工作。

（8）按月、季、年做好能耗分析，编写节能简报、节能工作总结，以及各种节能报表，建立健全节能管理技术档案。

（9）按规定向上级主管部门报送技术经济指标报表、总结。

（10）组织开展节能宣传教育工作，提高广大职工节能意识，并组织节能培训，对节能工作进行指导。

三、部门节能员在节能管理中的主要职责

（1）负责本部门各项能耗和经济指标统计，按月、季、年做好能耗分析及各类节能

报表工作。建立健全所辖设备经济指标台账，做好历史记录。

（2）认真行使监督职权，对违反节能制度的行为有制止权；对存在的严重影响机组安全、经济运行的高耗能设备有整改建议权。

（3）组织开展专业技术交流，推广现代化节能管理办法、节能技术改造和行之有效的节能措施，不断提高节能技术监督水平。

（4）掌握节能技术领域的最新动向，研究和提出节能工作中带有普遍性、关键性的技术问题，组织节能科技项目的攻关。

（5）定期对所辖设备、系统进行节能技术监督评价，提出评价报告。

（6）对主辅设备加强管理，按经济运行方式操作，提高设备效率，保证设备在经济状况下运行。

（7）按照规定的能源定额和单项经济指标，合理组织生产，落实节能措施，将节能工作纳入班组经济核算和绩效考核范围。

（8）定期组织本部门召开节能技术监督工作会议，总结工作，交流经验，制订节能技术工作计划和任务。

（9）负责本部门的节能培训工作，提高专业技术水平和节能意识，组织开展节能技术改造和合理化建议活动，推广应用节能经验。

四、专业节能员在节能管理中的主要职责

（1）负责本专业设备系统的节能监督、检查、管理工作，并对指标的正确性、先进性负责。

（2）配合节能中心完成本专业技术经济指标定额的制定。

（3）配合做好节能技术改造、新技术应用推广及项目调研工作。对节能改造工程质量、项目进度负责。

（4）负责本专业设备、系统大小修后各项指标的评价，检查各项考核指标是否达到考核标准，并上报节能领导组。

（5）负责本专业年度节能计划的制定。

（6）认真行使监督职权，对违反节能制度的行为有制止权；对本专业存在的严重影响机组安全、经济运行的高耗能设备有整改建议权。

五、班组节能员在节能管理中的主要职责

（1）协助值长、班长做好所辖设备、系统的节能工作，监督各项节能措施的有效落实执行。

（2）及时掌握各机组能耗指标完成情况，开展经济分析评价，提出相应改进建议。各班组建立节能台账，每月至少进行一次节能分析。

（3）负责本班组的节能培训工作，提高专业技术水平和节能意识，组织开展节能技术改造和合理化建议活动，做好节能新技术新经验推广应用工作。

（4）建立健全与节能监督有关的运行记录、技术改进、调整试验等方面的技术档案。

（5）认真行使监督职权，对违反节能制度的行为有制止权；对存在的严重影响机组安全、经济运行的高耗能设备有整改建议权。

第三节　企业各部门的节能管理职责

节能管理不是一个人、一个部门或几个生产部门的工作，是全单位、全部门、全员参与的工作。因此，在实际操作中必须将所有部门列入节能管理范围内，并在节能管理制度中对企业各部门的职责进行详细规定。

一、生产运行部门的主要节能管理职责

（1）贯彻执行国家、行业、上级领导单位及本单位的有关节能管理法规、条例、制度、规定等。

（2）负责全厂范围内主辅设备系统的经济运行管理和经济调度。

（3）运行人员应树立整体节能意识，不断总结操作经验，做到勤检查、细调整、重分析，使各项运行参数达到设计值，以提高全厂运行经济性。

（4）负责运行小指标竞赛办法的制定、实施、监督工作，并取得一定成效。

（5）严格落实本单位各项节能技术措施。

（6）负责建立运行分析制度，并组织开展运行经济分析。

（7）配合各项试验，确保试验顺利进行。

（8）配合完成上级单位组织的各节能专项检查工作。

二、设备维护部门的主要节能管理职责

（1）负责职责范围内的设备检修方面的节能降耗工作，保证检修质量，提高可靠性。

（2）负责职责范围内的节能技术改造和节能专项大修项目的实施。根据热力系统和设备优化分析，落实节能技改项目。对低效率的水泵和风机，积极采用调速技术和设备，降低厂用电率。

（3）负责全厂能耗表计的定期校验管理工作，并对准确性、精度负责。

（4）加强各种运行仪表的管理工作，对测量仪表的准确度及保护正确动作率进行监督，确保指标准确无偏差，做到装置齐全、准确可靠。

（5）组织完成各种热力试验、性能测试工作。主要系统及设备在投产调试、A级检修或重大技术改造前后，必须参照国家标准或有关标准进行相应试验和验收，掌握设备

及机组性能。

（6）对影响机组和设备经济性能的问题要制定消缺方案，结合检修进行消缺。同时要注重在检修中开展相应工作，例如调整汽轮机动静部分间隙、保持受热面清洁、消除热力系统内外部泄漏等，达到节能目的。

（7）贯彻执行国家、行业、上级领导单位及本单位的有关节能管理法规、条例、制度、规定等。

（8）配合完成上级单位组织的各节能专项检查工作。

（9）负责本单位重大节能技改工程的规划与立项。

（10）负责本单位重大节能技改工程的施工过程管理，保证施工质量，督促工程按计划进度、关键节点施工，不发生严重的工程延期情况。

（11）负责对本单位重大节能技改项目进行全过程监督、总结、后评价、后评估和考核。

（12）负责对项目施工现场的用能管理，杜绝私接乱挂，减少能源浪费。

三、生产经营部门的主要节能管理职责

（1）负责本单位计量监督工作，特别要做好入厂燃料、用水、关口电能表、热量表的监测工作，其不平衡率应符合国家计量有关规定。能源计量器具的选型、准确度、稳定度、测量范围和数量，应能满足节能工作的要求。能源计量器具配备率达到100%，计量监测率达到95%，在用计量器具周期受检率达到100%。

（2）负责了解各级政府部门节能政策，组织做好节能补贴资金的争取工作。

（3）负责非生产用能统计分析、考核工作，并与外单位签订非生产用能合同。

（4）负责将上级单位年度考核指标按月度分解至各部门，并将指标完成情况纳入部门年终绩效考评。

（5）负责节能技术改造项目的招标及合同签订工作。

（6）负责组织每月燃煤、燃油的盘点工作，并对盈亏情况进行分析。

四、物资管理部门的主要节能管理职责

（1）根据物资采购需求申请，尽量选择节能高效先进的产品。

（2）负责备品备件的采购、入库及验收、保管、领用、统计结算。

（3）对于影响机组安全、经济运行的重要设备的备品备件必须确保一定的库存。

（4）负责入厂燃油的接卸、过磅监督工作。

五、燃料管理部门的主要节能管理职责

（1）负责燃料检斤率，检斤合格率，燃料检质率，煤场月盘煤盈亏吨率，进厂煤亏

吨、亏卡、索赔率，入厂煤热值等指标的统计分析工作。对亏吨、亏卡部分，燃料管理部门要会同有关部门，索赔追回，索赔追回率达 100%。

（2）负责轨道衡、汽车衡设备设施的校验管理工作，并对准确性负责。

（3）每月进行一次燃料成本预测和成本计划完成情况分析。

（4）负责煤场管理，做到合理分类堆放，对储存的不同煤质的煤要定期测温、建立台账，防止自燃和发热量损失。

（5）负责对入厂煤的收到基低位发热量、灰分、全水，硫分、无灰干燥基挥发分进行监督。每月对入厂煤进行分析，并制定整改措施。

（6）负责全厂配煤掺烧工作。

六、其他部门的主要节能管理职责

（1）负责职责范围内非生产用能的监督管理工作。

（2）组织本部门员工积极参与各项节能培训、宣传工作。

第四节　节能管理内容

节能管理内容是节能管理制度的核心，管理内容要做到全覆盖，条款要有较强的可操作性。在制定各项条款时可以充分征求各部门、各专业的意见，确保每项条款不能只存在于纸面上、口头上，而是落实在行动上，真正起到指导生产经营活动的作用，构建起贯穿生产经营全过程的全方位、全覆盖、精细化的节能管理体系。

节能管理内容大致包括基础管理、经济运行与经济调度、检修维护、热力试验、技术革新和技术改造、燃料节能管理、节约用电管理、节约用水管理、节能培训等。企业在编制时可根据本单位实际情况进行完善。

一、基础管理

（1）明确规定本单位节能工作归口管理机构。

（2）单位各部门须指定专人担任本部门或本专业的兼职节能员，各级节能员必须执行节能管理制度中规定的各项职责，人员空缺时其岗位职责的履行不能缺失。

（3）节能中心每年年初以文件形式发布一次三级节能管理网名单，各部门不得擅自变动节能网成员。组织机构和节能网人员变动时，由节能中心及时修订三级节能管理网。

（4）节能中心每年年末根据上级节能管理工作的要求和次年度考核能耗指标，组织制定本单位下年度节能工作措施、计划，编制中长期节能滚动规划。

年度节能工作措施与计划可以按照组织措施、技术措施和计划实施进度三个部分进行编制。组织措施主要是通过加强基础管理、强化各级人员职责、采取激励性奖惩机制、细化能耗指标管控等，实现管理节能；技术措施主要是通过加强各经济指标的监督调整、严格节能技术措施的落实、优化系统运行方式、实施节能升级改造等，实现技术节能；计划实施进度是将措施计划限定时间、落实到人，压实主体责任，确保完成。节能工作措施、计划实施进度表可参见表 1-1。

表 1-1 节能工作措施、计划实施进度表

序号	项目	开始时间	完成时间	责任人	配合人	验收人
1						
2						
3						
...						

（5）节能中心每年年初根据本企业下达的生产经营指标，分解和发布节能指标和能耗定额，将指标完成情况纳入节能考评。

（6）企业各部门要运用科学的管理方法和先进的技术手段，制定本部门节能工作计划、节能技术措施，合理有效利用能源。

（7）要充分发挥节能管理网的作用，开展全面的、全员的、全过程的节能管理工作，逐项落实节能规划和计划，将项目指标依次分解落实到各有关专业或班组，认真开展小指标的考核和竞赛。

（8）企业各部门、专业、班组要建立健全能源消耗原始记录和日常能源消耗统计台账，建立健全电力生产建设全过程的节能技术监督档案和资料管理制度，保证检测、试验、更新改造报告及有关原始资料、记录的准确性、完整性和实效性；并定期开展相关节能指标、节能工作、节能项目的总结分析工作。

（9）指标管理：

1）每年年初根据上级主管单位下达的发电量、供电煤耗、厂用电率、燃油量等综合指标，分解、制定本企业的年度、月度指标计划，并明确责任部门。

2）各指标责任部门要将责任指标按月度计划分解本部门小指标，落实到各有关专业、班组或岗位。

3）节能中心对节能目标体系中的指标按月、季、年进行监督、检查和考核，以小指标保证大指标的完成。

（10）供电煤耗按正平衡法计算，定期以反平衡法进行校核。

（11）能源计量管理：

1）采购、选用能源计量器具时，要执行 GB 17167—2006《用能单位能源计量器具配备和管理通则》，配置符合要求的计量器具。

2）能源计量装置的选型、精确度、测量范围和数量，应能满足能源定额管理的需要，

并建立校验、使用和维护制度。

（12）非生产用能要与生产用能严格分开，责任部门应加强管理，节约使用。对非生产用能进行计量，每月统计，并按规定收费。

（13）加强厂房、车间、班组及办公楼照明系统的管理，做好户内、户外照明的维护，防止开关失控。严格执行照明系统的管理制度，并严格考核。

（14）基础台账的建立与管理：

1）规定责任部门建立本企业能源原始数据台账、能源消耗台账，建立生产用能和非生产用能统计台账以及生产指标台账，并按时向上级单位上报各种能源统计报表。

2）建立能源计量器具汇总台账，并按照国家标准、行业标准和本企业管理制度要求建立能源计量器具校验管理台账。

3）生产部门各专业要建立专业节能台账，规范节能工作计划、节能指标、节能培训、节能分析总结、典型节能活动和节能合理化建议等工作。

二、经济运行与经济调度

（1）经济运行实行能耗定额管理。能耗定额主要有综合能耗指标（即供电标准煤耗）和组成综合能耗指标的各项小指标。能耗定额制定采用技术计算法、实测法、数理统计法。

（2）要建立横向、纵向经济指标对标管理台账。把实际供电煤耗水平与设计值和历史最好值进行比较和分析，把实际供电煤耗水平与国内、国际同类型机组最好水平进行比较和分析，把其他一些经济指标和历史最好水平或合理水平进行比较分析，找出差距，并制定改进措施。

（3）生产部门各专业管理人员要开展经济运行分析，利用试验、热力学计算等方法确定设备系统运行方式和小指标变化对煤耗的影响值，以便找出影响煤耗的原因，采取有效措施。

（4）生产部门要通过试验确定机组经济运行方式，要在满足电网调度要求的基础上，按照等微增率准则，进行电负荷的合理分配，实现经济调度。

（5）生产部门要通过试验编制主要辅机运行特性曲线，根据季节变化情况、负荷率情况对辅机进行经济调度。

（6）在机组启动、运行和停机过程中都应坚持经济调度，控制能耗指标。需要燃油启动的企业，要根据本企业年度燃油总目标值，结合机组的年度检修计划，分别制定各台机组的用油目标值。日常生产过程中，要积极改善操作技术，加强燃油考核，将生产用油控制在计划内。

（7）对于检修机组，停机后应立即停运没有必要运行的辅机，需继续运行的辅机达到停运条件要立即停运。停机前必须确定检修项目，运行人员接到工作票后立即安排检修措施，尽量缩短检修时间，对无故延长检修时间者要进行考核。机组检修工作完成后，要立即报备。

（8）对于停机备用机组，必须做到备用与经济相结合，合理安排辅机运行方式，做到既能保证机组随时启动又能最大程度地节约能源。

（9）运行人员要树立整体节能意识，不断总结运行经验，优化吹灰工作，及时进行燃烧调整，严格锅炉定期排污，积极推行耗差管理，推进小指标竞赛活动，力争使各项运行参数达到最佳值，提高全厂经济性。

（10）落实配煤责任制。成立以分管领导为组长的燃煤调度小组，根据不同煤种及锅炉设备特性，研究确定掺烧方式和掺烧配比，并落实到有关岗位认真执行。

（11）运行中根据煤质分析报告及实际燃烧状况进行燃烧调整，保持锅炉蒸汽参数在规定范围内。

（12）实时分析尾部烟道各段的进出口静压差、烟温、风温数据，掌握尾部烟道的积灰情况和空气预热器的换热效果。

（13）运行氧量的调整应在保证锅炉效率的前提下，调整过热蒸汽、再热蒸汽温度在正常范围内，锅炉受热面无超温，且炉内无严重结渣现象。运行氧量应根据锅炉燃烧优化调整试验结果确定的最佳运行氧量曲线进行控制，当煤种发生变化时，应对最佳氧量曲线进行相应调整。氧量计应定期进行标定。

（14）定期检查锅炉本体、空气预热器及尾部烟道的漏风情况，重点检查吹灰器、炉底水封、烟道各部位的伸缩节、人孔、检查孔、穿墙管等部位。发现漏风应及时消除，运行中无法彻底消除的，应采取临时措施，尽量减少漏风。

（15）煤粉炉应综合考虑煤的燃烧特性、燃烧方式、炉膛热负荷、煤粉均匀性及制粉系统电耗，通过试验确定最佳煤粉细度。磨煤机检修后应进行煤粉细度核查，对于中速磨煤机，在磨辊运行中、后期，应根据煤粉细度的变化，定期调整磨辊的间隙和加载力。

（16）在满足电网调度要求的基础上，优化机组运行方式，进行电、热负荷的合理分配和主要辅机的优化组合，实现经济运行。当机组长时间停备时，优化整合设备运行方式，节省厂用电。

（17）各监视段抽汽压力、温度与同负荷工况设计值相比出现异常时，应查找原因或进行有效处理。汽轮机低压缸排汽温度应与凝汽器压力对应的饱和温度相匹配。

（18）高压加热器启停时应按规定控制温度变化速率，防止温度急剧变化对加热器的损伤；运行中根据给水温度与负荷的关系曲线来监测给水温度是否达到要求；通过监测加热器进出口温度来判断加热器旁路门的严密性；加热器运行中应保持正常水位，疏水方式与设计相同，事故疏水无内漏；加热器汽侧排空门开度合理，不宜过大；监视分析加热器的端差和温升，使回热系统保持最经济的运行方式。

（19）保持汽轮机在最佳的排汽压力下运行，定期进行真空严密性试验。对于直接空冷机组和间接空冷机组，还应合理安排散热器的高压水冲洗。冬季加强空冷散热器测温，做好防冻工作。

（20）监测机组补水量的变化，根据锅炉水质控制除氧器排汽和锅炉排污，合理使用厂用蒸汽，降低水汽损失。

（21）化学制水系统应通过试验确定最佳制水周期、再生用酸碱量和再生反冲洗时间，优化运行操作、设备投运顺序，提高周期制水量，降低自用水量和酸碱消耗量。

（22）根据机组负荷及入炉煤含硫量的变化，选择合理的浆液循环泵和氧化风机台数，优化脱硫系统运行方式，节省厂用电。

（23）监视脱硝系统运行，控制氨逃逸率，防止硫酸氢铵沉积堵塞空气预热器从而增加烟风阻力。

（24）热电联产机组应根据热负荷情况，合理调整供热运行方式。采用高背压供热的企业，应尽可能地提高乏汽利用率。

三、检修维护

（1）检修维护部门要加强设备管理，搞好设备的检修与维护，坚持"质量第一"的方针，及时消除设备缺陷，努力维持设备的设计效率，使设备长期保持最佳状态。结合设备检修，定期对锅炉受热面、汽轮机通流部分、凝汽器和加热器等设备进行彻底清洗以提高热效率。

（2）检修维护部门要建立有效的内漏阀门和渗漏点查找处理和考核机制，定期组织检查核实。各专业必须掌握本专业管辖范围内设备渗漏点情况。利用大小修、临修机会，治理阀门管道内漏、外漏。

（3）保持热力设备、管道及阀门的保温完好，设备消缺后保温应重新恢复，并作为工作票终结验收的一项内容。专业技术人员应广泛调研，采用新材料、新工艺，努力降低散热损失。保温效果的检测应列入新机移交生产及大修竣工验收项目。

（4）做好制粉系统的维护工作。对于钢球磨煤机，应通过现场实际试验确定最佳钢球装载量，并定期进行补加钢球。定期进行筛球，筛球情况要进行详细统计、分析。对于中速磨煤机的耐磨部件，应推广应用特殊耐磨合金钢铸造，以延长其使用寿命。

（5）要制定锅炉受热面定期清洁制度，随时清除结焦、积灰，并利用大小修机会彻底清除结焦和积灰，提高传热效率，降低排烟温度和引风机单耗。

（6）要及时治理锅炉本体漏风和空气预热器漏风，保证本体、空气预热器、除尘器漏风率控制在合格范围内。

（7）科学、适时安排机组检修，比较机组欠修、失修情况，通过检修恢复机组性能。建立完整、有效的维护与检修质量监督体系，制定检修规程，明确检修工艺和质量要求，检修中加强检查、督促，把好质量关，检修后应有质量验收报告。

（8）每年编制三年检修工程滚动规划和下年度检修工程计划。在机组等级检修临检前，安排机组检修缺陷处理项目。日常缺陷应及时处理，做好缺陷统计记录，未能及时处理的应备注原因并明确运行注意事项，制定应急处置措施，明确消缺计划。

（9）各等级检修中应制定标准检修项目，综合评估机组安全与节能的关系，消除运行中发现的缺陷。

（10）汽轮机揭缸检修时，对通流部分轴封、隔板汽封、叶顶汽封、径向汽封的间隙，按检修规程的要求进行调整，严格验收。对各级汽封宜采用技术先进成熟的汽封装置。

（11）对泄漏的加热器旁路门、水室隔板，在检修中应及时消除。单台高压加热器堵管率超过 1.5%时应考虑更换管系。

（12）加强维护，保证热力系统各阀门处于正确阀位，通过检修消除阀门和管道泄漏。治理漏汽、漏水、漏油、漏风、漏灰、漏煤、漏粉等问题。

（13）生产现场保温应满足 DL/T 936—2005《火力发电厂热力设备耐火及保温检修导则》的要求。积极采用新材料、新工艺，保持热力设备、管道及阀门保温完好，对保温测试结果超标的部位及时维护或检修。

（14）生产现场照明节能按 DL/T 5390—2014《发电厂和变电站照明设计技术规定》执行。在满足照明效果的前提下，选用节能、安全、耐用的照明器具。

四、热力试验

（1）热力试验工作的职责是鉴定监督锅炉及汽轮机设备、系统的经济性能，确保设备、系统经常能稳定在良好的经济水平上运行，使企业获得最大的经济效益。

（2）根据生产工作需求、大小修计划、机组设备实际运行情况，有针对性地开展汽轮机侧、锅炉侧设备热效率试验及各种特殊项目的试验，制定优化运行方案，作为设备改造和运行人员经济调度的依据。

（3）热力试验内容。

1）热力设备、系统特性试验：锅炉设备大、小修前后特性试验；汽轮机设备大、小修前后特性试验；水泵、风机等辅机特性试验；锅炉大、小修后冷态空气动力场试验；凝汽器最佳真空试验；制粉系统特性试验；等等。

2）定期试验：凝汽器真空严密性试验；空气预热器漏风试验；制粉系统漏风试验；等等。

3）查定试验：设备、系统运行方式优化组合的查定试验；发电煤耗查定试验；厂用电率查定试验；设备缺陷、热力系统特殊运行方式对经济性影响的查定试验；锅炉排污门、排污扩容器运行工况查定试验；汽水损失（热力设备、管道系统汽水泄漏损失）率查定试验；高温设备、管道保温表面温度查定试验；单元热力设备、系统能量平衡查定试验；水平衡查定试验；炉膛燃烧室温度场查定试验。

4）鉴定试验：设备、系统技术改造前后鉴定试验；新机组投产后性能鉴定、验收试验；等等。

5）调整试验：锅炉燃烧调整试验；制粉系统最佳煤粉细度调整试验；等等。

（4）能量平衡测试，包括汽水平衡测试、电能平衡测试、燃料平衡测试、热量平衡测试。测试时，单元制锅炉-汽轮发电机组需同时进行测试，但不限定全厂所有机组同时进行。能量平衡测试工作，应至少每两年一次，并进行煤耗、厂用电率及其影响因素分析。能量不平衡率超过规定范围后，要及时组织查找原因，制定措施整改。

（5）企业职能部门必须参加新机组验收试验，掌握设备性能，提供验收意见。

（6）定期进行优化燃烧调整试验，对煤粉细度及其分配均匀性，以及一次风、二次风配比及总风量，炉膛火焰中心位置，磨煤机运行方式等进行调整试验，制定出针对常用炉前煤种在各种负荷下的优化运行方案。

五、技术革新和技术改造

（1）每年年底组织专业技术人员认真逐台分析现有设备的运行状况，有针对性地编制中长期节能技术革新和技术改造规划，按年度计划实施，以保证节能总目标的实现。改造效率低的风机、泵组，消灭"大马拉小车"的浪费现象。

（2）对于重大节能改造项目，项目负责人要组织人员进行技术可行性研究和节能评估，认真制定设计方案，落实施工措施，有计划地结合设备检修进行施工。节能改造后要在两个月内提交专题分析报告。

（3）企业应优先安排技术改造资金，并提取部分生产发展基金和折旧基金，用于节能技术改造。

（4）禁止使用国家明令淘汰或者不符合强制性能源效率标准的用能产品、设备和生产工艺。

（5）在保证设备、系统安全可靠运行的前提下，采用先进的节能技术、工艺、设备和材料，依靠科技进步，降低设备和系统的能量消耗。

（6）为减少启动和低负荷稳燃用油，应采用微油、少油或等离子点火技术。

（7）当回转式空气预热器存在密封不良、低温腐蚀和积灰堵塞等问题时，应进行改造，采用先进的密封技术。空气预热器漏风率应执行 DL/T 1052—2016《电力节能技术监督导则》的有关规定。

（8）当汽轮机汽封间隙大、级间漏汽严重时，应对汽封进行改造，选择合理的汽封型式和结构。

（9）当泵与风机长期在低负荷下运行，特别是机组调峰时，运行工况点偏离高效区、流量和压力变化较大时，应考虑进行调速改造。

（10）电动机平均负载率低于50%时，应更换较小功率的电动机或进行变速改造。

（11）对于能效指标超过 GB 20052—2020《电力变压器能效限定值及能效等级》规

定的能效限定值的三相变压器实施技术改造。

（12）采用先进工艺进行节水改造，提高水的回收利用率。

六、燃料节能管理

（1）企业要按照国家有关规定、上级单位的要求和本企业的制度，加强燃料管理，搞好燃料的计划管理、调运验收、收发计量、混配掺烧等各项工作。

（2）企业燃料管理部门要建立健全燃料计划、采购、调运、验收、耗用、储存、标准煤单价分析及盘点的管理制度。

（3）要努力提高计划内燃料到货率，抓好燃料检斤、检质和取样化验工作，对亏吨、亏卡的部分，要会同有关部门索赔追回。

（4）企业燃料管理部门对到厂燃料必须逐车计量，并必须使用电子轨道衡计量，不得使用矿方大票数量或用扣掉运损的重量替代。

（5）对入炉煤皮带秤、分炉计量装置、入厂煤电子轨道衡，要按规定进行实物校验。

（6）做好燃料接卸设备的维护，要认真做好燃料的接卸工作，在规定的时间内将燃料卸完、卸尽。同时做好车底清扫工作，特别要做好冬季车底的清扫工作。

（7）用于煤质化验的煤样，应保证取样的代表性，要使用符合标准要求的机械化自动取样制样装置，并按规程规定进行工业分析。

（8）为确保进厂煤、入炉煤采样制样的正确性，主管负责人要不定期检查进厂煤、入炉煤采样制样的正确性。燃料采样、制样、化验人员要经过专业培训，做到持证上岗。

（9）加强贮煤场管理，合理分类堆（存）放，对贮存煤要定期测温，采取措施，防止自燃和发热量损失。

（10）煤场盘点应每月进行一次。发生较大盈亏时，应分析原因，并按燃料管理相关规定处理。

（11）企业燃料管理部门制定燃料统计管理制度，做好进厂煤量、种类、热值、全水分、挥发分、含硫量等指标的统计、分析、管理工作。

（12）企业燃料管理部门要每月进行标准煤单价分析，写出书面报告，报送主管领导和有关部门。分析工作应具体到煤种煤价、煤种质量等因素和各种煤价的影响值各是多少，为降低燃料成本和为领导决策提供依据。

（13）企业要根据上级单位的考核指标严格控制热值差。

（14）燃油盘点依据油区油位计，要加强油区表计的维护、校验，入炉油流量计按大修期由热工外送检验，保证燃油计量表的准确性。

（15）要提高设备检修、维护水平，减少因设备问题造成的燃油损失。燃油系统发生漏油时，要及时解决，控制油系统的严密性。

（16）要加强运行管理及技术培训，提高运行操作技术，逐步减少启停炉燃油用量，最大限度地控制助燃用油的消耗。

七、节约用电管理

（1）外接用电必须经过相关部门专业管理人员的技术审核，所有外包项目的临时用电都要先向相关管理部门提交用电申请，得到批准并安装电能表后才能取电。各项目负责人负责管理外来施工用电等外接电源，项目完成后要将与施工方共同抄录、签字的电量数据报经营管理部门，以便核算电费。

（2）加强转动设备的维护工作，特别是变频设备的故障处理，减少电能消耗。

（3）企业采购用电设备时，必须购买节电产品。

（4）制定照明管理规定并严格执行，厂区内的所有照明要根据不同区域、不同季节等具体情况，明确不同部位照明灯的开关时间，并严格考核。

（5）要根据生产照明需要设计照明方案，安装节能灯具，防止过度照明和欠照明。做好户内、户外照明的维护，防止开关失控；生产照明的控制由所在区域责任单位负责，杜绝浪费。

（6）厂区（非生产区域）照明和办公照明要明确责任部门，并制定管理制度，使用节能灯具，避免长明灯或照明缺失，并按照季节和天气特点控制照明，杜绝浪费。

（7）员工离开办公室、会议室时随手关闭照明和空调，下班后关闭电脑、打印机、饮水机等用电设备，降低待机消耗，杜绝不良用电习惯。

（8）办公室空调要随季节变化及时调整，按照《国务院关于加强节能工作的决定》（国发〔2006〕28号）规定，夏季室内空调温度设置不低于26℃，冬季室内空调温度设置不高于20℃。生产现场的空调温度要根据设备需要及时调整，避免过冷或过热，减少不必要的电能消耗。

八、节约用水管理

（1）企业必须制定节约用水管理制度，制度应包括考核条款，并严格落实。

（2）按照GB/T 18916.1—2021《取水定额 第1部分：火力发电》的规定，严格控制本企业的用水。

（3）对各项用水实行定额管理与考核。根据厂区水量和水质条件定期进行全厂的水量平衡试验，并以此为准进行运行控制和调整。

（4）每年初编制企业年度及月度用水计划，节水管理部门每月对用水情况进行统计汇总，根据用水指标完成情况提出节水、用水建议或考核建议。出现用水异常时，及时组织有关部门进行分析，并制定相应的措施。相关部门每年要根据企业下达的用水指标计划，制定本部门年度用水指标计划和措施，并认真组织实施。

（5）所有新增用水和外包项目的临时用水要提前向职能部门提交用水申请，得到批准并安装水表后方能取水。对于外包项目的临时用水，按照规定在项目结束后一次性抵扣相应的费用。外包项目的临时用水量由项目负责人每月月底最后一天报送职能部门。

（6）企业节能管理部门根据国家政策，每年办好"节水周"活动，对全员进行节水宣传，努力提高广大员工对节水重要性的认识和节水的意识。

（7）对耗水较大的设备系统及生产设备的疏放水系统进行改造，设备的选型优先选用技术成熟、水资源消耗低的工艺技术。

（8）要加强厂房内外主机汽水系统设备以及各种冷却水设备、设施、器具的管理、维护和保养，严防跑冒滴漏的现象发生。加强废水处理系统的检修维护，保证设备安全经济运行。专业技术人员要积极研究各种废水回收利用技术和方案，提高废水回收利用率。

（9）化学专业对循环冷却系统要采取防止结垢和腐蚀的措施，并根据厂区供水水质条件，经过计算，制定出经济合理的循环水浓缩倍率范围。循环水浓缩倍率必须满足DL/T 1052—2016《电力节能技术监督导则》的要求。严格控制机力冷却塔溢流和循环水排污。循环水浓缩倍率在保证循环水质达标的基础上尽量保持高限值。

（10）化学专业要加强汽水品质监督，运行人员要根据水质情况合理降低排污率，并减少各种汽水损失。做好机炉等热力设备的疏水、排污及启停时的排汽和放水的回收。正常汽水损失率（不包括锅炉排污、机组启动或因事故而增加的汽水损失）应达到不大于锅炉额定蒸发量的 0.5%的标准。严格控制非生产用汽和注意回收疏水，并单独计量，防止浪费。

（11）运行人员应加强现场用水监督。对回转机械的冷却水，要根据实际情况加以调整，避免水资源的浪费，尽量减少用水量。

（12）生产部门要制定详尽的生产用水节水措施和考核细则，定期上报生产用水情况、节水措施以及节水分析，摸索规律，逐步实现各处用水指标量化管理。

（13）加强非生产用水的管理：

1）非生产用水包括但不限于宾馆、办公楼、食堂、公寓、仓储、灰场办公区、检修综合楼、厂区绿化等区域的用水。

2）明确非生产用水责任部门，并负责制定全厂各区域非生产用水指标。每月统计非生产用水量，进行用水分析，水量异常时，应迅速调查原因及时消除。

3）外包工程单位的用水以及临时用水必须按量计费，并加强管理，杜绝浪费。

4）凡用水的各建筑物均应加装水表，定期准确计量用水量。发现地下水管损坏时，应及时在 24 小时内消除泄漏。

九、节能培训

（1）节能培训原则与要求：

1）具有节能知识、理论、技术、意识是做好节能管理工作的基础。做好节能培训是提高管理者和操作者节能技术、增强节能意识的重要途径。

2）企业要广泛开展节能的宣传和教育，提高广大职工的节能意识，发扬点滴节约精神，千方百计杜绝各个环节的能源浪费。运行岗位人员上岗前，应接受节能教育、培训，并经考核合格。

3）要根据员工专业技术水平、职龄结构以及应达到的目标提出节能培训需求或计划报企业节能管理机构，节能管理机构根据需求计划制订年度节能培训计划，对不同专业、不同岗位开展不同层次的培训。

4）部门和班组要做好员工节能培训学习记录，如实反映培训情况。

（2）节能培训内容：

1）国家和地方的法律、法规、行业标准，上级主管单位和本企业下发的文件、节能管理制度和规定。

2）节能管理知识、能量平衡分析、热力经济分析和计算、效率监控方法、主辅机经济调度、能耗设备管理和检修技术、能耗设备操作技术、节能技术、节能工艺。

3）本企业设备系统的热力特性、各项技术经济指标对经济性的影响等。

（3）节能培训方式：

1）外部培训。上级主管单位、部门或能源管理机构开办的各种节能培训班、专业会、技术交流会或研讨会，专业技能鉴定等。

2）内部培训。专题知识讲座、班组技术学习、"节能宣传周"和"节水宣传周"活动、节能分析会等。

（4）节能培训计划：

1）企业节能管理机构每年年初根据各部门上报的节能培训需求及上年度节能培训实施情况，制订本年度的节能培训计划，并纳入企业年度培训计划。

2）各部门每年年初根据上年度节能培训工作实施情况，提出培训需求或计划并报节能管理机构审核。在企业年度培训计划下发后，制订本部门的节能培训实施计划。

第五节　中长期节能滚动规划

中长期节能滚动规划一般以三年为一个规划期，也可以考虑五年，每年年初根据上年度完成情况及当前的目标任务情况进行修订，所以称为滚动规划。

一、中长期节能滚动规划应具备的三个要素

（1）延续性。编制滚动规划要根据上年度各措施计划落实情况、节能指标完成情况，综合考虑当前的国家政策、市场变化、企业内外部环境因素等的影响，对节能目标进行修正。

（2）科学性。规划的节能目标必须进行精准测算，要符合企业的实际情况，要有相应的技术措施、技改项目作为支撑，不能是空中楼阁，应做到精准预测、科学预测。

（3）可操作性。规划中所列的节能技术措施计划必须有较强的可操作性，不能泛泛而谈，应保证各项措施计划能够有效落地。

二、中长期节能滚动规划的内容

1. 第一部分：企业节能概况

企业节能概况可以从四个方面进行编制，分别是企业简介、能源流程图、能源消费状况、节能管理情况。

（1）企业简介主要是介绍本企业的基本情况，包括机组型号、型式、投产时间、应用新工艺、新技术情况以及近几年实施的重大节能技改项目等。

（2）能源流程图是根据本企业的实际生产过程、工艺流程，绘制简单的能源转换流程。目的是通过流程图可以大概了解能源的消耗环节，为节约能源提供参考。

燃料流程：煤场→输煤皮带→煤仓→给煤机→磨煤机→炉膛（落渣→捞渣机→灰场）→受热面→脱硝装置→空气预热器→布袋除尘（落灰→灰斗→灰场）→引风机→脱硫装置（石膏→灰场）→烟囱。

汽水流程：城市中水→中水处理站→化学制水→除盐水箱→除盐泵→凝结补水箱→凝结补水泵→排汽装置热井→凝结水泵→化学精处理→轴封加热器→低压加热器→除氧器→给水泵→高压加热器→省煤器→汽包→下降管及强制循环水泵→水冷壁→汽包分离器→锅炉过热器→汽轮机高压缸→锅炉再热器→汽轮机中压缸→汽轮机低压缸→凝汽器→热井。

能量转化流程：燃料化学能 —锅炉燃烧→ 热能 —锅炉吸热→ 动能 —汽轮机→ 机械能 —发电机→ 电能。
（动能→）城市供热、供汽

（3）能源消费状况是对过去三年企业能源消耗及产出情况进行统计，具体可参考表 1-2。

表 1-2　　　　　　　能源消费状况统计表（以 2021 年度为例）

指标	单位	2019 年	2020 年	2021 年
发电量	万 kW·h			
上网电量	万 kW·h			
利用小时	h			
供热量	GJ			
供热比	%			

指标	单位	2019 年	2020 年	2021 年
热电比	%			
发电厂用电率	%			
供热厂用电率	%			
综合厂用电率	%			
供电煤耗	g/（kW·h）			
供热煤耗	kg/GJ			
发电用原煤量	t			
供热用原煤量	t			
总原煤量	t			
发电用油量	t			
供热用油量	t			
总用油量	t			
发电用煤折标准煤量	t			
发电用油折标准煤量	t			
发电总标准煤量	t			
供热用煤折标准煤量	t			
供热用油折标准煤量	t			
供热总标准煤量	t			
生产总标准煤量	t			
总耗水量	t			
综合能耗量（标准煤）	t			
工业总产值（当年价）	万元			
工业增加值（当年价）	万元			
万元产值单位能耗（标准煤）	t/万元			
万元产值单位水耗	t/万元			
万元增加值能耗	t/万元			
万元增加值水耗	t/万元			

（4）节能管理情况是对上年度节能管理工作进行简要总结,包括节能基础管理情况、节能措施计划执行情况、节能技改及效益情况、节能目标完成情况等。

2. 第二部分: 节能潜力分析

节能潜力分析主要是对企业能耗状况的梳理和摸底,通过与设计值、国内同类型先进值的对比,找出自身存在的问题,为下一步制定整改措施奠定基础。

（1）与设计值对标。通过与设计值对标,查找各设备系统因达不到设计值而导致能耗指标升高的问题，进而分析设备系统达不到设计值的原因，寻找针对性的解决方案。

（2）与国内同类型先进值对标。通过对标国内先进机组，看到本企业与先进机组的差距，分析原因，制定改进措施。

（3）节能潜力分析。通过与设计值对标、与国内同类型先进值对标，已经基本了解了本企业在能耗指标方面存在的问题，分析问题的原因，进而制定针对性的整改措施，即是挖掘节能潜力的过程。

3. 第三部分：节能规划

节能规划可以从节能目标、中长期规划、规划期主要任务三个方面进行编制。

（1）节能目标，主要是指未来三年或五年本企业要实现的节能降耗目标。该目标是建立在对本企业上年度能耗指标完成情况进行深入分析的基础上，综合考虑国家政策、行业发展形势、企业自身情况等内外部环境的影响，通过精准分析、科学预测而得出的。节能目标要满足三个方面的要求：①必须是数字量化，而非笼统表述；②必须包括煤、水、油、电等企业在生产过程中实际消耗的能源；③必须科学合理、切实可行，不能脱离实际、空谈目标。

（2）中长期规划，主要是将节能目标按年度进行细化分解，做到每年有任务、年年有评估，确保指标可控、在控。

（3）规划期主要任务，是指为了保证节能目标的完成所采取的保障措施。主要包括：

1）完善各项节能管理制度，使之更全面、更科学、更切合实际、更能很好地推进节能降耗工作，逐步形成完善、长效、可持续发展的节能机制。

2）科学优化各项节能措施，巩固成果，使之实现常态化、规范化、流程化，符合生产经营的需要。

3）依靠科技进步和技术创新，大力实施技术改造，紧紧围绕建设节约环保型企业规划目标，结合贯彻落实国家有关科技政策，以工程建设、安全生产、节能降耗、提高效率、环境保护等为核心，对主机、主要辅机设备及系统实施节能和环保技术改造，将科技进步转化为先进生产力，提高机组的经济性、安全性、可靠性。

4）重点针对运行机组煤耗、厂用电率、发电水耗、污染物排放、检修成本等指标，确定本企业（机组）资源消耗和污染物排放指标的先进值、设计值、对标值与实际值之间的差距，分析原因，制定改进措施。

5）加强能效对标管理，查找差距，采取切实可行的有效措施，使能耗水平呈逐年下降趋势，在规划期内达到全国同类型机组先进水平。

6）进行机组优化运行调整试验和在线能损分析。通过对机组进行不同运行工况和不同运行方式下的优化调整试验，确定机组最佳运行曲线，保证机组始终在最佳状态下运行。应用在线能损分析和诊断软件，对机组锅炉、汽轮机及热力系统进行耗差分析和优化运行管理，提高机组运行水平和效率，降低煤耗。

7）加强燃料管理。严格对煤场管理，以及入厂煤和入炉煤计量、统计管理；通过及时对煤质特性测试分析，采取措施，应用预防煤自燃的技术，减少煤的热值损失；加强燃油的使用和计量管理，落实防止油库内燃油挥发损失的措施，减少燃油消耗量。

8）加强运行安全可靠性管理。采取综合治理措施，重点控制锅炉"四管"爆漏，加强金属监督和化学监督，落实稳定燃烧、防止超温和烟温偏差等措施，有效减少"四管"爆漏引起的"非停"，提高运行安全可靠性。

9）加强设备的大小修、日常节能技术监督力度，提高机组可靠性、经济性，确保机组始终处于高效经济运行状态，实现利润最大化。

10）建立健全资源节约责任制，大力开展宣传教育活动。加强资源节约工作，降低各项生产和经营成本，是创建节约环保型企业的重要工作之一，对加快建设资源节约型、环保型社会具有重要的意义。通过宣传教育活动，树立人人节约的意识和观念，从眼前做起，开展节约用电、用水、用纸、用油和办公器材的活动，降低人均能耗和行政开支。

4. 第四部分：实施计划及措施

重点对近三年或五年拟采取的机组大小修、节能升级改造等技术措施列出详细计划，包括项目内容、实施时间等。重点项目还应成立项目领导组，负责项目的前期调研论证、设计规划、设备选型、招标采购、工程实施、监督控制等工作；聘请专业机构进行项目方案设计评估，对项目投资及改造后的收益进行核算，确保改造后的经济效益；不定期召开节能规划推进会、专题会，总结部署、协调落实推进规划期各项工作。

5. 第五部分：保障措施

（1）组织措施：

1）健全节能管理组织机构，进一步明确职能，理顺关系，确保节能工作的顺利开展。以高度的政治意识、环保意识、社会意识、经营意识和大局意识，加强节能减排管控体系建设，提高对节能减排一票否决制的认识。

2）所有改造项目全部列入节能审查，做好项目的经济性效益评估工作。

3）制订符合实际、科学合理的执行计划，明确责任、分工到人，按计划完成各项工作。

4）采取激励性奖惩机制，加快推进各项节能举措的顺利实施。

5）加大节能宣传培训力度，在全公司范围内普及节能知识、法律法规、制度政策，提高全员节能意识。

（2）资金措施：

1）本企业自筹部分资金。

2）寻求政府节能减排补助资金支持。

3）与科研及制造单位合作，降低前期资金投入，取得共赢。

4）引入合同能源管理。

第二章　节能技术监督

节能技术监督是根据相关节能法律法规及导则要求，以节约能源为目的，采用技术手段或措施，对发电企业在规划、设计、制造、建设、运行、检修和技术改造中有关能耗的重要性能参数、指标及节能管理进行监督、检查及评价的活动。

节能技术监督范围参见图 2-1。

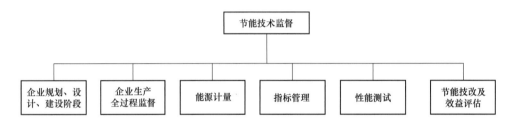

图 2-1　节能技术监督范围

通过全面节能技术监督，掌握机组运行性能以及指标参数的变化规律，及时发现机组运行中存在的问题，分析产生问题的原因，采取运行优化、技术改造等措施，消除影响经济运行的各种不利因素，确保电力生产过程的经济性，不断提高企业的节能管理水平，降低能源消耗，改善经济效益，提升企业竞争力。

节能技术监督的目的是贯彻我国"资源开发和节约并举，把节约放在首位"的能源方针，促进电力企业节能降耗，提高经济效益。

节能技术监督工作应以质量监督为中心，对企业耗能设备及系统在设计制造、安装调试、运行检修、技术改造等方面实行全过程的技术监督。

节能技术监督是一项综合性的技术管理工作，企业各级领导要将其作为经常性的重要基础工作来抓。要组织协调基建、生产及试验研究单位和各部门、各专业之间的工作，分工负责，密切配合，共同搞好节能技术监督工作。

节能技术监督要依靠科学进步，推广采用先进的节能技术、工艺、设备和材料，降低发电设备和系统的能源消耗。

节能技术监督的主要任务是：认真贯彻《中华人民共和国节约能源法》及国家、行业有关节能技术监督和节约能源的规程、规定、条例，建立健全以质量为中心、以标准为依据、以计量为手段的节能技术监督体系，实行技术责任制，对影响发电设备性能、指标和经济运行的重要参数进行监督、检查、调整及评价，使电、煤、油、汽、水的消耗率达到最佳水平，保证企业节能工作持续、高效、健康地发展。

第一节 节能技术监督网络

节能技术监督实行厂级、部门、班组三级管理，企业应当设立节能技术监督领导组，组长由分管领导担任，为了便于节能技术监督工作的开展，可以成立专门的节能管理机构，比如节能中心，上可以直接对领导组负责，下可以对各部门节能员行使管理权力。领导组成员包括与节能技术监督相关的部门负责人。部门、班组设节能技术监督专责。

三级节能技术监督网络可参照节能管理网络进行搭建，其区别在于节能管理网络是覆盖企业所有部门的管理机构，而节能技术监督主要侧重于具体的生产经营指标，故节能技术监督网络可以根据所监督的指标列入相关责任部门。

三级节能技术监督网络如图 2-2 所示，具体如下：

第一级：节能技术监督领导组，领导组下设专职节能管理机构（节能办公室或节能中心），组长由分管领导担任，副组长由节能管理机构负责人担任，领导组成员为部门负责人，节能管理机构全面负责节能管理的具体工作。

第二级：部门节能员。

第三级：专业、班组节能员。

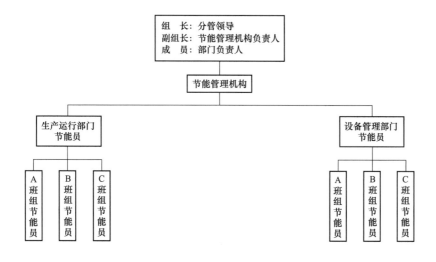

图 2-2 三级节能技术监督网络

第二节 节能技术监督网络成员职责

一、节能技术监督领导组节能技术监督职责

（1）建立和健全企业节能技术监督体系、制度、考核办法和技术措施。指导各部门节能技术监督工作的开展。

（2）全面领导企业节能技术监督的日常管理工作。具体包括定期组织召开节能技术监督工作会议，落实节能技术监督管理的工作计划，协调、解决节能技术监督管理工作中存在的问题，督促、检查节能技术监督管理各项工作的落实情况。

（3）贯彻落实国家、电力行业有关节能技术监督的法规、政策，审定本企业节能技术监督管理制度，统筹、综合、协调、管理各项节能技术监督工作。

（4）审核批准企业中长期节能滚动规划、年度节能措施计划、节能报表和节能分析报告、工作总结等相关节能技术监督的文件材料。

（5）对节能技术监督及节能技术改造项目的进展情况进行检查、考核，对有显著节能效益的技术改造项目进行奖励。

（6）对重大技术改造、扩建和新建工程开展节能监督，参与设计审查、调试验收及经济效益评价。确保工程设计内容中有明确的节能指标思想和正确选用节能设备、材料、工艺，协助工程管理部门，抓好节能工程验收和效果鉴定工作。

（7）参加上级节能监督部门组织的技术监督会议、技术交流培训及标准宣贯等活动。

（8）组织节能技术监督应用课题研究，开展国内外先进技术、先进经验的交流与合作，推动节能技术监督水平的不断提高。

二、节能管理机构节能技术监督职责

（1）熟知国家、行业以及上级主管单位有关节能技术监督的法律、法规、标准、制度、文件等，并严格贯彻落实。

（2）制定本企业的节能技术监督管理标准，并按照管理标准的规定开展节能技术监督工作。建立健全节能技术监督网络，加强节能技术监督工作人员的岗位培训，组织交流推广节能新技术、新设备、新的检测和诊断手段，不断提高节能技术监督水平。

（3）制定本企业的中长期节能滚动规划，以及月度、年度节能措施计划，编制月度、年度节能技术监督总结。

（4）按照上级单位下达的年度能耗考核指标，按月进行分解，监督指标的完成情况。

（5）负责按时完成上级主管单位规定的节能技术监督报表、总结、报告等。

（6）负责企业节能技术监督领导组的日常工作，如定期组织进行节能分析例会、及

时总结经验和分析存在的问题，提出整改措施，并编写会议纪要。

（7）参加新机组节能项目设计审查、大型节能技改项目验收。

（8）对热力试验工作进行指导，根据设备检修和机组具体情况，安排确定热力试验的项目和提出监督报告，要求在机组检修时解决节能技术监督中所发现的问题，并对检修后机组的节能监督指标进行评价。

（9）定期总结节能技术监督工作、收集和保存设备的相关档案资料，根据机组运行情况和经济指标的差距，对存在的设备问题进行综合分析，制定相应对策。

（10）对影响本企业经济运行的重大耗能设备，及时提出改进措施并组织解决。

（11）参与和指导企业煤、电、热、水、汽、油等重要计量装置的配置和质量认证工作。配合热工、电气专业做好节能计量装置和仪器仪表的检定工作。

（12）组织开展节能降耗的科技攻关、新技术推广和人员培训工作。

（13）制定本企业节能技术改造和技术攻关项目，定期检查节能规划和计划的执行情况。

（14）定期与行业内同类型机组、国内先进机组开展能效对标，发现工作中的差距和不足，拓展思路、找准方向、树立目标，制定改进措施，不断提高本企业发电设备运行经济性。

（15）针对能源消耗存在的问题，提出节能改进意见和措施。

（16）配合电科院或其他科研单位进行热力特性试验和工况测试，并提供试验报告。

（17）定期开展节能宣传教育，提高广大职工节能意识。组织节能培训，对员工进行节能指导。

（18）经常分析和检查设备、仪表、运行日志、报表记录。深入现场和班组调查运行各设备检修中所出现的异常现象，熟悉设备和系统运行操作规律、检修工艺，不断改善运行操作技术和检修管理方法。

（19）负责收集初审企业各部门提出的节能合理化建议。

（20）推广新技术、新成果，不断提高设备运行和检修技术水平。

三、部门节能技术监督职责

1. 生产运行部门节能技术监督职责

（1）负责各机组及附属系统的经济运行管理和经济调度。按照各台机组的热力特性、主要辅机的最佳效率进行最佳组合，进行经济调度。

（2）负责对反映机组经济特性的参数和指标进行监督调整、统计、分析、考核工作，并制定相应经济运行技术措施。具体指标有厂用电率、煤耗、燃油、锅炉效率、主蒸汽压力、主蒸汽温度、再热蒸汽压力、再热蒸汽温度、排烟温度、氧量、飞灰可燃物、空气预热器漏风率、给水温度、高压加热器投入率、端差、过冷度、背压、汽轮机效率、各主要辅机单耗及耗电率等。

（3）负责全厂用水指标的监督、统计、分析、考核工作，优化锅炉排污、给水除氧、中水运行、水处理制水等各个环节，降低自用水率、补水率、综合水耗率、汽水损失率。做好汽、水回收和综合利用工作，并协助完成水平衡分析工作。

（4）每月至少进行一次汽轮机真空严密性试验，并配合做好机组真空系统查漏工作。

（5）对锅炉受热面吹灰器的投入情况进行监督、考核。

（6）负责入炉煤的采制化工作，并对化验的准确性负责。

（7）保持高压加热器的投入率在99%以上，按规定控制高压加热器启停中的温度变化速率，维持正常运行水位，保持其旁路阀门严密性，使给水温度达到对应工况下的设计值。要注意各加热器的端差及相应抽汽的充分利用，使回热系统处于最经济的运行方式。

（8）负责配煤工作，每月的入炉煤质不应有较大幅度波动，入厂煤与入炉煤热值差在规定范围内。

（9）负责及时掌握入炉煤的变化，根据煤种煤质及炉膛燃烧工况及时调整燃烧。经常检查各项参数与设计值是否相符，如有偏差要分析原因并及时解决。

（10）贯彻执行国家、行业、上级单位有关节能技术监督的条例、法规、规定等。

（11）编制《小指标竞赛办法》，建立值际指标竞赛体系，并按月执行。

2. 设备管理部门节能技术监督职责

（1）负责职责范围内的设备检修方面的节能降耗工作。设备缺陷消除率达到100%，疏放水阀门泄漏率不大于3%。

（2）负责所辖设备日常保温测试等工作，对保温不符合要求的要制定整改计划，按期整改。保温效果：当环境温度不高于25℃时，热力设备、管道及其附件的保温结构外表面温度不应超过50℃；当环境温度高于25℃时，保温结构外表面温度与环境温度的温差不大于25℃。设备、管道及其附件外表面温度超过60℃时，应采取保温措施。在机组大小修竣工后应进行保温测试，若没有大小修任务，每月也应测试一次。严禁热力系统设备、阀门裸露（无保温）。高中压缸保温层温度、燃烧器外壁温度、主蒸汽管道、再热蒸汽管道、尾部受热面、炉膛外壁温度应每月度测定一次，测定时取外壁温度最高处数值。

（3）对测量仪表的准确度及保护正确动作率进行监督，热工自动调节装置投入率达到100%。

（4）负责吹灰器投运率、消缺率、自动投入率、重要表计校验率和抽检率、阀门泄漏率等责任指标的统计和分析，并制定整改措施计划。

（5）负责皮带秤、给煤机的定期标定工作。

（6）负责真空系统查漏、堵漏，湿冷凝汽器清洗，以及直接空冷、间接空冷散热器水冲洗，保证凝汽器冷却效果良好。

（7）要及时检查、测试、消除锅炉漏风，每季进行一次锅炉漏风率测试。试验报告在每季度最后一个月底完成，并报节能技术监督领导组。

（8）负责入厂、入炉煤计量及采制化设备的检修维护工作，确保采样机投入率不低于90%。

（9）负责重大节能技改工程的规划与立项，以及施工过程管理，保证施工质量，督促工程按计划进度、关键节点施工，不发生严重的工程延期情况。

（10）负责对重大节能技改项目进行全过程监督、总结、后评价、后评估和考核。

（11）负责对项目施工现场的用能管理，杜绝私接乱挂，减少能源浪费。

四、班组节能技术监督职责

1. 生产运行班组节能技术监督职责

（1）运行人员要树立节能意识，不断总结操作经验，使各项运行参数达到规定值。

（2）当班人员要掌握入炉煤质的情况，根据煤种、煤质分析报告及燃烧状况，及时进行燃烧调整，降低飞灰可燃物。

（3）调整蒸汽参数在额定值，减少过热器、再热器减温水量。

（4）定期对锅炉受热面、空气预热器进行吹灰，防止炉膛结焦、烟道积灰，影响受热面传热效果。

（5）保持汽轮机在最佳真空下运行，定期进行真空严密性试验，并做好记录。当真空系统严密性不合格时，及时通知维护人员，查漏消缺。

（6）高压加热器启停时应按规定控制温度变化速率，防止温度急剧变化。维持正常水位，保持高压加热器旁路阀门的严密性。要注意各级加热器的端差及相应抽汽的充分利用，使回热系统保持最经济的运行方式。

（7）加强设备巡回检查，对于存在的漏汽、漏水、漏油、漏风、漏灰、漏煤、漏粉、漏热等问题应及时发现，并及时登录缺陷，跟踪处理情况。

（8）加强化学监督，做好水处理工作，严格执行锅炉排污制度，在保证水质合格的同时，尽量减少汽水损失。

（9）经常开展技术讲座，对本班组人员进行节能宣传和培训。

2. 设备管理专业班组节能技术监督职责

（1）各专业要建立设备台账，定期进行巡回检查，全面掌握所管辖设备的运行状况、经济性能、存在的问题。

（2）严格执行缺陷管理制度，及时消缺。对于影响机组经济性又无法在运行中消除的缺陷，必须采取隔离措施，最大限度降低损失。

（3）所有热力系统设备、管道及阀门的保温必须完好，减少散热损失。

（4）对管辖范围内的高耗能设备列入改造计划，按照主次逐步完成升级改造。

（5）针对设备存在的问题，提出节能改进意见和措施，列入检修计划或节能升级改造计划，并认真组织落实。

（6）确保现场各种表计测量准确、可靠，定期组织表计校验，对不符合计量精度的表计进行更换。

（7）对于煤、水、油、电等能源计量的关口表，必须按要求做好维护检验工作，确保计量准确。

（8）机组检修前编制检修策划书时必须列入节能监督的检修项目，检修后对相关节能项目进行总结分析。

（9）各专业应对修后的设备进行技术指标保证期考核，一般情况下保证期不应低于一个 C 级检修期。

（10）应加强修旧利废工作，在确保设备安全经济的前提下，努力降低维修费用。

第三节　节能技术监督日常管理

一、火电企业规划、设计、建设和投产验收阶段的节能技术监督

1. 项目规划期的节能技术监督

（1）新建火电企业原则上要采用大容量、高参数超超临界机组，超临界循环流化床机组、缺水地区建设空冷机组。必须坚持安全、绿色、集约、高效的原则，按照煤电机组准入标准，合理布局、科学规划，并与国民经济及其他新能源发展相匹配。

（2）科学规划热电联产。在有条件的大中城市，适度建设大型热电机组，鼓励建设背压式机组；在中小城市和热负荷需求集中的工业园区，优先建设背压式机组；鼓励发展热电冷多产品联供。

（3）淘汰落后产能及不符合国家政策的火电机组，鼓励建设背压式热电机组、高效清洁的大型热电机组，替代能耗高、污染重的落后燃煤小热电机组。

2. 项目设计期的节能技术监督

（1）新建项目要有节能评估报告及审查意见、节能登记表及登记备案意见，作为项目设计、施工和竣工验收的重要依据。

（2）项目的可行性研究报告应包括节能篇章，要满足指标先进、技术可行、经济合理的要求，杜绝使用已明令淘汰的耗能产品和工艺。

（3）项目设计方案应开展节能经济技术对比，在系统优化、设备选型、工艺选择等方面，综合考虑节煤、节电、节油、节水等各项措施，确定先进合理的设计指标和设计方案。发电企业在确定设计方案过程中，应使影响能耗、能效的指标或参数达到科学、

合理和可控。

（4）在满足安全的前提下开展优化设计，使用成熟的节能新材料、新工艺、新技术、新产品。推荐采用国家推广的重点节能低碳相关设备和技术。辅助设备容量应与主机配套，应选择符合能效限值的设备。

（5）设备选型应经过充分调研，设备的性能指标和参数应与同容量、同参数、同类型设备对比，根据已投运设备的实践经验，采用节能型、节水型、可靠性能高的设备，宜采用大容量、高参数设备。

（6）新建火电机组供电煤耗准入值应符合 GB 21258—2017《常规燃煤发电机组单位产品能源消耗限额》的要求。根据 GB 21258—2017 的规定，新建火电机组供电煤耗准入值需满足表 2-1 中供电煤耗等级的 2 级要求，燃用无烟煤、褐煤煤种及机组采用空气冷却方式时，能耗准入值按表 2-2 给定的增加值进行修正。

表 2-1　　　GB 21258—2017 规定的常规燃煤发电机组单位产品能耗限额等级

压力参数	容量级别[1]（MW）	供电煤耗[gce/（kW·h）]		
		1 级[2]	2 级	3 级[3]
超超临界	1000	≤273	≤279	≤285
	600	≤276	≤283	≤293
超临界	600	≤288	≤295	≤300
	300	≤290		≤308
亚临界	600	≤303		≤314
	300	≤310		≤323
超高压	200125	—		≤352

① 表中未列出的机组容量级别，参照低一档容量级别限额；
② 具体机组 1 级供电煤耗限额值为表中数值与表 2-12～表 2-16 所列各影响因素修正系数的乘积；
③ 具体机组 3 级供电煤耗限额值为表中数值与表 2-12～表 2-16 所列各影响因素修正系数的乘积。

表 2-2　　　GB 21258—2017 规定的燃用无烟煤、褐煤煤种及机组

采用空气冷却方式的新建机组供电煤耗增加值

项目	供电煤耗增加值[gce/（kW·h）]
燃用褐煤煤种	3
燃用无烟煤煤种	7
采用空气冷却方式	12

（7）新建常规燃煤抽凝式热电联产机组能耗应符合 GB 35574—2017《热电联产单位

产品能源消耗限额》的要求。根据 GB 35574—2017 的规定，新建常规燃煤抽凝式热电联产机组年平均供电煤耗和年平均综合供热煤耗准入值不大于表 2-3 中能耗限额等级 2 级要求，燃用褐煤煤种和机组采用空气冷却方式时，能耗准入值按表 2-4 给定的增加值进行修正。

表 2-3　GB 35574—2017 规定的常规燃煤抽凝式热电联产机组单位产品能耗限额等级

压力参数	能耗限额等级					
	1 级[①]		2 级		3 级	
	供电煤耗 [gce/（kW·h）]	综合供热煤耗 （kgce/GJ）	供电煤耗 [gce/（kW·h）]	综合供热煤耗 （kgce/GJ）	供电煤耗 [gce/（kW·h）]	综合供热煤耗 （kgce/GJ）
超临界及以上	≤270	≤40.5	≤280	≤40.5	≤299	≤42.0
亚临界					≤307	≤42.5
超高压 （200MW 及 以上）					≤316	≤43.0
超高压、高压 （200MW 以下）					≤305	≤42.5

① 现役机组供电煤耗 1 级值为表中的 1 级数值与表 2-12～表 2-16 所列各影响因素修正系数的乘积；综合供热煤耗 1 级值为表中的 1 级数值与表 2-12 燃煤成分修正系数的乘积。

表 2-4　GB 35574—2017 规定的新（改、扩）建机组燃用褐煤煤种和机组采用空气冷却方式的单位产品能耗增加值

项目	供电煤耗增加值 [gce/（kW·h）]	综合供热煤耗增加值 （kgce/GJ）
新（改、扩）建机组燃用褐煤煤种	3	0.5
新（改、扩）建机组采用空气冷却方式	12	0

（8）热电联产电厂热力产品应符合 DL/T 891—2004《热电联产电厂热力产品》的规定，热电联产机组的热效率和热电比应符合下列指标：①常规热电机组总热效率年平均应大于 45%，即机组发电煤耗应小于 273g/（kW·h）；②单机容量 200MW 及以上抽汽凝汽两用供热机组，在采暖期热电比应大于 50%；③燃气-蒸汽联合循环热电机组总热效率年平均应大于 55%；④各容量等级的燃气-蒸汽联合循环热电机组的热电比年平均应大于 30%。

（9）火力发电按单位装机容量核定取水量，单位装机取水量计算方法和取水量定额指标符合 GB/T 18916.1—2021《取水定额　第 1 部分：火力发电》的规定，具体规定见表 2-5。

表 2-5 GB/T 18916.1—2021 规定的新建和改、扩建火力发电企业取水定额指标

类型	机组冷却方式	机组容量	单位发电量取水量定额值 [m³/（MW·h）]
燃煤机组	循环冷却	＜300MW	1.85
		300MW 级	1.7
		600MW 级	1.65
		1000MW 级	1.6
	直流冷却	＜300MW	0.3
		300MW 级	0.28
		600MW 级	0.24
		1000MW 级	0.22
	空气冷却	＜300MW	0.32
		300MW 级	0.3
		600MW 级	0.27
		1000MW 级	0.24
燃气-蒸汽联合循环	循环冷却	＜300MW	1.0
		300MW 级及以上	0.9
	直流与空气冷却	—	0.2

注 1. 表中未列出的机组容量级别，参照低一档容量级别定额。

  2. 供热机组取水量可在本表定额的基础上增加因对外供热、供汽不能回收而增加的取水量。

  3. 当机组采用再生水时，再生水部分在本表定额的基础上进行调整，即表中的定额值与下列调整系数的乘积即为采用非常规水机组的定额值：①循环冷却机组调整系数为 1.2；②空气冷却机组调整系数为 1.1；③直流机组不予调整。

（10）在 GB/T 28284—2012《节水型社会评价指标体系和评价方法》所示的全国地级行政区水资源分区情况表中属于缺水地区及干旱指数大于 1.5 的缺水地区宜采用空冷机组。鼓励火力发电企业使用再生水。

3. 项目建设阶段和投产验收阶段的节能技术监督

（1）在设备制造过程中，发电企业可自行或委托设备监理单位根据供货合同，按照 DL/T 586—2008《电力设备监造技术导则》等有关技术标准对设备制造过程的质量实施监督。

（2）重要设备到货应按照订货合同和相关标准进行验收，做好验收记录，并及时收集设备性能参数的相关技术资料。设备验收后、安装前，应按照设备技术文件和 DL/T 855—2004《电力基本建设火电设备维护保管规程》的要求做好保管工作。

（3）在设计和安装过程中，应配齐生产和非生产所需的煤（气）、水、油、电、汽、热等能源计量关口表计，满足商务结算、设备效率检测、指标统计和运行监测的需要。

（4）电力建设施工应按照 DL/T 5210《电力建设施工质量验收规程》进行施工质量

验收及评价。

（5）企业根据项目建设工期，应提前确定性能试验单位，性能试验单位按照 DL 5277—2012《火电工程达标投产验收规程》、DL/T 5437—2009《火力发电建设工程启动试运及验收规程》规定的性能试验项目以及其他约定的试验项目，布置试验测点，确定测点位置、测点型式、尺寸规格、安装工艺，并落实安装单位，满足试验项目的要求。

（6）火电项目按 DL/T 5294《火力发电建设工程机组调试技术规范》进行调试，按 DL/T 5210.6—2019《电力建设施工质量验收规程　第 6 部分：调整试验》进行调试质量验收。机组调试工作应由具有相应调试资质的单位承担。

（7）项目建设期间要开展好节能技术监督工作，有条件的发电企业可自行成立监督小组开展节能技术监督，不能独立开展的，需委托具有资质能力的单位协助开展建设期间的节能技术监督工作。

（8）发电企业在考核期内应完成以下节能试验项目：

1）燃煤发电机组：锅炉热效率试验、锅炉最大出力试验、锅炉额定出力试验、锅炉不投油最低稳燃出力试验、制粉系统出力试验、磨煤机单耗试验、空气预热器漏风率试验、汽轮机最大出力试验、汽轮机额定出力试验、热耗率试验、机组供电煤耗试验、机组厂用电率测试、机组散热测试、其他与能耗相关的性能试验。

2）燃气机组（燃气-蒸汽联合循环机组）：热效率试验、最大出力试验、额定出力试验、热耗试验、供电汽耗试验、其他与能耗相关的性能试验。

（9）对工程建设过程中有关节能部分的程序合规性、质量控制的有效性以及机组投产后的工程质量，应按 DL 5277—2012《火电工程达标投产验收规程》采取指标量化对比和综合检验相结合的方式进行质量验收。

二、火电企业生产运行中的节能技术监督

（1）企业发电运行部门应建立健全经济指标参数记录、统计制度，完善统计台账，为能耗指标分析提供可靠依据。运行值班人员应加强巡检，做好指标参数的监视调整，及时进行分析、判断。

（2）运行部门应在运行各值之间开展以机组各主要指标和小指标为对象的值际劳动竞赛，以充分调动运行人员的积极性，实现精细化操作。

（3）发现缺陷应按规定及时填写缺陷单或做好记录，及时联系检修处理，确保机组安全经济运行。

（4）在满足电网调度要求的基础上，优化机组运行方式，进行电、热负荷的合理分配和主要辅机的优化组合，实现经济运行。当机组长期备用时，应制定备用机组辅助设备及公用系统运行方式，节省厂用电。

（5）建立厂级实时在线监测系统，分析热力系统的设备性能及运行参数，优化热力

系统各项运行指标，开展在线锅炉效率、汽轮机热耗及机组煤耗计算，分析系统能耗指标偏差，为经济运行提供指导。

（6）加强储煤场的日常管理。燃料接卸应保证卸完、卸净；按照环保要求，进行煤棚改造，做好防止风损的措施；科学规划储煤场排水设施，并保持通畅，防止雨水损失；存煤合理分类堆放，定期测温，做好喷淋工作，防止存煤自燃，减少水分损失。按照"烧旧存新"的原则进行上煤，对于褐煤存放时间不宜超过 15 天；每月对煤场存煤进行盘点，正确测量体积和密度，做好煤场盈亏统计分析。

（7）必须制定燃煤采制化管理制度，并严格执行。入炉煤质的化验结果应及时提供给生产运行人员，以便根据煤质变化情况进行锅炉燃烧调整。运行人员应掌握当班期间入炉煤的煤质，对燃煤低位发热量、含硫量等重要参数做到心中有数，尤其是燃用高硫煤时，必须加强环保参数的监督调整，确保达标排放，避免导致环保考核。

（8）合理调整输煤系统运行方式，杜绝设备出力严重受阻现象。加强系统运行监视和缺陷管理，减少系统撒煤、堵煤，减少系统空载运行时间。

（9）加强燃煤掺配管理，当煤质变化较大或燃用新煤种时，应根据不同煤质及锅炉设备特性和环保排放要求，通过试验确定掺烧方式和掺烧比例。

（10）运行中根据煤质分析报告及实际燃烧状况进行燃烧调整，保持锅炉蒸汽参数在规定范围内。

（11）制定各种启停炉方式的燃油消耗定额，采用先进工艺，减少锅炉启停用油量。用油定额可参见表 2-6、表 2-7。

表 2-6 　　　　　　　　某发电企业 600MW 机组微油启动用油定额

缸温（℃）	冷态 $T<116$	温态 $116\leqslant T<260$	热态 $260\leqslant T<450$	极热态 $T\geqslant 450$
启动用油量定额（t）	40	30	20	15

表 2-7 　　　　　　　某发电企业 600MW 机组微油启动试验用油定额

项目		燃煤无灰干燥基挥发分 V_{daf}		
		$V_{daf}>30\%$	$20\%<V_{daf}\leqslant 30\%$	$V_{daf}\leqslant 20\%$
用油定额（t）	喷油试验	0.2	0.5	1
	主汽门严密性试验	0.8	2	3
	调汽门严密性试验	0.8	2	3
	103%超速保护试验	0.1	0.2	0.5
	110%DEH 通道电超速试验	0.2	0.5	1
	110%ETS 通道电超速试验	0.2	0.5	1
	机械超速	6	13	20

续表

项目		燃煤无灰干燥基挥发分 V_{daf}		
		$V_{daf}>30\%$	$20\%<V_{daf}\leqslant30\%$	$V_{daf}\leqslant20\%$
用油定额（t）	发电机短路试验	2.4	5	8
	发电机空载试验	2.4	5	8
	发电机转子交流阻抗	0.6	1.5	2
	假同期试验	1.2	2	4
	水压试验后烘炉	5	10	15

（12）实时监控分析空气预热器、除尘器、脱硫吸收塔、暖风器等各段运行压差以及引风机、送风机、一次风机出口压头，掌握尾部烟道的积灰情况和空气预热器的换热效果。

（13）根据煤种变化，及时调整吹灰策略，注意吹灰前后排烟温度和主蒸汽、再热蒸汽温度的变化情况，评价吹灰效果，优化吹灰方式。

（14）锅炉运行氧量应根据锅炉燃烧优化调整试验结果确定的最佳运行氧量曲线进行控制。运行氧量的调整应在保证锅炉效率的前提下，调整过热蒸汽、再热蒸汽温度在正常范围内，锅炉受热面无超温，且炉内无严重结渣现象。当煤种发生变化时，应对最佳运行氧量控制曲线进行相应调整。氧量测量表计应定期进行标定。

（15）定期检查锅炉本体、空气预热器及尾部烟道的漏风情况，结合漏风率测试结果，分析评价漏风率变化趋势。重点检查吹灰器、炉底水封、烟道各部位的伸缩节、人孔、检查孔、穿墙管等部位。对于干排渣系统，应根据排渣温度控制冷却风门开度。

（16）应综合考虑煤的燃烧特性、燃烧方式、炉膛热负荷、煤粉的均匀性及制粉系统电耗，通过试验确定最佳煤粉细度。磨煤机检修后应进行煤粉细度的核查，对于中速磨煤机，在磨辊运行中、后期，应根据煤粉细度的变化定期调整磨辊的间隙和加载力；对于双进双出磨煤机，宜定期检查分离器，避免分离器回粉堵塞引起煤粉变粗。

（17）对于喷嘴调节的汽轮机，应采用顺序阀运行方式；采用定滑压运行的汽轮机，应根据制造厂给定滑压运行曲线或经过滑压运行优化试验确定的曲线运行。

（18）各监视段抽汽压力、温度与同负荷工况设计值相比出现异常时，应查找原因或进行有效处理。汽轮机低压缸排汽温度应与凝汽器压力对应的饱和温度相匹配。

（19）高压加热器启停时应按规定控制温度变化速率，防止温度急剧变化对加热器的损伤；运行中根据给水温度与负荷的关系曲线来监测给水温度是否达到要求；通过监测加热器进出口温度来判断加热器旁路门的严密性；加热器运行时应保持正常水位，疏水方式与设计方式相同，机组启动后或加热器事故疏水开启再关闭后，应检查事故疏水阀是否关闭严密，防止疏水内漏，影响回热系统效率；加热器汽侧空气门开度应合理；

监视和分析加热器的端差及温升，使回热系统保持最经济的运行方式。

（20）保持汽轮机在最佳的排汽压力下运行，湿冷机组应重点做好以下工作：

1）定期对凝汽器的端差、循环水温升、凝结水过冷度、真空严密性、真空泵性能等进行分析，绘制不同循环水进口温度与机组负荷、凝汽器温升、端差的关系，确定最佳排汽压力。

2）循环水系统宜采用扩大单元制供水方式和循环水泵高低速配置，实现不同季节、不同负荷下循环水泵优化运行。

3）通过分析冷却塔出口水温与大气湿球温度的差值，及时掌握冷却塔的冷却性能。

4）根据真空泵运行台数与排汽压力的关系，确定合理的真空泵运行台数。正常情况下保持一台真空泵运行。

5）分析真空泵的工作性能，选择合适的冷却水温度，提高真空泵的出力。

6）通过对循环水系统和凝汽器各项参数的分析，及时掌握凝汽器的换热性能，确定胶球清洗装置投入频率。

7）分析循环水质指标，掌握凝汽器结垢或腐蚀倾向，判断凝汽器是否应进行半侧清洗。

8）定期开展真空严密性试验，及时查漏，确保真空系统严密性维持在优良水平。

（21）保持汽轮机在最佳的排汽压力下运行，空冷机组应重点做好以下工作：

1）正常运行中加强空冷风机、变频器、减速箱的检查维护，确保可靠运行。

2）环境温度 0℃以上，散热器无结冰风险时，根据环境温度及机组负荷变化情况，及时调整空冷风机转速，维持机组较低背压运行。

3）冬季环境温度低于 0℃，加强空冷凝汽器凝结水温度的监视，发现凝结水温与对应排汽压力下的饱和温度偏差大时，及时降低该处空冷风机转速，减小凝结水过冷度，防止散热器冻结。冬季还应加强散热器就地测温工作，及时发现散热器进汽不畅的情况，调整对应风机转速，必要时停运该组风机，进行回暖。

4）每月进行一次真空严密性试验，严密性试验不合格时，及时组织真空查漏，消除漏点，确保真空系统严密性维持在优良水平。尤其是冬季，必须高度重视真空严密性，因为一旦散热器出现漏空点，容易引发散热器冻结，进而会引发不安全事件。

5）冬季运行中如发生散热器冻结现象，可采用停运空冷风机、抬高运行背压、提高机组负荷等手段进行消冰，直到结冰现象完全消除，才可恢复正常运行方式。

6）受空冷散热器结构的影响，每年应定期开展高压水冲洗工作，确保散热器有较好的冷却效果。一般情况下每年可安排四次水冲洗，也可根据发电企业所在地环境情况、散热器脏污程度科学合理安排。①第一次冲洗安排在 3 月底至 4 月初，主要是因为空冷散热器经过一个冬季的运行，污染较严重，通过冲洗清除空冷散热器的积灰，提高散热器的清洁度，改善换热效果，降低空冷风机耗电量。②第二次冲洗安排在 5 月底至 6 月初，主要是因为进入春季风较大，灰尘、杨絮等较多，附着在空冷散热器的表面，造成堵塞，通过冲洗将其清除，保证气流畅通。另外，也是为了保证空冷散热器以较高的清洁度、最佳的换热能力进入夏季。③第三次冲洗安排在 8 月，主要是因为夏季环境温度较高，空冷散热器冷却能力明显不足，通过冲洗，改善汽轮机冷端换热效果，降低背压，提高机组接带负荷能力，提高汽轮机效率，改善机组运行经济性。④第四次冲洗安排在 10 月，主要目的是在冬季来临前对空冷散热器进行全面冲洗，保证空冷散热器以较高的清洁度进入冬季长周期运行，同时也有利于维持机组低背压运行，降低空冷耗电量。

（22）机组运行时水汽监督项目与指标应按 GB/T 28553—2012《汽轮机　蒸汽纯度》、GB/T 12145—2016《火力发电机组及蒸汽动力设备水汽质量》、DL/T 561—2013《火力发电厂水汽化学监督导则》、DL/T 805.1—2011《火电厂汽水化学导则　第 1 部分：锅炉给水加氧处理导则》、DL/T 805.2—2016《火电厂汽水化学导则　第 2 部分：锅炉炉水磷酸盐处理》、DL/T 805.3—2013《火电厂汽水化学导则　第 3 部分：汽包锅炉炉水氢氧化钠处理》、DL/T 805.4—2016《火电厂汽水化学导则　第 4 部分：锅炉给水处理》执行，防止锅炉、汽轮机及热力设备腐蚀、结垢、积盐。

（23）应监测机组补水量的变化，根据锅炉水质化验结果控制除氧器排氧门开度和锅炉排污量，水质合格及时关闭锅炉排污，减少汽水损失。

（24）循环水水质处理方式宜采用石灰处理、弱酸离子交换处理、加酸处理、超滤处理、反渗透处理等工艺，循环冷却水用阻垢缓蚀剂应符合 DL/T 806—2013《火力发电厂循环水用阻垢缓蚀剂》的要求。采用直流冷却方式的凝汽器发现生物污染现象时，应进行杀菌灭藻处理，杀菌剂应满足 DL/T 1116—2021《循环冷却水用杀菌剂性能评价》的要求，连续或定期向循环水系统加入。

（25）离子交换除盐系统通过试验确定化学制水系统最佳的制水周期、再生用酸碱量和再生反洗时间，根据试验结果，优化运行操作方法、设备投入顺序，提高周期制水量，降低自用水量和酸碱耗用量。

（26）加强废水回收利用，根据脱硫系统、除灰渣系统、输煤栈桥冲洗、灰场喷淋等部位用水量和水质的要求，优化合理利用循环水排污水、化学车间反渗透排污水、处理合格的厂区生产和生活废水以及城市再生水。

（27）对于采用选择性催化还原脱硝系统的锅炉，控制氨逃逸率，防止硫酸氢铵沉积堵塞空气预热器增加烟风系统阻力。选择合适的喷氨格栅及氨烟混合装置，合理布置导流板、整流格栅等，改善脱硝系统烟气流场均匀性及氨氮混合均匀性，降低氨氮摩尔比分布偏差；运行中要严格控制喷氨量，防止局部或整体过量喷氨，减少硫酸氢铵的生成；优化喷氨控制系统，改善喷氨时机，特别是提高喷氨控制系统对机组负荷变化的响应速度，避免机组负荷变化时喷氨量未及时跟踪而使氨逃逸率超标；停炉检修时，需检查喷氨格栅喷嘴堵塞情况，对堵塞的喷嘴进行吹扫清理，加强喷氨系统阀门的维护，确保喷氨调节阀调节特性良好，减少内漏量；定期对催化剂活性进行检测，必要时增加催化剂层或更换催化剂，提高脱硝效率，降低氨逃逸率。

（28）根据采暖热用户热负荷需求，确定热网加热器、热网循环水泵等设备的最佳运行方式。电动热网循环水泵宜采用变频调节，达到节电效果。

三、火电企业维护与检修中的节能技术监督

（1）建立健全维护与检修质量监督体系，制定检修规程，明确检修工艺和质量要求，科学、适时安排机组检修，避免机组欠修、失修，通过检修恢复机组性能。检修中加强检查、督促，把好质量关，检修后应有质量验收报告。

（2）实行点检制企业按照点检计划对设备进行检查，未实行点检制企业按照巡回检查路线、巡回检查标准对设备进行巡回检查并记录。发现缺陷及时录入缺陷管理系统，并按时消缺，对缺陷情况进行统计记录。

（3）应每年编制三年检修工程滚动规划和下年度检修工程计划。在机组等级检修临检前，对机组遗留缺陷进行汇总整理，列入检修计划。各等级检修中应制定标准检修项目，综合评估机组安全与节能的关系，消除运行中发现的缺陷。

（4）机组大、小修期间加强对燃烧器的检查，燃烧器中心标高、安装角度等应符合要求，及时发现和消除燃烧器存在的缺陷。根据需要，开展锅炉空气动力场试验。对于循环流化床锅炉，重点检查水冷壁磨损和风帽磨损情况。

（5）做好制粉系统的维护工作，制订磨煤机定修计划。根据煤质变化情况确定钢球磨煤机的最佳钢球装载量、补加钢球的周期和每次补加钢球的数量，并定期筛球。中速磨煤机磨辊等耐磨部件应及时修复或更换。

（6）运行中加强空气预热器出入口压差，严格执行吹灰制度。机组检修时采用水洗或碱洗方式清除受热面积灰。空气预热器漏风率高于8%时，宜考虑进行密封间隙调整或密封系统升级改造。

（7）加强电除尘器节电智能控制系统的维护，保证其稳定工作在高效、节能状态，使其根据运行条件的变化，结合电除尘器运行优化试验结果，自动调节其高压和低压电器运行方式和参数。

（8）配备布袋除尘器的机组，冷态启动前要进行粉尘预涂。锅炉启动时，调整燃烧，尽量保证燃油充分燃烧，以防止发生油糊袋现象；运行中投入自动清灰，严密观察并记录除尘器运行压差，保证锅炉排烟温度在105～160℃，如果温度高于160℃应立即采取措施，降低锅炉排烟温度；根据煤质硫分情况，控制布袋内部烟温高于酸露点温度5℃，防止发生滤袋腐蚀现象；机组检修时应对滤袋、清灰系统进行全面检查。

（9）汽轮机揭缸检修时，对通流部分轴封、隔板汽封、叶顶汽封、径向汽封的间隙按检修规程的要求进行调整，严格验收。对各级汽封宜采用技术先进成熟的汽封装置。

（10）对加热器进行注水查漏，对泄漏的加热器旁路门、水室隔板、换热管，在检修中应及时消除。检修时宜清扫加热器换热管，保持加热器清洁。当单台高压加热器堵管率超过 1.5%时应考虑更换管系。

（11）机组检修停机前进行一次真空严密性试验，当真空系统严密性不合格时，湿冷机组检修期间可采用真空系统灌水法进行查漏，空冷机组可采用微正压查漏技术进行查漏。运行期间采用氦质谱检漏法、超声波检漏法等进行真空系统查漏，并采取有效措施进行堵漏。

（12）做好凝汽器及胶球清洗装置的检修维护工作，保证循环水一次滤网、二次滤网和反冲洗装置处于良好状态。检修期间应彻底清理凝汽器水室及冷却水系统，凝汽器管束宜采用高压水射流冲洗等方法。凝汽器管束泄漏造成堵管率超过 0.1%时应及时更换。

（13）冷却塔应按规定做好检查和维护工作，结合检修进行彻底清污和整修；当冷却能力达不到设计要求或冷却幅高超标时，及时查找原因；若循环水流量发生变化，应及时调整塔内配水方式；出现淋水密度不均时，及时更换喷溅装置和淋水填料；冬季采取防冻措施，减少冷却塔结冰程度；宜采用高效淋水填料和新型喷溅装置，提高冷却塔冷却效率。

（14）正常运行中加强空冷系统风机变频器、减速箱、叶片的检查维护，及时消缺。冬季做好空冷防冻措施，必要时进行苫盖。

（15）检修前统计阀门内外漏情况，通过检修，消除阀门和管道泄漏，治理漏汽、漏水、漏油、漏风、漏灰、漏煤、漏粉等问题。

（16）定期对热力系统保温进行测量，按 DL/T 936—2005《火力发电厂热力设备耐火及保温检修导则》中的技术要求、检修工艺对热力系统保温进行治理。积极采用新材料、新工艺，保持热力设备、管道及阀门的保温完好。

（17）按照 DL/T 1115—2019《火力发电厂机组大修化学检查导则》的要求开展相关检查，判断热力系统管道、受热面、联箱、换热器等腐蚀、结垢、积盐状况，并采取化学清洗、更换管道或受热面等措施，消除隐患。

（18）热力设备停（备）用期间，按 DL/T 956—2017《火力发电厂停（备）用热力设备防锈蚀导则》的要求做好设备保养，防止锈蚀。

（19）根据锅炉运行时间及受热面结垢情况，确定锅炉化学清洗周期。按 DL/T 794—2012《火力发电厂锅炉化学清洗导则》的规定，确定锅炉化学清洗条件和清洗方法。承担锅炉化学清洗的单位应符合 DL/T 977—2013《发电厂热力设备化学清洗单位管理规定》的要求，并具备相应的资质。

（20）循环冷却水质的控制指标和冷却水防垢防腐处理方式按 DL/T 300—2011《火电厂凝汽器管防腐防垢导则》执行。

（21）在满足照明效果的前提下，选用节能、安全、耐用的照明器具。照明的节能维护和改造方法按 DL/T 5390—2014《发电厂和变电站照明设计技术规定》执行。

（22）对各种运行仪表应加强管理，表计配备齐全，计量准确可靠。做好各种计量器具的维护和检修工作，保证计量器具满足计量要求。

四、火电企业升级改造中的节能技术监督

（1）采用先进的节能技术、工艺、设备和材料，依靠科技进步，降低设备和系统的能耗。鼓励对技术成熟、效益显著的项目进行宣传、推广，有条件的逐步实施。

（2）对改造项目，改造前要进行节能技术可行性研究，认真设计方案，落实施工措施，改造后应有经济性验收报告，重大项目必须由具备资质的第三方出具性能验收报告。

（3）在机组改造或更换设备时，严禁使用国家明令淘汰的高耗能产品，优先采购列入国家实行能源效率标识管理产品目录的产品，能效指标不应低于规定的能效限定值。

（4）鼓励开展锅炉排烟余热回收利用。根据锅炉排烟温度、除尘和脱硫情况，进行充分调研，编制可行性研究报告，确定适合本企业的技术路线，回收的烟气热量可加热汽轮机凝结水或锅炉进风。

（5）为减少启动和低负荷稳燃用油，应采用锅炉少油点火、等离子点火等技术。锅炉少油点火系统设计与运行参见 DL/T 1316—2014《火力发电厂煤粉锅炉少油点火系统设计与运行导则》，等离子体点火系统设计与运行参见 DL/T 1127—2010《等离子体点火系统设计与运行导则》。

（6）对于回转式空气预热器存在密封不良、低温腐蚀或积灰堵塞等问题宜实施改造，可采用先进密封技术进行改造，控制空气预热器漏风率在 6% 以内。

（7）汽轮机通流部分改造。对于 135MW、200MW 及早期投运 300MW 和 600MW 亚临界汽轮机，经验证通流效率低的，宜采用先进、成熟的技术实施汽轮机通流部分改造。

（8）汽轮机汽封改造。对于汽轮机汽封间隙大、级间漏汽严重的机组宜实施汽轮机汽封改造，改造中应结合汽封的部位，选择合理的汽封型式和结构。

（9）凝汽式汽轮机供热改造。根据当地供热（采暖和工业）需求，在规划期内满足热电联产机组热电比要求的情况下，宜对汽轮机采用打孔抽汽技术、低真空（或高背压）供热技术、热泵技术等改造。当汽轮机供热抽汽压力较高时，热网循环水泵宜采用该抽汽为汽源的背压式汽轮机驱动。

（10）对于热力及疏水系统冗余较多易发生内漏的宜实施优化改造，简化热力系统，减少阀门数量，治理阀门泄漏。

（11）凝汽器及冷却器改造。对于凝汽器结垢腐蚀严重、泄漏数量超标或使用再生水等情况宜进行凝汽器改造，改造应结合水质指标选择合适的凝汽器管材。

（12）对于直接空冷机组，如有凝汽器设计换热面积偏小、夏季运行背压高的情况，

可考虑进行凝汽器增容改造，增设尖峰凝汽器或增加空冷散热器。

（13）风机与泵改造。对风机能效低或脱硫、脱硝和除尘改造后风机性能参数不满足要求的，宜实施风机改造或增引合一改造；循环水泵宜进行双速电机改造。

（14）泵与风机调速技术改造。当泵与风机长期在低负载下运行，特别是机组调峰时，运行工况点偏离高效区、流量和压力变化较大时宜采用调速装置改造。对于动叶可调轴流式风机，一般不推荐采用调速装置改造。

（15）电除尘器改造。将电除尘器工频电源改造为高频高压电源或其他形式的节能电源，减小电除尘器电场供电能耗。

（16）电动机改造。存在以下情况的需对电动机进行改造或更换：

1）电动机能效不符合国家标准规定的。高压三相笼型异步电动机能效应符合 GB 30254—2013《高压三相笼型异步电动机能效限定值及能效等级》的规定；永磁同步电动机能效应符合 GB 30253—2013《永磁同步电动机能效限定值及能效等级》的规定；中小型三相异步电动机能效应符合 GB 18613—2020《电动机能效限定值及能效等级》的规定。

2）电动机综合效率偏低的。电动机综合效率大于或等于额定综合效率，表明电动机对电能利用是经济的；电动机综合效率小于额定综合效率但大于或等于额定综合效率的 60%，则电动机对电能利用是基本合理的；电动机综合效率小于额定综合效率的 60%，表明电动机对电能利用是不经济的。在现场计算电动机综合效率有困难的情况下也可用电动机输入功率（电流）与额定输入功率（电流）之比来判断电动机的工作状态；输入电流下降在 15% 以内属于经济使用范围，输入电流下降在 35% 以内属于允许使用范围，输入电流下降超过 35% 属于非经济使用范围。当电动机综合效率小于额定综合效率的 60% 或电动机的平均负载率低于 50% 时，宜更换成较小额定功率的电动机或进行变速改造。

3）国家明令淘汰的高耗能电动机必须进行更换。

（17）对能效指标超过 GB 20052—2020《电力变压器能效限定值及能效等级》规定的电力变压器应实施技术改造。

（18）采用先进工艺进行节水改造，提高生产用水的回收利用率。

五、火电企业技术检测和定期试验过程中的节能技术监督

（1）对主机和主要辅机应定期开展性能、效率方面的节能检测工作，节能检测应严格执行国家或行业等相关标准，没有标准的，应根据实际情况制定检测方法。常规定期节能检测项目应编制检测报告，专项节能检测项目应有检测方案和检测报告。

（2）节能检测应包含对设备的经济性进行鉴定、诊断、分析和评价的内容，掌握机组和设备热效率的实际状况及变化趋势，发现经济性偏差和存在的问题，为主机和辅机的优化运行、维护、检修、技术改造、制定节能措施提供依据。

（3）发电企业应设专人负责节能检测管理工作。常规节能检测项目发电企业可自行

完成，大型节能检测项目可委托专业技术单位完成。

（4）发电企业宜设专职或兼职节能检测人员，节能检测人员应了解国家有关节能检测方面的政策、法规，掌握常用的节能检测标准，熟悉设备规范和运行状况，熟练掌握测试仪表，能够完成常规节能检测项目和经济性分析。节能检测人员应经过培训且考核合格。

（5）发电企业宜配备常规试验需要的节能检测仪表，检测仪表的精度等级、测量范围和数量应满足相关标准的要求，检测仪表应定期校验，有合格的校验证书。

（6）节能检测单位应使用专业的节能检测仪器，检测仪器的精度等级、测量范围和数量应满足相关标准和经济性分析的要求，所有检测仪器具有合格的检定（校准）证书，并在检定周期内。

（7）新建或扩建的机组应在设计和建设阶段完成试验测点的安装，对投产后不完善的试验测点加以补装。

（8）试验测点应满足开展锅炉热效率、汽轮机（燃气轮机）热耗率、发电机效率等测试要求，具有必要的专用测点和试验时可更换的运行测点。

（9）试验测点应满足主要辅助设备，如加热器、凝汽器、空冷凝汽器、冷却塔、大型水泵、磨煤机、风机、空气预热器等性能试验的要求。

（10）常规定期试验项目参见表2-8。

表 2-8 常规定期试验项目对照表

序号	定期试验、检测项目	试验周期	备注
1	飞灰可燃物含量检测	每日	参考 DL/T 567.3《火力发电厂燃料试验方法 第 3 部分：飞灰和炉渣样品的采取和制备》、DL/T 567.6《火力发电厂燃料试验方法 第 6 部分：飞灰和炉渣可燃物测定方法》
2	炉渣可燃物含量检测	单一煤种每周一次，进行燃煤掺烧的机组每日一次	参考 DL/T 567.3《火力发电厂燃料试验方法 第 3 部分：飞灰和炉渣样品的采取和制备》、DL/T 567.6《火力发电厂燃料试验方法 第 6 部分：飞灰和炉渣可燃物测定方法》
3	煤粉细度测定	每月一次，燃用低挥发分等劣质煤种的机组应适当加大测试频率	参考 DL/T 567.5《火力发电厂燃料试验方法 第 5 部分：煤粉细度的测定》
4	石子煤发热量测试	每季度或排放异常时	
5	锅炉空气预热器漏风率测试	每季度	参考 GB/T 10184《电站锅炉性能试验规程》
6	制粉系统漏风率测试（对于负压制粉系统）	每季度	
7	锅炉表盘氧量	每月	

续表

序号	定期试验、检测项目	试验周期	备注
8	汽轮机真空严密性测试	每月	参考 DL/T 932《凝汽器与真空系统运行维护导则》、DL/T 1290《直接空冷机组真空严密性试验方法》
9	冷却塔冷却幅高测试	每月	
10	加热器端差专项测试	A、B 级检修前后	
11	疏放水阀门泄漏监测	机组停机前、启动后及每季度进行一次	
12	保温效果测试	A 级检修前后	参考 GB/T 8174《设备及管道绝热效果的测试与评价》

（11）机组检修前后及专项试验项目参见表 2-9。

表 2-9 　　　　　　　　　　机组检修前后及专项试验项目对照表

序号	试验、检测项目	试验时间	备注
1	锅炉热效率试验	A、B、C 级检修前后或重大改造	参考 GB/T 10184《电站锅炉性能试验规程》、DL/T 964《循环流化床锅炉性能试验规程》
2	汽轮机（燃气轮机）热耗率试验	A、B、C 级检修前后或重大改造	参考 GB/T 8117《汽轮机热力性能验收试验规程》、GB/T 14100《燃气轮机 验收试验》、GB/T 18929《联合循环发电装置 验收试验》、DL/T 851《联合循环发电机组验收试验》、DL/T 1223《整体煤气化联合循环发电机组性能验收试验》、DL/T 1224《单轴燃气蒸汽联合循环机组性能验收试验规程》
3	主要水泵如给水泵、循环水泵、凝结水泵等效率试验	水泵改造前后、A 级检修前后	参考 GB/T 3216《回转动力泵 水力性能验收试验 1 级、2 级和 3 级》、DL/T 839《大型锅炉给水泵性能现场试验方法》
4	主要风机如引风机、送风机、一次风机、排粉机、脱硫增压风机等性能试验	风机改造前后、A 级检修前后	参考 DL/T 469《电站锅炉风机现场性能试验》
5	磨煤机及制粉系统性能试验	系统改造前后、A 级检修前后	参考 DL/T 467《电站磨煤机及制粉系统性能试验》
6	凝汽器传热特性试验	凝汽器压力大于对应工况下设计值 15%以上时	参考 DL/T 1078《表面式凝汽器运行性能试验规程》
7	直接空冷系统性能试验	直接空冷系统性能与设计有较大偏差时	参考 DL/T 244《直接空冷系统性能试验规程》
8	冷却塔冷却能力试验	冷却塔经过改造或当出水温度大于环境湿球温度 7℃以上时	参考 DL/T 1027《工业冷却塔测试规程》
9	全厂水平衡	新机组投入运行一年内、在役机组每 5 年一次，若有扩建、大型改造项目，在正常运行后要补做一次	参考 DL/T 606.5《火力发电厂能量平衡导则 第 5 部分：水平衡试验》

续表

序号	试验、检测项目	试验时间	备注
10	全厂电平衡	新机组投入运行一年内、在役机组每5年一次，若有扩建、大型改造项目，在正常运行后要补做一次	参考 DL/T 606.4《火力发电厂能量平衡导则 第4部分：电平衡》
11	全厂热平衡	新机组投入运行一年内、在役机组每5年一次，若有扩建、大型改造项目，在正常运行后要补做一次	参考 DL/T 606.3《火力发电厂能量平衡导则 第3部分：热平衡》
12	全厂燃料平衡	新机组投入运行一年内、在役机组每5年一次，若有扩建、大型改造项目，在正常运行后要补做一次	参考 DL/T 606.2《火力发电厂能量平衡导则 第2部分：燃料平衡》
13	锅炉燃烧调整试验	锅炉燃煤或相关设备发生较大变化及锅炉燃烧不正常时	
14	烟气脱硫、脱硝、除尘装置性能试验	视机组情况而定	
15	汽轮机冷端系统运行方式优化试验	视机组情况而定	根据不同负荷、不同循环水温度、凝汽器真空变化，选择循环水泵、真空泵的最佳经济运行方式；直接空冷机组，根据环境温度、风向变化及负荷情况调整风机转速，使机组真空达到最佳值
16	滑压运行机组高压调门重叠度优化试验、汽轮机滑压运行优化试验	视机组情况而定	

第四节 能源计量的节能技术监督

一、能源计量的基本要求

（1）能源计量器具的配备和管理应符合 GB 17167—2006《用能单位能源计量器具配备和管理通则》、GB/T 21369—2008《火力发电企业能源计量器具配备和管理要求》、JJF 1356—2012《重点用能单位能源计量审查规范》等国家标准和行业标准的要求。

（2）能源计量器具的选型、精度、测量范围和数量应能满足能耗定额管理、能耗考核及商务结算的需要。

（3）企业内部标准计量器具应备有能源计量器具量值传递或溯源图，应明确规定其准确度等级、测量范围以及可溯源的上级传递标准。

（4）企业应制定完整的能源计量器具台账。计量台账包括计量器具的名称、型号规格、准确度等级、测量范围、生产厂家、出厂编号、企业管理编号、安装使用地点、有效期及使用状态（合格、准用、停用等）等。

（5）企业应建立能源计量器具档案，内容包括计量器具使用说明书、出厂合格证、最近两个连续周期的检定（测试、校准）证书、维修记录以及其他相关信息。

（6）计量器具必须按规定进行定期检定或校准。凡经检定或校准不符合要求的或超过检定周期的计量器具不应使用。属强制检定的计量器具，检定周期、检定方法应执行相应的国家计量检定标准相关要求。

（7）正常使用中的计量器具宜在明显位置粘贴与计量器具一览表编号对应的标签，以备监督查验和管理。

（8）企业应设能源计量专责，负责计量器具的配备、使用、检定（校准）、维修、报废等管理工作；能源计量专责应通过相关部门的培训考核，持证上岗；用能单位应建立和保存能源计量专责人员的技术档案。

（9）企业应配置燃煤检测实验室。实验室的设置、仪器设备和标准物质的配置、检测环境、设施需符合 DL/T 520—2007《火力发电厂入厂煤检测实验室技术导则》的要求。仪器设备应定期检定、校准；采样员、制样员、化验员应持证上岗；实验室应根据检测周期开展煤样的采样、制备，进行煤的全水分、工业分析、全硫和发热量的测定；宜开展煤元素分析、煤灰熔融性和哈氏可磨性指数测定。对于本实验室不能检测的项目，根据需要进行外检。

（10）企业应配置水质分析实验室、热工自动化实验室、电测计量标准实验室。实验室的仪器设备、标准物质、设施与环境分别符合 DL/T 1029—2006《火电厂水质分析仪器实验室质量管理导则》、DL/T 5004—2010《火力发电厂试验、修配设备及建筑面积配置导则》和 DL/T 1199—2013《电测技术监督规程》的要求；计量标准设备应定期校验，符合量值传递的要求；计量人员持证上岗，能开展规程规定范围内的现场仪表的定期检定、校准或检验。

（11）生产用能和非生产用能应严格分开，加强管理，节约使用，对非生产用能按规定收费。对外委维护单位的用能应列入委托单位管理。

（12）积极采用先进计量测试技术和先进的管理方法，实现从能源采购到能源消耗全过程监管。

二、燃料计量管理

（1）企业应保证入厂燃料计量准确。火车运煤应有轨道衡，轨道衡宜采用电子动态轨道衡，并符合 GB/T 11885—2015《自动轨道衡》的技术要求；汽车运煤应有汽车衡，汽车衡宜采用静态电子汽车衡，并符合 GB/T 7723—2017《固定式电子衡器》的技术要求。对于坑口电厂直接由输煤皮带输送的入厂煤和轮船卸煤后由输送皮带输送的入厂煤宜采用电子皮带秤，电子皮带秤应符合 GB/T 7721—2017《连续累计自动衡器（皮带秤）》

的技术要求，驳船运煤可采用水尺计量称重。燃油可采用检斤或检尺法计量，同时做好油温和密度测量；天然气及其他燃气用体积流量计测量流量。

（2）所有煤、油、气等入厂的能源计量装置应定期校验或检定，并有在检定周期内的合格证书。

（3）入厂煤、入炉煤宜使用机械采制样装置，其技术要求和性能符合 GB/T 30730—2014《煤炭机械化采样系统技术条件》、GB/T 30731—2014《煤炭联合制样系统技术条件》、DL/T 747—2010《发电用煤机械采制样装置性能验收导则》的要求。机械采样装置应每两年经具有检定能力的机构进行性能检定试验。按照 GB/T 19494—2004《煤炭机械化采样》的规定开展机械化采样方法、煤样的制备方法、精密度测定和偏倚试验。

（4）对于火车、汽车和浅驳船载煤的入厂煤可使用机械化静止煤采样方法，对于从煤矿由输煤皮带输送的入厂煤或轮船卸煤由输煤皮带输送的入厂煤可使用机械化移动煤流采样方法。

（5）入厂石油液体管线自动取样法按 SY/T 5317—2006《石油液体管线自动取样法》执行。

（6）入厂、入炉天然气及其他燃气自动取样方法按 GB/T 30490—2014《天然气自动取样方法》执行。

（7）入厂煤、入炉煤若采用人工采样，火车煤样的人工取样方法按 GB 475—2008《商品煤样人工采取方法》执行；汽车、船舶运输的煤样人工取样方法按 DL/T 569—2007《汽车、船舶运输煤样的人工采取方法》执行。煤样的制备按 GB 474—2008《煤样的制备方法》执行。石油液体人工取样法按 GB/T 4756—2015《石油液体手工取样法》执行；天然气人工取样方法按 GB/T 13609—2017《天然气取样导则》执行。

（8）入厂燃料在进厂后，立即采样、制样、完成化验并出具化验报告。

（9）入炉煤量应采用输煤皮带秤或称重式给煤机测量，其计量装置应定期采用实物或循环链码等方式进行校验，校验周期不大于 10 天。实物检测装置及循环链码的检定周期为一年。入炉燃油可用流量计或储油容器液位进行计量，天然气及其他燃气可用体积流量计测量流量。

（10）单元制机组的入炉煤应有分炉计量装置，入炉燃油应单独装设燃油计量表，用于统计单台机组的煤耗及油耗。

（11）入炉煤样应在输送系统中采取移动煤流的采样方法，入炉煤样品的采样周期按 DL/T 567.2—2018《火力发电厂燃料试验方法 第 2 部分：入炉煤粉样品的采取和制备方法》执行。机械采样装置投入率在 90% 以上。

（12）入炉天然气及其他燃气的能量宜在燃气轮机入口的发热量站直接测量，其方法按 GB/T 22723—2008《天然气能量的测定》执行。

（13）入厂与入炉燃料的化验项目及执行标准情况可参照表 2-10。

表 2-10   入厂与入炉燃料的化验项目及执行标准对照表

序号	项目	执行标准
1	煤中全水分测定	GB/T 211—2017《煤中全水分的测定方法》
2	煤的工业分析方法	GB/T 212—2008《煤的工业分析方法》或 GB/T 30732—2014《煤的工业分析方法　仪器法》
3	煤的发热量测定	GB/T 213—2008《煤的发热量测定方法》
4	煤中全硫的测定	GB/T 214—2007《煤中全硫的测定方法》或 GB/T 25214—2010《煤中全硫测定　红外光谱法》
5	燃料碳和氢的测定	GB/T 476—2008《煤中碳和氢的测定方法》或 DL/T 568—2013《燃料元素的快速分析方法》
6	燃油发热量的测定	DL/T 567.8—2016《火力发电厂燃料试验方法　第 8 部分：燃油发热量的测定》
7	燃油元素分析	DL/T 567.9—2016《火力发电厂燃料试验方法　第 9 部分：燃油中碳和氢元素的测定》
8	天然气发热量、密度、相对密度和沃泊指数的计算	GB/T 11062—2020《天然气　发热量、密度、相对密度和沃泊指数的计算方法》
9	天然气的组成分析	GB/T 13610—2020《天然气的组成分析　气相色谱法》

三、电能计量管理

（1）发电企业负责管理本企业内部考核用电能计量装置，配合电网企业做好本企业商务结算用电能计量装置的验收、现场检验、周期检定（轮换）、故障处理等工作。

（2）发电机、主变压器、高/低压厂用变压器、高压备用变压器以及用于商务结算的上网线路的电能计量装置（有功电能表、无功电能表、电压互感器、电流互感器）精度等级不应低于 DL/T 448—2016《电能计量装置技术管理规程》的规定，具体可参见表 2-11。运行中的电压互感器二次回路电压降应定期进行检验。

表 2-11   电能计量装置分类及准确度等级

电能计量装置分类		准确度等级			
		电能表		电力互感器	
		有功	无功	电压互感器	电流互感器
I 类	220kV 及以上贸易结算用电能计量装置；500kV 及以上考核用电能计量装置；计量单机容量 300MW 及以上发电机发电量的电能计量装置	0.2S	2	0.2	0.2S
II 类	110（66）~220kV 贸易结算用电能计量装置；220~500kV 考核用电能计量装置；单机容量 100~300MW 发电机发电量的电能计量装置	0.5S	2	0.2	0.2S
III 类	10~110（66）kV 贸易结算用电能计量装置；10~220kV 考核用电能计量装置；计量 100MW 以下发电机发电量、发电企业厂（站）用电量的电能计量装置	0.5S	2	0.5	0.5S

电能计量装置分类		准确度等级			
		电能表		电力互感器	
		有功	无功	电压互感器	电流互感器
Ⅳ类	380V～10kV 电能计量装置	1	2	0.5	0.5S
Ⅴ类	220V 单相电能计量装置	2	—	—	0.5S

注　发电机出口可选用非 S 级电流互感器。

（3）6kV 及以上电动机应配备电能计量装置，电能表精度等级不低于 1.0 级，互感器精度等级不低于 0.5 级。Ⅲ类电能表的修调前检验合格率不应低于 98%；Ⅳ类电能表的修调前检验合格率不应低于 95%。

（4）非生产用电应配齐计量表计，电能表精度等级不低于 2.0 级，检验合格率不低于 95%。

（5）应建立电能计量器具档案，内容包括规格型号、使用说明书、出厂合格证、最近连续两个周期的检定（测试、校准）证书、维修或更换记录、安装位置等。对于自行校准且自行确定校准间隔的电能计量器具应有现行有效的受控文件。

（6）建立节约用电管理机构，有专人负责电能的计量工作，绘制全厂用电计量点图，随时掌握系统中各计量点的用电情况，根据节能的要求进行有效控制。

四、热能计量管理

（1）集中供热（蒸汽和热水）电厂的热量结算点应安装热量表。热量表的设计、安装及调试应符合以下要求：

1）热量表应根据公称流量选型，并校核在设计流量下的压降。公称流量可按照设计流量的 80%确定。

2）热量表流量传感器的安装位置应符合仪表安装要求，且安装在回水管上。

3）热量表数据存储能够满足当地供暖季供暖天数的日供热量的储存要求，且具备功能扩展的能力及数据远传功能。应设置存储参数和周期，内部时钟应校准一致。

（2）对发电企业管理的热源、热力站以及供热系统的计量和调节控制应符合 JGJ 173—2009《供热计量技术规程》的规定。

（3）向热力系统外供蒸汽和热水的机组应配置必要的热能计量装置。测点布置合理，安装符合技术要求，并应定期校验、检查、维护和修理，保证计量数据的准确性。

（4）热能计量仪表的配置应结合热平衡测试的需要，二次仪表应定期检验并有合格检测报告。

1）一级热能计量：对外供热收费的计量。仪表配备率、合格率和检测率均应达到 100%。

2）二级热能计量：各机组对外供热及回水的计量。仪表配备率、合格率应达到95%以上，检测率应达到90%。

3）三级热能计量：各设备和设施用热、生活用热计量。应配置仪表，检测率应达到85%。

（5）应有完整的热能计量仪表的详细资料，包括一次元件设计图纸、流量设计计算书、二次仪表的规格、精度等级等，应有合格的定期检验报告。

（6）应在下列各处设置热能计量仪表：对外收费的供热管道、单台机组对外供热管道、厂内外非生产用热管道、对外供热后的回水管道、除本厂热力系统外的其他生产用热。

（7）供热介质流量的检测应考虑温度、压力补偿，供热介质流量检测仪表应适应不同季节流量的变化，必要时应安装适应不同季节负荷的两套仪表。对进出电厂的蒸汽工质，其流量测量装置的准确度等级不应小于1.0级，温度测量仪表和压力测量仪表的准确度等级应分别不小于1.0级、0.5级；对进出电厂的热水工质，其流量测量装置的准确度等级不应小于1.5级，温度测量仪表和压力测量仪表的准确度等级不应小于1.5级。

（8）热能计量宜安装累积式热能表计。

（9）对零散消耗热量和排放热能，可根据现场实际条件，采用直接测量、计算或估算的方法。

（10）应绘制全厂供热计量点图，有专人负责热量的计量工作，随时掌握系统中各计量点的用热情况，根据节能的要求进行有效控制。

五、水量计量管理

（1）发电企业水计量器具配备和管理应满足 GB 24789—2009《用水单位水计量器具配备和管理通则》的有关要求，对各类取水、用水进行分质计量，对取水量、用水量、重复利用水量、排水量等进行分项统计。

（2）从外部取水应安装计量仪表，取水计量技术要求符合 GB/T 28714—2012《取水计量技术导则》的规定。

（3）水量计量装置应根据用水和排水的特点、介质的性质、使用场所和功能要求进行选择。测点布置合理，安装符合技术要求，并应定期校验、检查、维护和修理，保证计量数据的准确性。

（4）水量计量仪表的配置应满足水平衡测试的需要，二次仪表应依据相应的国家计量检定规程开展周期检定工作，并有有效期内的检定证书。

1）取水的计量为一级用水计量，其仪表配备率、合格率和检测率均应达到100%，应具有远传信号功能。

2）各类分系统为二级用水计量，其仪表配备率、合格率应达到100%，检测率应达到95%，应具有远传信号功能。

3）各设备和设施用水、生活用水计量为三级用水计量，也应配置仪表，检测率应达到85%以上。

（5）下列各处应设置累计式流量表：取水泵房（地表和地下水）的原水管道、原水入厂区后的水管道、进入主厂房的工业用水管道、供预处理装置或化学水处理车间的原水总管及化学水处理后的除盐水出水管道、循环冷却水补充水管道、除灰渣系统及烟尘净化装置系统用水管道、热网补充水管道、各机组除盐水补水管道、非生产用水总管道、其他需要计量处。

（6）水计量器具准确度等级优于或等于2级，废水排放水表的不确定度优于或等于5%。

（7）水计量器具应定期检定（校准）。凡经检定（校准）不符合要求的或超过检定周期的水计量器具禁止使用。属强制检定的水计量器具，其检定周期、检定方式应遵守有关计量技术法规的规定。在用的水计量器具应在明显位置粘贴与水计量器具一览表编号对应的标签，以备查验和管理。

（8）应建立水计量器具档案，包括规格型号、使用说明书、出厂合格证、最近连续两个周期的检定（测试、校准）证书、维修或更换记录、安装位置等。对于自行校准且自行确定校准间隔的计量器具应有现行有效的受控文件。

（9）对零散用水或间歇用水，可根据现场实际条件，采用直接测量、计算或估算的方法。

（10）建立节约用水管理机构，有专人负责水量计量和统计分析工作，编制节水规划和计划，绘制全厂用水计量点图，随时掌握系统中各计量点的用水情况，根据节水的要求进行有效控制。

第五节　各类指标的节能技术监督

火电企业节能监督指标实施分类管理、责任到人，一般情况下可将指标按专业分成三大类：综合经济技术指标、锅炉经济技术指标、汽轮机经济技术指标。每一类大指标包含多个小指标，针对各小指标开展日常监督工作，以小指标促大指标的完成。

一、综合经济技术指标

（1）火电企业应对全厂和机组的发电量、发电煤耗、供电煤耗、供热量、供热比、热电比、供热煤耗、总热效率、综合厂用电率、生产厂用电率、发电厂用电率、供热厂用电率等经济技术指标进行统计、分析和考核，统计计算方法按DL/T 904—2015《火力发电厂技术经济指标计算方法》执行。

（2）火电企业应按照实际入炉煤量和入炉煤机械取样分析的收到基低位发热量采用正平衡法计算发电煤耗、供电煤耗。当以入厂煤和煤场盘煤计算的煤耗（考虑热值差等因素）与以入炉煤计算的煤耗偏差达到±1.0%时，应及时查找原因。火电企业的煤耗应定期采用反平衡法（热力性能试验）校核。

（3）在役燃煤发电机组供电煤耗不应高于 GB 21258—2017《常规燃煤发电机组单位产品能源消耗限额》规定的能耗限额或国家最新规定。GB 21258—2017 规定在役燃煤发电机组供电煤耗限定值为表 2-1 中的 3 级数值与各影响因素修正系数的乘积。对于现役的 W 火焰机组，供电煤耗限额值在 3 级数值的基础上再增加 3g/（kW·h）。各影响因素修正系数见表 2-12～表 2-16。

表 2-12　　　　　　　　　　　　燃煤成分修正系数

燃煤成分（质量分数）（%）		修正系数
挥发分（干燥无灰基）	>19	1.000
	$10 \leqslant V_{daf} \leqslant 19$	$1.000 + 3.569 \times \dfrac{100 A_{ar}}{Q_{net,ar}}$
	<10	$1.000 + 7.138 \times \dfrac{100 A_{ar}}{Q_{net,ar}}$
灰分（收到基）	≤30	1.000
	$30 < A_{ar} \leqslant 40$	$1.000 + 0.001 \times (100 A_{ar} - 30)$
硫分（收到基）	≤1	1.000
	$1 < S_{ar} \leqslant 3$	$1.000 + 0.004 \times (100 S_{ar} - 1)$
全水分（收到基）	≤20	1.0
	>20	$1.010 + \dfrac{2.300 \times (100 M_{ar} - 20)}{Q_{net,ar}}$

注　V_{daf} 为燃煤干燥无灰基挥发分；A_{ar}、S_{ar}、M_{ar} 分别为燃煤收到基灰分、硫分、全水分；$Q_{net,ar}$ 为燃煤收到基低位发热量，单位为 kJ/kg。

表 2-13　　　　　　　　　　　　当地气温修正系数

最冷月份平均气温（℃）	修正系数
≤−5	1.000
−5<t≤0	$1.000 + 0.002 \times (t + 5)$
>0	1.010

注　t 为最冷月份平均气温。

表 2-14 冷却方式修正系数

冷却方式		修正系数
开式循环	循环水提升高度≤10m	1.000
	循环水提升高度＞10m	$1+0.009\times(H-10)/H$
闭式循环	—	1.010
空气冷却	间接空冷	1.040
	直接空冷	1.050

注 H 为循环水提升高度。

表 2-15 机组负荷（出力）系数修正系数

统计期机组负荷（出力）系数 （%）	修正系数
≥85	1.0000
80≤F＜85	$1+0.0014\times(85-100F)$
75≤F＜80	$1.0070+0.0016\times(80-100F)$
＜75	$1.015^{(16-20F)}$

注 F 为负荷（出力）系数。

表 2-16 机组大气污染物排放要求修正系数

容量级别[1] （MW）	达标排放 修正系数	超低排放 修正系数
1000	1.0000	1.0015
600	1.0000	1.0025
300	1.0000	1.0040
200	1.0000	1.0060

[1] 表中未列出的机组容量级别，参照低一档容量级别限额。

（4）在役常规燃煤抽凝式热电联产机组能耗不应高于 GB 35574—2017《热电联产单位产品能源消耗限额》的要求。GB 35574—2017 规定在役常规燃煤抽凝式热电联产机组年平均供电煤耗限定值为表 2-3 中 3 级数值与表 2-12～表 2-16 所列各影响因素修正系数的乘积。年平均综合供热煤耗限定值为表 2-3 中 3 级数值与表 2-12 燃煤成分修正系数的乘积。

（5）火电企业应通过节能技术改造和加强节能管理，使机组能耗水平达到表 2-1、表 2-3 中的 1 级数值。

（6）机组、全厂供电煤耗、综合厂用电率指标以月度和年度为统计期，以同比变化作为监督依据。当指标同比变化下降时，满足监督要求；当指标同比变化升高时，发电企业应编写全厂或机组供电煤耗、综合厂用电率分析报告，说明升高的原因，分析各影响因素以及计划采取的降耗措施。

（7）火电企业应对全厂单位发电量取水量进行统计、分析和考核，单位发电量取水量不应超过 GB/T 18916.1—2021《取水定额　第 1 部分：火力发电》中规定的定额值，具体见表 2-17。

表 2-17　　　　GB/T 18916.1—2021 规定的现有火电企业取水定额指标

类型	机组冷却方式	机组容量	单位发电量取水量定额值 [m³/（MW·h）]	单位发电量取水量先进值 [m³/（MW·h）]
燃煤机组	循环冷却	<300MW	3.2	1.73
		300MW 级	2.7	1.6
		600MW 级	2.35	1.54
		1000MW 级	2.0	1.52
	直流冷却	<300MW	0.72	0.25
		300MW 级	0.49	0.22
		600MW 级	0.42	0.2
		1000MW 级	0.35	0.19
	空气冷却	<300MW	0.8	0.3
		300MW 级	0.57	0.23
		600MW 级	0.49	0.22
		1000MW 级	0.42	0.21
燃气-蒸汽联合循环	循环冷却	<300MW	2.0	0.9
		300MW 级及以上	1.5	0.75
	直流与空气冷却	—	0.4	0.17

注　1．现有机组按年度确定统计期。

　　2．表中未列出的机组容量级别，参照低一档容量级别定额。

　　3．供热机组取水量可在本表定额的基础上增加因对外供热、供汽不能回收而增加的取水量。

　　4．当机组采用再生水时，再生水部分在本表定额的基础上进行调整，即表中的定额值与下列调整系数的乘积即为采用非常规水机组的定额值：①循环冷却机组调整系数为1.2；②空气冷却机组调整系数为1.1；③直流机组不予调整。

（8）火电企业应通过节水技术改造和加强节水管理，使单位发电量取水量达到表 2-17 中规定的先进值，努力建设节水型企业。

（9）单机容量为 125MW 及以上循环冷却水湿冷凝汽式电厂全厂复用水率不宜低于95%，缺水和贫水地区全厂复用水率不宜低于98%。

（10）火电企业应使用少油或无油点火技术以降低锅炉点火和稳燃用油，应对全厂点火、稳燃用油指标进行统计、分析和考核，建立节约燃油奖惩制度。

（11）火电企业应积极开展能效对标活动。将实际完成的供电煤耗、厂用电率、发电水耗及油耗指标同设计值、历史最好值以及国内外同类型机组先进值、优良值进行对标和分析，找出差距，提出改进措施。全国水平参照有关部门（比如中国电力企业联合会）发布的各等级机组能效对标及竞赛资料，其中排序在前 20% 的平均值作为同类机组的先进值，可作为标杆值；前 40% 为优良值，可作为当前目标值；全部的平均值则可作为企业同类机组应达到的基准值。2020 年度各类型机组能耗情况可参见表 2-18。

表 2-18　　　　　　　　　　2020 年度各类型机组能耗情况一览表

机组类型	先进值		优良值		平均值	
	供电煤耗 [g/（kW·h）]	厂用电率 (%)	供电煤耗 [g/（kW·h）]	厂用电率 (%)	供电煤耗 [g/（kW·h）]	厂用电率 (%)
1000MW 级超超临界纯凝湿冷	273.14	2.84	275.07	3.24	283.59	3.93
1000MW 级超超临界纯凝空冷	291.97	4.04	—	—	298.77	5.2
600MW 级超超临界纯凝湿冷	276.35	3.11	279.28	3.41	287.54	4.22
600MW 级超超临界纯凝空冷	294.33	4.55	297.11	4.75	300.78	5.11
600MW 级超临界纯凝湿冷	294.2	3.85	295.52	4.12	302.71	4.86
600MW 级超临界纯凝空冷	305.18	4.58	308.58	4.92	315.99	6.26
600MW 级超临界供热湿冷	283.47	3.53	286.06	3.76	292.59	4.35
600MW 级亚临界纯凝湿冷	301.86	4.54	305.56	4.88	312.89	5.57
600MW 级亚临界纯凝空冷	312.74	5.84	316.87	6.11	325.82	7.17
600MW 级亚临界供热空冷	274.66	5.17	—	—	311.65	7.75
300MW 级亚临界纯凝湿冷	311.73	4.61	315.62	4.94	323.87	5.85
300MW 级亚临界供热湿冷	261.03	4.16	274.04	4.58	296.47	5.6
300MW 级亚临界纯凝空冷	331.82	7.46	—	—	338.77	8.0
300MW 级亚临界供热空冷	265.41	7.11	278.49	8.44	306.31	9.38
350MW 级亚临界纯凝湿冷进口机组	308.08	4.34	309.67	4.74	317.8	5.85

机组类型	先进值		优良值		平均值	
	供电煤耗 [g/(kW·h)]	厂用电率 (%)	供电煤耗 [g/(kW·h)]	厂用电率 (%)	供电煤耗 [g/(kW·h)]	厂用电率 (%)
350MW级亚临界 供热湿冷进口机组	283.56	3.93	293.54	4.12	308.94	5.29
350MW级超临界 纯凝湿冷	299.39	4.17	301.04	4.22	307.9	4.66
350MW级超临界 供热湿冷	248.7	3.77	259.14	4.04	276.92	4.6
350MW级超临界 纯凝空冷	309.94	4.77	—	—	320.05	6.82
350MW级超临界 供热空冷	231.54	3.3	280.19	5.72	299.29	6.67

二、锅炉经济技术指标

（1）锅炉热效率。锅炉热效率按 GB/T 10184—2015《电站锅炉性能试验规程》、DL/T 964—2005《循环流化床锅炉性能试验规程》、DL/T 904—2015《火力发电厂技术经济指标计算方法》等标准进行测试和计算。若锅炉燃用煤质发生较大变化或锅炉受热面进行重大改造时，必须进行锅炉热效率试验，并重新计算锅炉设计热效率。以最近一次试验报告的锅炉热效率作为监督依据。至少每月进行一次锅炉热效率计算，并与设计值比对，燃用设计煤种、额定蒸发量时锅炉热效率应达到设计值。

（2）锅炉主蒸汽压力、主蒸汽温度、再热蒸汽温度取锅炉出口各管路的算术平均值。以统计报表、现场检查或测试的数据作为监督依据。

（3）锅炉排烟温度。排烟温度测点应尽可能靠近最后一个受热面出口，未进行尾部烟气余热利用改造的一般取空气预热器出口烟温作为锅炉排烟温度进行监控和计算，实施了余热利用改造的锅炉以最后一个受热面出口烟温作为锅炉排烟温度进行监控和计算。应采用网格法测量平均排烟温度对运行表计进行标定。若锅炉受热面改动，则根据改动后受热面的变化对锅炉进行热力校核计算，用校核后的温度值作为排烟温度的规定值。锅炉排烟温度的监督以统计报表、现场检查或测试的数据作为依据。锅炉排烟温度（修正值）与规定值（或设计值）的偏差不大于规定值的3%，假设锅炉排烟温度规定值（或设计值）为130℃，则偏差不大于3.9℃。

（4）飞灰可燃物。每日对飞灰可燃物进行人工采样化验，飞灰在线数据可做参考。统计期内的飞灰可燃物平均值是用每日燃煤消耗量计算的加权平均值。以统计报表或现场测试的数据作为监督依据。飞灰可燃物含量不大于设计值或执行表 2-19 的规定。

表 2-19 飞灰可燃物 C_{fa} 随燃煤干燥无灰基挥发分 V_{daf} 的变化对照表

V_{daf}（%）	煤矸石	$V_{daf} \leq 10$	$10 < V_{daf} \leq 15$	$15 < V_{daf} \leq 20$	$20 < V_{daf} \leq 37$	$V_{daf} > 37$
煤粉炉 C_{fa}	—	≤5%	≤4%	≤2.5%	≤2%	≤1.2%
流化床 C_{fa}	≤10%		≤7%	≤5%	≤3%	≤1.5%

注 1. 煤粉炉大渣含碳量与飞灰基本相同。

2. 循环流化床锅炉大渣含碳量不大于 2%。

（5）大渣可燃物。每日对大渣可燃物进行人工采样化验，统计期内的大渣可燃物平均值是用每日燃煤消耗量计算的加权平均值。以统计报表或现场测试的数据作为监督依据。大渣可燃物含量不大于设计值或执行表 2-19 的规定。

（6）石子煤量和热值。石子煤量不应大于额定出力的 0.05% 或热值不大于 6.27MJ/kg，热值根据需要定期化验，煤种变化时也应进行重新化验。以统计报表或现场测试的数据作为监督依据。

（7）运行氧量。通过试验确定锅炉最佳运行氧量并形成规定值，运行氧量不超过规定值的 ±0.3 个百分点。氧量计应定期标定，运行氧量的监督以统计报表、现场检查或测试的数据作为监督依据。

（8）空气预热器漏风率。空气预热器漏风率以测试报告的数据作为监督依据。管式预热器漏风率不大于 3%，回转式预热器漏风率不大于 6%。正常运行中每季度应测试一次空气预热器漏风率。

（9）除尘器漏风率。除尘器漏风率以测试报告的数据作为监督依据。电除尘器漏风率、电袋及布袋除尘器漏风率均不大于 2%。

（10）制粉系统漏风系数。制粉系统漏风系数不高于表 2-20 的数值，制粉系统漏风系数的监督以测试报告的数据作为依据。对于负压式制粉系统应每季度测试一次漏风系数。

表 2-20 制粉系统漏风系数

名称	钢球磨煤机		中速磨煤机	风扇磨煤机	
制粉系统形式	储仓式	直吹式	负压	不带烟气下降管	带烟气下降管
漏风系数	0.2～0.4	0.25	0.2	0.2	0.3

（11）吹灰器投入率。吹灰器投入率的监督以统计报表、现场检查或测试的数据作为依据。吹灰器投入率不低于 98%。

（12）煤粉细度。要通过试验确定经济煤粉细度。当燃用无烟煤、贫煤和烟煤时，煤粉细度 R_{90} 可按 $0.5nV_{daf}$（n 为表征煤粉颗粒均匀程度的指标，称为均匀性指数，n 值一般在 0.8～1.3 之间，n 值越大，表明煤粉的均匀性越好）选取，煤粉细度 R_{90} 的最小值应控制不低于 4%。当燃用褐煤时，对于中速磨，煤粉细度 R_{90} 可取 30%～50%；对于风扇磨，煤粉细度 R_{90} 可取 45%～55%。煤粉细度的测试按 DL/T 567.5—2015《火力发电厂燃

料试验方法　第5部分：煤粉细度的测定》进行，煤粉细度的监督以测试报告的数据作为依据。循环流化床锅炉入炉煤粒度应在设计范围内。

（13）通风机能效。通风机能效应符合 GB 19761—2020《通风机能效限定值及能效等级》，以使用区最高风机效率作为能效等级的考核值。

（14）风机机组的经济运行效率。实测的风机机组效率与风机机组的额定效率相比，其比值大于 0.85，则认定风机机组运行经济；其比值为 0.70～0.85，则认定风机机组运行合理；其比值小于 0.70，则认定风机机组运行不经济。

（15）锅炉过热蒸汽的减温水量和再热蒸汽的减温水量不超过设计值或现场规定值。

三、汽轮机经济技术指标

（1）热耗率。汽轮机热耗率试验可分为三级：一级试验为高准确度试验，适用于新建或重大技术改造后的汽轮机组性能验收试验；二级试验为宽准确度试验，适用于汽轮机组检修前后的性能试验；三级试验为汽轮机组的简化性能试验。

一级、二级试验应由具有该项试验资质的单位和人员承担，应严格按照国家标准或国际通用标准进行试验；三级试验可参照国家标准，通常只进行参数修正。热耗率以最近一次试验报告的数据作为监督依据。试验热耗率与设计热耗率的偏差不应高于设计热耗率的1.5%。汽轮机热耗率至少每月进行一次计算。

（2）汽轮机主蒸汽压力。主蒸汽如果有多路管道，取算术平均值。主蒸汽压力的监督以统计报表、现场检查或测试的数据作为依据。统计期内主蒸汽压力平均值不低于规定值0.2MPa，滑压运行机组应按设计或试验确定的滑压运行曲线或经济阀位运行。

（3）汽轮机主蒸汽温度和再热蒸汽温度。如果有多路蒸汽管道，取算术平均值。主蒸汽温度和再热蒸汽温度的监督以统计报表、现场检查或测试的数据作为依据。统计期内蒸汽温度平均值不低于规定值3℃；对于两路以上的进汽管路，各管蒸汽温度偏差应小于3℃。

（4）汽轮机缸效率。高、中压缸效率在额定负荷及平均负荷下每月计算一次。大修前后所有汽缸效率均应测试，并与设计值进行比较、分析。日常监督以测试报告数据作为依据。

（5）给水温度。给水温度是指汽轮机高压给水加热系统大旁路后的温度值。给水温度以统计报表、现场检查或测试的数据作为监督依据。统计期内给水温度的平均值不低于对应平均负荷设计的给水温度。

（6）高压加热器投入率。高压加热器随机组启停的，其投入率不低于98%；高压加热器定负荷启停的，其投入率不低于95%。

（7）加热器端差。对加热器上端差（给水端差）和下端差（疏水端差）应在额定负荷及平均负荷下每月计算一次。统计期内计算的加热器端差不应大于加热器设计端差。

（8）凝汽器真空度。凝汽器真空度对机组经济性影响较大，应作为重点监督指标实施监控。对于多压凝汽器，先求出各凝汽器排汽压力所对应蒸汽饱和温度的平均值，再折算成平均排汽压力所对应的真空值。闭式循环水系统，统计期内凝汽器真空度的平均值不低于 92%；开式循环水系统，统计期内凝汽器真空度的平均值不低于 94%；空冷机组，统计期内凝汽器真空度的平均值不低于 85%。循环水供热机组仅考核非供热期，背压机组不考核。当负荷率低于 75% 时，上述所有真空度再增加 1 个百分点。

（9）真空系统严密性。湿冷机组真空系统严密性试验方法按 DL/T 932—2019《凝汽器与真空系统运行维护导则》执行。100MW 及以下机组的真空下降速度不高于 400Pa/min；100MW 以上机组的真空下降速度不高于 270Pa/min。

直接空冷机组真空系统严密性试验按 DL/T 1290《直接空冷机组真空严密性试验方法》执行，真空严密性指标小于或等于 200Pa/min 时为合格，小于或等于 100Pa/min 时为优秀。真空系统严密性以测试报告和现场实际测试数据作为监督依据。

（10）凝汽器端差。对于多压凝汽器，应分别计算各凝汽器端差。凝汽器端差应定期统计，以统计报表或测试的数据作为监督依据，监督标准参见表 2-21。

表 2-21 凝汽器端差考核值

机组类型	端差考核值	
湿冷机组	循环水入口温度≤14℃	端差≤9℃
	14℃＜循环水入口温度＜30℃	端差≤7℃
	循环水入口温度≥30℃	端差≤5℃
间接空冷系统表面式凝汽器（哈蒙系统）	端差≤2.8℃	
间接空冷系统喷射式凝汽器（海勒系统）	端差≤1.5℃	
直接空冷机组、背压机组	不考核	

注 循环水供热机组仅考核非供热期。

（11）凝结水过冷度。凝结水过冷度以统计报表或测试的数据作为监督依据。湿冷机组凝结水过冷度平均值不大于 2℃。由于空冷机组冬季运行期间受外界环境温度的影响较大，容易出现过冷，凝结水过冷度不考核，但要做好监督，根据凝结水过冷度调整空冷风机出力，防止出现散热器冻结。

（12）胶球清洗装置投入率。胶球清洗装置投入率以统计报表或测试的数据作为监督依据，其投入率不低于 98%。应选用合格的胶球，正常投入运行的胶球数量为凝汽器单侧单流程冷却管根数的 7%～13%。

（13）胶球清洗装置收球率。胶球清洗装置收球率超过 90% 为合格，达到 94% 为良好，达到 97% 为优秀。胶球清洗装置收球率以统计报表和现场实际测试数据作为监督依据。

（14）阀门泄漏率。阀门泄漏率不大于 3%。阀门泄漏包含内漏和外漏，应制定阀门检查清单并按规定检查。

（15）清水离心泵能效。清水离心泵能效应符合 GB 19762—2007《清水离心泵能效限定值及节能评价值》的规定。流量大于 10000m³/h 的单级单吸清水离心泵能效限定值为 87%，单级双吸清水离心泵能效限定值为 86%，泵效率的节能评价值为 90%。泵效率是指泵输出功率与轴功率之比的百分数。

（16）水泵组的经济运行效率。水泵组的经济运行效率应符合 GB/T 13469—2021《离心泵、混流泵与轴流泵系统经济运行》的规定。当实测的水泵组效率与水泵组的额定效率相比，其比值大于 0.85 时，则认定水泵组运行经济；其比值为 0.70～0.85，则认定水泵组运行合理；其比值小于 0.70，则认定水泵组运行不经济。

（17）湿式冷却塔的冷却能力。按 DL/T 1027—2006《工业冷却塔测试规程》进行冷却塔的冷却能力测试，当冷却塔的实测冷却能力达到 95%及以上时视为达到设计要求；当达到 105%以上时视为超过设计要求。以测试报告数据作为监督依据。

（18）湿式冷却塔的冷却幅高。冷却塔的冷却幅高是指冷却塔的出水温度与理论冷却极限温度之差，湿式冷却塔的冷却幅高应定期测量，在冷却塔热负荷大于 90%额定负荷、气象条件正常时，夏季测试的冷却塔出口水温不高于大气湿球温度 7℃。以测试报告和现场实际测试数据作为监督依据。

（19）空冷机组排汽压力（背压）。背压作为直接空冷机组的一项重要指标，对机组经济运行影响较大，正常运行中应作为重点监控对象。排汽压力测点一般安装在低压缸出口，有多个测点的，取算术平均值，定期进行统计分析。按 DL/T 244—2012《直接空冷系统性能试验规程》进行性能测试，当以排汽质量流量评价时，修正到设计条件下的各试验工况排汽质量流量达到或超过保证的排汽质量流量；或以排汽压力评价时，修正后的排汽压力低于保证的排汽压力时，则认为空冷系统及其设备运行性能指标达到规定值，否则认为未达到规定值。日常监督以测试报告数据作为监督依据。

四、燃料、汽水经济技术指标

（1）燃料检斤率。燃料检斤率以统计报表数据作为监督依据。燃料检斤率应为 100%。

（2）燃料检质率。燃料检质率以统计报表数据作为监督依据。燃料检质率应为 100%。

（3）入厂煤与入炉煤热量差。计算入厂煤与入炉煤热量差应考虑燃料收到基外在水分变化的影响，并修正到同一收到基外在水分的状态下进行计算。入厂煤与入炉煤热量差以统计报表数据作为监督依据。入厂煤与入炉煤的热量差不大于 418kJ/kg。

（4）煤场存损率。煤场存损率以统计报表数据作为监督依据。煤场存损率不大于每月的日平均存煤量的 0.5%，也可根据具体情况实际测量煤场存损率，报上级主管单位批准后作为监督依据。

（5）化学自用水率。化学自用水率以统计报表数据作为监督依据。采用单纯离子交换除盐装置和超滤水处理装置的化学自用水率不高于 10%；采用反渗透水处理装置的化学自用水率不高于 25%。

（6）汽水损失率。汽水损失率以统计报表数据作为监督依据。

机组的汽水损失率应符合下列要求：600MW 级及以上机组，不应大于锅炉额定蒸发量的 1.0%；200～300MW 级机组，不应大于锅炉额定蒸发量的 1.5%；100～200MW（不含）机组，不应大于锅炉额定蒸发量的 2.0%；100MW 以下机组，不应大于锅炉额定蒸发量的 3.0%。

（7）水灰比。应在水力除灰系统管路上设置测量点，并有专门的测量器具，每季度宜测量一次。水灰比以测量报告数据作为监督依据。高浓度灰浆的水灰比应为 2.5～3，中浓度灰浆的水灰比应为 5～6，不宜采用低浓度水力除灰。

（8）循环水浓缩倍率。应根据水源水质、冷却水水质控制指标等，经技术经济比较，选择适当的浓缩倍率。循环水的补充水经处理后应符合 GB/T 31329—2014《循环冷却水节水技术规范》的要求。循环冷却水浓缩倍率应符合下列要求：采用地表水、地下水或海水淡化水作为补充水，浓缩倍率不小于 5.0；采用再生水作为补充水，浓缩倍率不小于 3.0。

（9）循环水排污回收率。排污的循环水可作为脱硫、冲灰除渣或经过简单处理后用于其他系统的供水水源。循环水排污回收率应大于 90%。

（10）工业水回收率。辅机的密封水、冷却水等应循环使用或梯级使用。工业水回收率宜达到 100%。

（11）储灰场澄清水的回收。储灰场的澄清水一般不宜外排，应根据澄清水的水质、水量、灰场与电厂之间的距离、电厂的水源条件和环保要求等，经综合技术经济比较后确定回收利用方式。

（12）冷却塔飘滴损失水率。机械通风冷却塔，循环水量 1000m³/h 以上的，其飘滴损失水率不应大于 0.005%；循环水量 1000m³/h 及以下的，其飘滴损失水率不应大于 0.01%；自然通风冷却塔飘滴损失水率不应大于 0.01%。冷却塔飘滴损失水率测试方法可参见 DL/T 1027—2006《工业冷却塔测试规程》，冷却塔的蒸发损失水率及风吹损失水率按 GB/T 50102—2014《工业循环水冷却设计规范》计算。

（13）供热输水管网补水率。当发电企业负责对供热管网（一环网）补水时，输水管网补水率应小于 0.5%。

第六节　节能技术监督月报表模板

为了更好地加强指标监督，必须明确监督的责任部门、责任人，并按照企业各部门在节能技术监督中的职责分工，对所管辖范围内的各节能指标施行定期报表制度。按月统计，月初报送至本企业节能管理机构。企业节能管理机构负责收集汇总，根据指标完成情况制定考核办法，采取有效的激励措施，调动各级人员的积极性，发挥各专业管理人员在节能技术监督工作中的作用，实现指标的可控在控，以月指标促年指标的完成。

本节给出了火电企业节能技术监督月报表模板，具体可参见表 2-22～表 2-26。

表2-22　生产运行节能技术监督月报表

指标	发电量	供电量	供热量	发电煤耗	供电煤耗	综合供电煤耗	供热煤耗	综合厂用电率	发电厂用电率	供热厂用电率	负荷率	汽轮机效率	全厂补水率	汽水损失率	全厂复用水率	入厂煤热值	入炉煤热值	无灰干燥基挥发分	收到基灰分	入炉煤量	调盈亏煤量	非生产耗电量	单位发电用新鲜水量	除灰系统单耗	脱硫系统单耗	输煤系统单耗	制水系统单耗	除灰系统耗电率	脱硫系统耗电率	输煤系统耗电率	制水系统耗电率
	MW·h	MW·h	GJ	g/(kW·h)	g/(kW·h)	g/(kW·h)	kg/GJ	%	%	%	%	%	%	%	%	kJ/kg	kJ/kg	%	%	万t	t	kW·h	kg/(kW·h)	kW·h/t煤	kW·h/t煤	kW·h/t煤	kW·h/t水	%	%	%	%
全厂																															
累计																															
设定（综合指标）																															
1号机组																															
2号机组																															
3号机组																															
……																															

续表

指标	主蒸汽压力 (MPa)	再热蒸汽压力 (MPa)	主蒸汽温度 (℃)	再热蒸汽温度 (℃)	送风温度 (℃)	排烟温度 (℃)	锅炉效率 (%)	飞灰含碳量 (%)	氧量 (%)	排污率 (%)	空气预热器漏风系数 (%)	吹灰器投入率 (%)	煤粉细度 (%)	过热减温水量 (t/h)	再热减温水量 (t/h)	用油量 (t)	制粉系统单耗 (kW·h/t煤)	磨煤机单耗 (kW·h/t煤)	一次风机单耗 (kW·h/t煤)	排粉机单耗 (kW·h/t煤)	给煤机单耗 (kW·h/t煤)	密封风机单耗 (kW·h/t煤)	引风机单耗 (kW·h/t汽)	二次风机单耗 (kW·h/t汽)	磨煤机耗电率 (%)	一次风机耗电率 (%)	排粉机耗电率 (%)	引风机耗电率 (%)	二次风机耗电率 (%)	给煤机耗电率 (%)	密封风机耗电率 (%)
全厂																															
累计																															
设定																															
1号机组																															
2号机组																															
3号机组																															
……																															

锅炉指标

续表

指标	主蒸汽流量	主蒸汽压力	再热蒸汽压力	主蒸汽温度	再热蒸汽温度	给水温度	给水流量	热耗率	高压缸效率	中压缸效率	低压缸效率	凝汽器真空度	高压给水旁路泄漏率	高压加热器投入率	胶球装置投入率	胶球装置收球率	真空系统严密性	排汽温度	凝汽器端差	凝结水过冷度	循环水温升	冷却塔水温降	冷却塔冷却幅高	加热器端差	给水泵单耗	循环水泵单耗	凝结水泵单耗	机力塔耗电率	给水泵耗电率	循环水泵耗电率	凝结水泵耗电率
	t/h	MPa	MPa	℃	℃	℃	t/h	kJ/(kW·h)	%	%	%	%	%	%	%	%	Pa/min	℃	℃	℃	℃	℃	℃	℃	kW·h/t汽	kW·h/t汽	kW·h/t汽	%	%	%	%
全厂																															
累计																															
设定																															
汽轮机指标 1号机组																															
汽轮机指标 2号机组																															
汽轮机指标 3号机组																															
……																															

批准：　　　　　审核：　　　　　填报人：　　　　　填报日期：

表2-23

燃料节能技术监督月报表（一）

指标	入厂煤量	水分 M_t	水分 M_{ad}	热量 $Q_{net,ar}$	全硫 $S_{t,ad}$	挥发分 V_{ad}	灰分 A_{ad}	入炉煤采样机投运率	入场煤采样机投运率	输煤系统单耗	输煤系统耗电率	输煤系统缺陷量	消缺率
	t	%	%	kJ/kg	%	%	%	%	%	kW·h/t煤	%	个	%
月度													
累计													

批准： 审核： 填报人： 填报日期：

表2-24

燃料节能技术监督月报表（二）

指标	货票收入煤量	实际收入煤量	月实际耗煤量	燃煤库存量	实际盘点库存煤量	燃料盘点盈亏量	检斤量	检斤率	运损率	盈吨量	盈吨率	亏吨量	亏吨率	煤场存损率	燃料检质率	煤炭质级不符率	煤质合格率	燃料亏吨索赔率	燃料亏卡索赔率	汽车衡校验合格率	轨道衡校验合格率
				t				%	%	t	%	t	%	%							%
月度																					
累计																					

批准： 审核： 填报人： 填报日期：

表2-25

经营部门节能技术监督月报表

指标	入炉煤量	入炉煤热值	入厂煤量	入厂煤热值	热值差	月度盘煤余量	调盘亏煤量	用油量	盘油量	进油量	调盘亏油量	全厂补水量	非生产用电量	非生产用汽量	外购电量	外购氢量	外购水量	外购汽量	外购电量
	t	kJ/kg	t	kJ/kg	kJ/kg				t				kW·h		t	m³		kW·h	
月度																			
累计																			

批准： 审核： 填报人： 填报日期：

表 2-26

设备管理部门节能技术监督月报表

指标	环境温度	高压缸保温层温度	中压缸保温层温度	低压缸保温层温度	燃烧器外壁温度	主蒸汽管道温度	再热蒸汽管道温度	尾部受热面温度	炉墙外壁温度	空气预热器漏风率	电除尘漏风率	锅炉本体漏风率	制粉系统漏风率	吹灰器投入率	高压加热器投入率	真空泄漏率	给煤机计量校验合格率	皮带秤校验合格率	燃油流量计校验合格率	热控计量装置校验合格率	阀门泄漏率
				℃												%					
1 号机组																					
2 号机组																					
3 号机组																					
……																					
备注	所有校验设备要有校验报告，所有测量要有记录（最高点），与报表一并报送。																				

批准：   审核：   填报人：   填报日期：

第三章 节能分析

节能分析作为发电企业的一项重要工作，必须高度重视。通过认真开展各项节能分析，发现设备运行中经济性方面存在的问题，从而为运行优化调整、设备治理和节能改造提供依据和方向。

节能分析一般包括节能周报分析、节能月报分析、节能年报分析、节能专题分析、节能技改项目收益分析。通过对周、月、年的重要指标进行量化分析，对节能技改进行阶段性经济评估，对优化调整进行跟踪监督评价，及时发现机组运行调整和设备方面存在的问题，提出整改建议并跟进闭环落实，确保机组高效经济运行。

第一节 节能周报分析

节能周报分析的目的是缩短各经济指标的统计分析周期，便于及时发现指标异常情况，并及时采取针对性措施，及时纠偏，防止指标持续恶化影响机组运行经济性，进一步导致月度指标的失控。

节能周报分析内容不需要做到全覆盖，只对重要的经济指标进行统计分析即可。大致可以分周指标完成情况、指标简要分析、存在的问题及针对性措施三个部分。

一、周指标完成情况

周指标完成情况常采用表格进行统计，一目了然，可参见表3-1。

表3-1　　　×××× 年 ×× 月 ×× 日—×××× 年 ×× 月 ×× 日指标情况

项目	单位	1号机组	2号机组	3号机组	……	全厂
发电量	万 kW·h					
供热量	GJ					
运行时间	h					
负荷率	%					
供热比	%					
热电比	%					

续表

项目		单位	1 号机组	2 号机组	3 号机组	……	全厂
供热耗电率		kW·h/GJ					
供热厂用电率		%					
发电厂用电率		%					
生产厂用电率		%					
综合厂用电率		%					
锅炉效率		%					
汽轮机效率		%					
供热煤耗		kg/GJ					
正平衡	发电煤耗	g/(kW·h)					
	供电煤耗	g/(kW·h)					
	综合供电煤耗	g/(kW·h)					
反平衡	发电煤耗	g/(kW·h)					
	供电煤耗	g/(kW·h)					
	综合供电煤耗	g/(kW·h)					
正反发电煤耗差		g/(kW·h)					
正反供电煤耗差		g/(kW·h)					
凝汽器真空度（或排汽压力）		%（kPa）					
主蒸汽温度		℃					
再热蒸汽温度		℃					
排烟温度		℃					
飞灰含碳量		%					
…							
环比项目		单位	1 号机组	2 号机组	3 号机组	……	全厂
发电量		万 kW·h					
供热量		GJ					
负荷率		%					
供热比		%					
发电厂用电率		%					
生产厂用电率		%					
综合厂用电率		%					
锅炉效率		%					
汽轮机效率		%					
供热煤耗		kg/GJ					
发电煤耗		g/(kW·h)					
供电煤耗		g/(kW·h)					
综合供电煤耗		g/(kW·h)					

二、指标简要分析

针对机组供电煤耗、厂用电率及小指标等完成情况进行简要分析。对供电煤耗、厂用电率完成情况进行环比量化分析，给出指标变化的影响因素，以提醒专业人员采取必要的措施消除指标负面影响。指出偏离正常范围的小指标，并找出导致指标异常的原因，以便采取针对性措施。

三、存在的问题及针对性措施

（1）指标参数偏离正常工况的，指出运行调整存在的问题，给出指导建议。

（2）机组存在的影响能耗的缺陷，督促责任人员尽快处理，给出运行人员应采取的减少损失的措施。

（3）特殊工况下的运行调整建议。

（4）其他需说明的问题。

第二节 节能月报分析

节能月报分析是对上月节能管理工作的一个全面总结，通过对比月度指标的完成情况，找出影响指标的因素，分析存在的问题，提出针对性措施，制定工作计划。

节能月报分析内容包括但不限于以下几个方面：月度指标完成情况、主要指标变化分析、同类型机组对标、月度节能工作开展情况、节能监督存在的问题及整改措施、下月节能工作计划等。

一、月度指标完成情况

月度指标完成情况可用列表方式进行统计，参见表 3-2。

表 3-2　　　　　　　　　××××年××月主要指标完成情况

项目	单位	1 号机组	2 号机组	3 号机组	……	全厂
发电量	万 kW·h					
负荷率	%					
上网电量	万 kW·h					
供热量	GJ					
供热比	%					
发电厂用电率	%					
供热厂用电率	%					
供热耗电率	kW·h/GJ					

项目	单位	1 号机组	2 号机组	3 号机组	……	全厂
生产厂用电率	%					
综合厂用电率	%					
全厂燃油量	t					
发电煤耗	g/（kW·h）					
供电煤耗	g/（kW·h）					
综合供电煤耗	g/（kW·h）					
供热煤耗	kg/GJ					
机组发电补水率	%					
综合发电水耗	kg/（kW·h）					
……						

二、主要指标变化分析

主要是对发电量、供热量、厂用电率、煤耗、水耗等重要指标进行同比、环比量化对比分析，查找影响指标变化的因素。

（1）发电量分析。

发电量分析可以从机组利用小时入手，倒推出影响发电量变化的原因。比如发电量增加，一定是机组利用小时增加，而影响利用小时增加的因素有两个，一个是机组负荷率，另一个是机组运行时间。如果是机组负荷率增加，可以从机组运行方式以及电网负荷方面找出原因；如果是机组运行时间增加，可以从机组启停情况、有无检修等方面进行分析，给出原因。反之亦然。

（2）供热量分析。

供热量分析可以从内部因素和外部因素两个方面进行分析。

内部因素主要包括供热系统运行方式、设备缺陷等，外部因素主要是指环境温度、热网负荷需求等。

（3）机组生产厂用电率分析。

影响机组生产厂用电率的因素有很多，分析时可以先对比辅机耗电率变化情况，找出耗电率变化较大的辅机，然后从机组负荷率、煤质、运行方式等方面再找出影响辅机耗电率变化的原因。

对于供热机组，机组生产厂用电率包括供热厂用电率和发电厂用电率。对于非供热机组或供热机组非供热期时，机组生产厂用电率就是发电厂用电率。

（4）综合厂用电率分析。

综合厂用电率分析包括两个部分，一个是机组生产厂用电率变化导致综合厂用电变化；另一个是不计入生产厂用电量部分的耗电量变化，比如机组停运至下次启动并网前的耗电量、生活用电量、变损电量等。

（5）机组供电煤耗分析。

供电煤耗分析有两种方法：正平衡法、反平衡法。

正平衡法包括三个方面的因素：入炉煤量、入炉煤热值、供电量。通过对上述三个因素对比分析，给出影响供电煤耗变化的原因。正平衡法只能笼统地给出影响煤耗的因素，是一种定性分析，无法做到准确的定量分析。

反平衡法包括四个方面的因素：锅炉效率、汽轮机效率、管道效率、发电厂用电率。

锅炉效率采用损失法进行分析，正常运行中锅炉各项损失受运行方式影响较大的有排烟热损失、固体未完全燃烧热损失和汽侧热损失，分析时可以对这三项损失进行对比，再根据这三项损失的影响因素，找出影响锅炉效率的因素，从而得到影响供电煤耗变化的因素。影响排烟热损失的因素有入炉煤热值、排烟温度、空气预热器入口冷风温度、过量空气系数等；影响固体未完全燃烧热损失的因素有入炉煤热值、入炉煤灰分、飞灰可燃物、炉渣可燃物；影响汽侧热损失的因素有机组启动热态冲洗、锅炉排污量、锅炉吹灰、炉侧阀门泄漏等。对于亚临界机组，锅炉效率每变化 1 个百分点，影响供电煤耗约 $3.5g/(kW \cdot h)$。

汽轮机效率主要是受负荷率、真空度或排汽压力、真空严密性、回热系统效率、供热量、蒸汽参数、疏放水阀门泄漏以及其他汽轮机侧小指标的影响。实际分析中可重点对比这些指标的变化情况，找出影响汽轮机效率的因素，从而得到影响供电煤耗变化的因素。对于亚临界机组汽轮机效率每变化 1 个百分点，影响供电煤耗约 $7.5g/(kW \cdot h)$。

管道效率根据投产时验收性能试验报告取定值即可。

对于亚临界机组发电厂用电率每变化 1 个百分点，影响供电煤耗约 $3g/(kW \cdot h)$。

应用反平衡法分析不仅可以找出哪些小指标的变化导致的煤耗的变化，而且可以进行量化，并针对这些指标采取有效措施，提高机组经济性。

（6）机组发电补水率分析。

机组发电补水率主要从锅炉排污量、对外供汽量、系统热态冲洗等方面分析造成机组补水量变化的原因。

（7）综合发电水耗分析。

综合发电水耗主要是受两个因素的影响，一是生产耗水量，一是发电量，可以围绕这两个因素展开分析。

（8）主要辅机耗电率分析。

引风机、送风机、电动给水泵、制粉系统、脱硫系统等重要辅机耗电率同比、环比变化情况。

三、同类型机组对标

（1）主要指标完成情况对标参见表3-3。也可根据本企业的实际情况，将重要的小指标纳入对标范围。

表 3-3   ××××年××月主要指标对标

项目	单位	标杆机组	1 号机组	与标杆机组差距	2 号机组	与标杆机组差距
发电量	万 kW·h					
负荷率	%					
供热量	GJ					
供热比	%					
发电厂用电率	%					
供热厂用电率	%					
生产厂用电率	%					
供电煤耗	g/（kW·h）					

（2）与标杆机组差距分析及改进措施。

通过对比指标差异，深入分析机组与标杆机组的差距，查找自身不足，提出针对性的改进措施，不断提升机组经济性。

四、月度节能工作开展情况

（1）节能监督情况总结。

（2）月度运行调整、节能措施执行情况。

（3）影响经济性缺陷、影响大小以及处理情况。

（4）节能技改推进情况。

（5）节能奖惩、培训、宣传情况。

（6）其他需要说明的事项。

五、节能监督存在的问题及整改措施

主要针对影响机组经济性的缺陷或不经济的运行方式给出整改意见，通过升级改造、优化运行调整等措施，达到节能降耗、提升机组经济性的目的。

六、下月节能工作计划

围绕内外部环境的变化、机组自身存在的问题、运行方式变化、日常节能监督工作等情况，制定下月节能工作计划，并闭环落实。

第三节　节能年报分析

节能年报分析是节能管理的一项重要工作，是年度节能工作开展情况的总结，也是下一年度节能的展望。一般包括以下几个方面的内容：主要经济技术指标完成情况分析、年度节能工作开展情况、年度节能工作取得的业绩成效、节能工作存在的问题、下一年度节能工作思路及工作计划。

一、主要经济技术指标完成情况分析

主要经济技术指标完成情况可参见表 3-4，分析内容和方法可参照节能月报分析。

表 3-4　　　　　　　　××××年主要经济指标完成情况

项目	单位	1 号机组	2 号机组	3 号机组	……	全厂	年同比
发电量	万 kW·h						
供热量	GJ						
运行时间	h						
负荷率	%						
利用小时	h						
供热比	%						
热电比	%						
供热厂用电率	%						
发电厂用电率	%						
生产厂用电率	%						
综合厂用电率	%						
发电煤耗	g/（kW·h）						
供电煤耗	g/（kW·h）						
综合供电煤耗	g/（kW·h）						
供热煤耗	kg/GJ						
发电补水率	%						
发电综合水耗	kg/（kW·h）						
用油量	t						
发电油耗	t/（亿 kW·h）						

二、年度节能工作开展情况

（1）节能基础管理工作情况。

完善节能管理制度，更能适应机组实际情况；强化节能奖惩激励机制，督促运行人

员及各专业管理人员在运行调整、检修维护、节能技改、方式优化等方面积极开展工作，不断改善机组运行经济性；优化小指标竞赛规则，构筑精细化管理体系。

（2）节能技术监督工作情况。

围绕机组检修、锅炉效率、汽轮机效率、设备性能、供热运行优化、燃煤掺烧、锅炉燃烧调整等方面开展技术监督工作。针对出现的问题，及时进行通报，并提出具体解决办法。

机组检修重点进行以下节能监督工作：

1）锅炉本体：炉膛受热面冲洗、暖风器水冲洗、吹灰器检查、保温检查治理。

2）空气预热器：径向、轴向、环向密封检查、测量、调整，扇形板检查修复，传热元件检查、更换。

3）尾部烟道：受热面水冲洗、烟道检查、积灰清理、漏风治理。

4）制粉系统：磨煤机内部检查，油站冷却器清理，钢球磨衬瓦、中速磨磨辊检查修复，给煤机托辊检查，积煤清理。

5）布袋除尘器：对滤袋积灰情况进行检查，对滤袋用压缩空气进行人工清灰；检查滤袋破损的情况，并更换破损的滤袋；清灰机构减速机转动检查，消除卡涩、异声，对损坏的减速机或轴承进行更换。

6）给水系统：除氧器检查清理、高压加热器注水查漏。

7）汽轮机本体：高中压转子、叶片检查，高中低压转子、隔板及隔板套喷丸除垢，高中低压缸内汽封修理、汽轮机缸体保温治理、高中低压缸内缸检查等。

8）疏放水系统：所有疏放水阀门解体检查，研磨处理或更换。

9）风机、水泵：设备检查、性能修复。

（3）节能技术措施。

1）各常规节能技术措施落实情况。

2）根据实际情况修改、新编节能技术措施情况。

3）针对特殊运行工况采取的临时措施。

（4）节能技改工作情况。

1）本年度节能技改项目实施情况、完成情况、完成率，以及未完成项目说明。

2）已完成的节能技改项目效果简要评估。

三、年度节能工作取得的业绩成效

（1）降低煤耗方面采取的措施、取得的成效。

（2）降低厂用电率方面采取的措施、取得的成效。

（3）降低水耗方面采取的措施、取得的成效。

（4）降低油耗方面采取的措施、取得的成效。

四、节能工作存在的问题

（1）存在的影响机组能耗的问题。

（2）节能日常管理存在的问题。

五、下一年度节能工作思路及工作计划

（1）总体思路：围绕公司年度工作思路，在兼顾安全、环保、配煤掺烧、供热、双细则的前提下，开展节能降耗工作。完善节能管理制度，加强节能日常监督，深化能效对标工作，积极推进技术革新和改造，深入挖掘节能潜力，拓展节能发展空间；转变思路，创新手段，将节能贯穿生产、检修、技改全过程，推动节能管理再上新台阶。

（2）节能目标：制定具体的煤、水、油、电控制指标。

（3）节能工作措施计划。

1）强化以分管生产领导为组长的节能领导小组职能，明确职责，落实责任。加大奖惩力度，构筑全覆盖的节能管理体系，不断推动节能工作稳步提升。

2）加强基础管理，修订完善各项节能管理制度，适应当前机组实际情况，强化奖惩机制，为进一步深化节能提供强有力的制度保障。

3）按机组、系统、设备划分节能技术监督范围，落实到部门、班组、专业及个人。形成全员参与、共同监督、稳步提高的节能技术监督格局，充分调动各级人员节能工作的积极性，发挥节能技术监督网络的有效作用。

4）制定针对性强、操作性强的月度、年度工作计划，分解到部门、专业，并制定相应的针对性措施，确保计划按期完成，效果显著。

5）按照政府、上级单位下达的年度考核能耗指标任务，详细、科学、合理分解各项单项能耗指标，落实到部门、班组、专业，以小指标确保大指标的完成。

6）根据不同时期任务完成情况，制定针对性措施计划，统筹全年工作，将年度任务分解落实到具体节能工作措施计划中。

7）强化经济调度的重要性。根据机组单位能耗的差别性，优化运行调度方式，兼顾双细则考核，实现效益最大化。同时注重与调度沟通，在现有条件下，尽量实现单位能耗低机组的多发、满发运行。

8）调整配煤掺烧组织机构，进一步明确职责，采取激励性奖惩机制，力争实现安全、科学、合理、综合经济性高的配煤掺烧方式，满足安全、环保、利润、双细则、能耗控制的总体要求。

9）针对超低排放改造、劣质煤掺烧带来的新问题，加强监督，分析原因，制定措施，持续改进。

10）积极推进各项节能升级改造工作，力求解决好一些长期影响机组能耗的难题，

不断降低机组能耗。

11）充分利用内部的各宣传平台，强化节能法律、法规、制度、标准的宣传培训工作；办好节水周、节能周等活动；定期发布有关节能减排的知识、经验、征文等，供大家交流学习，全面提高节能意识，为节能工作的深入开展奠定坚实基础。

12）加强节能专业人员培训学习，鼓励参加一些权威机构组织的有关节能减排研讨会，学习先进的理念、经验。

第四节　节能专题分析

节能专题分析一般是针对机组运行工况变化、能耗异常、节能优化措施效果评价等情况，临时性开展的专项分析。能耗异常类专题分析主要内容包括现状说明、指标异常原因分析、拟采取的措施等，节能优化措施效果评价类分析主要内容包括措施优化的背景、措施执行前后效果评价、下一步的建议等。

一、某发电企业能耗偏高专题分析

（一）概述

为了适应市场形势，满足环保要求，实现可持续发展，企业针对性地采取了超低排放改造、配煤掺烧、供热改造、创收空间拓展、压缩检修技改成本等举措。在圆满完成达标排放要求的同时，一定程度上缓解了经营压力，实现了环保与企业发展的共赢。

但是，这也不可避免地带来了能耗指标的急剧上升。2013 年至 2018 年的持续性排放改造、配煤掺烧、创收空间拓展、压缩检修技改成本都对能耗指标的控制产生较大的影响，目前四台机组能耗指标都异常偏高。在当前情况下，必须采取针对性的专项节能技改措施，改善能耗指标现状。

（二）存在的问题

（1）机组运行年限较长，汽轮机效率呈逐年下滑趋势，对能耗影响较大。

1 号机组于 2020 年 5 月完成大修，大修后 THA 工况下性能试验热耗为 8389.78 kJ/（kW·h），较设计值 8120.4kJ/（kW·h）偏高 269.38kJ/（kW·h），影响汽轮机效率降低 1.42 个百分点，影响发电煤耗约 10.65g/（kW·h）。2 号机组于 2020 年 6 月完成扩大性 C 修，修后 THA 工况下性能试验热耗为 8387.72kJ/（kW·h），较设计值 8120.4 kJ/（kW·h）偏高 267.32kJ/（kW·h），影响汽轮机效率降低 1.41 个百分点，影响发电煤耗约 10.57g/（kW·h）。3 号机组于 2019 年 8 月完成大修，大修后 THA 工况下性能试验热耗为 8248.20kJ/（kW·h），较设计值 8064kJ/（kW·h）偏高 184.2kJ/（kW·h），影响汽轮机效率降低 0.997 个百分点，影响发电煤耗约 7.5g/（kW·h）。4 号机组于 2018 年 9 月完成大修，大修后 THA 工况下性能试验热耗为 8337.8kJ/（kW·h），较设计值 8064

kJ/（kW·h）偏高 273.8kJ/（kW·h），影响汽轮机效率降低 1.47 个百分点，影响发电煤耗约 11g/（kW·h）。机组投产以来均已运行十年以上，汽轮机效率呈逐年下降趋势。

（2）环保要求日趋严格，持续性排污设施改造，造成能耗指标递增式升高。

1）1 号机组于 2014 年 1 月 11 日完成脱硫除尘升级改造，半干法脱硫+电除尘+静叶变频引风机→湿法脱硫+电袋除尘+引增合一（动叶工频引风机）。2014 年 7 月 31 日，完成低氮燃烧器改造，更换燃烧器、优化配风。2016 年 6 月 30 日，完成超低排放改造，脱硝增加一层催化剂，脱硫吸收塔除雾器更换为管束式除雾器。2018 年 11 月 28 日，完成低氮燃烧器升级改造，更换燃烧器、优化配风。1 号机组改造情况见表 3-5。

表 3-5　　　　　　　　　　　　1 号机组改造情况

项目	脱硫除尘升级改造	低氮燃烧器改造	超低排放改造	低氮燃烧器升级改造
改造完成时间	2014-01-11	2014-07-31	2016-06-30	2018-11-28
脱硫耗电率变化（%）	0.36↗0.8		1.27↗1.57	
引风机耗电率变化（%）	0.82↗1.17		1.37↗1.6	
飞灰含碳量变化（%）		3.3↗8.5		
炉渣含碳量变化（%）		3↗10		
主蒸汽温度变化（℃）		540↘527		527↗540
再热蒸汽温度变化（℃）		538↘520		520↗535
脱硫耗电率变化对供电煤耗的影响 [g/（kW·h）]	↗1.8		↗1.2	
引风机耗电率变化对供电煤耗的影响 [g/（kW·h）]	↗1.4		↗0.9	
飞灰含碳量变化对供电煤耗的影响 [g/（kW·h）]		↗9.7		
炉渣含碳量变化对供电煤耗的影响 [g/（kW·h）]		↗1.5		
主蒸汽温度变化对供电煤耗的影响 [g/（kW·h）]		↗1.5		↘1.5
再热蒸汽温度变化对供电煤耗的影响 [g/（kW·h）]		↗1.5		↘1.3
改造对供电煤耗的影响 [g/（kW·h）]	↗3.2	↗14.2	↗2.1	↘2.8

2）2 号机组于 2013 年 7 月 18 日完成脱硫除尘升级改造，半干法脱硫+电除尘+静叶变频引风机→湿法脱硫+电袋除尘+引增合一（动叶工频引风机）。同步完成低氮燃烧器改造，更换燃烧器、优化配风。2016 年 10 月 25 日，完成超低排放改造，脱硝增加一层催化剂，脱硫吸收塔除雾器更换为三级屋脊高效除雾器+烟道除雾器。同步完成低氮燃烧器升级改造，更换燃烧器、优化配风。2 号机组改造情况见表 3-6。

表 3-6   2 号机组改造情况

项目	脱硫除尘升级改造	低氮燃烧器改造	超低排放改造	低氮燃烧器升级改造
改造完成时间	2013-07-18		2016-10-25	
脱硫耗电率变化（%）	0.30↗0.75		1.6↗1.9	
引风机耗电率变化（%）	0.84↗1.3		1.46↗1.6	
飞灰含碳量变化（%）		3.5↗8.5		
炉渣含碳量变化（%）		3↗10		
主蒸汽温度变化（℃）		540↘530		530↗538
再热蒸汽温度变化（℃）		535↘527		527↗538
脱硫耗电率变化对供电煤耗的影响［g/（kW·h）］	↗1.8		↗1.2	
引风机耗电率变化对供电煤耗的影响［g/（kW·h）］	↗1.8		↗0.5	
飞灰含碳量变化对供电煤耗的影响［g/（kW·h）］		↗9.3		
炉渣含碳量变化对供电煤耗的影响［g/（kW·h）］		↗1.5		
主蒸汽温度变化对供电煤耗的影响［g/（kW·h）］		↗1.1		↘0.9
再热蒸汽温度变化对供电煤耗的影响［g/（kW·h）］		↗0.7		↘1.0
改造对供电煤耗的影响［g/（kW·h）］	↗3.6	↗12.6	↗1.7	↘1.9

3）3 号机组于 2013 年 8 月 23 日完成脱硫除尘升级改造，吸收塔增加一层+增加一台浆液循环泵+一台氧化风机+引增合一。2015 年 10 月 24 日，完成低氮燃烧器改造，更换燃烧器、优化配风。2016 年 11 月 1 日，完成供热改造，设计供热抽汽 350t/h。2017 年 7 月 9 日，完成超低排放改造，吸收塔增加一层+增加一台浆液循环泵+管束式除雾器+湿电，脱硝增加一层催化剂。3 号机组改造情况见表 3-7。

表 3-7   3 号机组改造情况

项目	脱硫除尘升级改造	低氮燃烧器改造	供热改造	超低排放改造
改造完成时间	2013-08-23	2015-10-24	2016-11-01	2017-07-09
脱硫耗电率变化（%）	0.92↗1.1			1.8↗1.9
引风机耗电率变化（%）	无变化			1.2↗1.6
飞灰含碳量变化（%）		2.5↗6.5		
炉渣含碳量变化（%）		3↗10		
主蒸汽温度变化（℃）		无变化		

项目	脱硫除尘升级改造	低氮燃烧器改造	供热改造	超低排放改造
再热蒸汽温度变化（℃）		535↘532		
脱硫耗电率变化对供电煤耗的影响 [g/（kW·h）]	↗0.7			↗0.4
引风机耗电率变化对供电煤耗的影响 [g/（kW·h）]				↗1.6
飞灰含碳量变化对供电煤耗的影响 [g/（kW·h）]		↗7.4		
炉渣含碳量变化对供电煤耗的影响 [g/（kW·h）]		↗1.5		
主蒸汽温度变化对供电煤耗的影响 [g/（kW·h）]				
再热蒸汽温度变化对供电煤耗的影响 [g/（kW·h）]		↗0.2		
改造对供电煤耗的影响 [g/（kW·h）]	↗0.7	↗9.1		↗2.0

4）4 号机组于 2014 年 9 月 26 日完成脱硫除尘升级改造，吸收塔增加一层+增加一台浆液循环泵+一台氧化风机+引增合一。2016 年 7 月 1 日，完成低氮燃烧器改造，更换燃烧器，优化配风。2017 年 10 月 13 日，完成超低排放改造，吸收塔增加一层+增加一台浆液循环泵+管束式除雾器+湿电，脱硝增加一层催化剂。4 号机组改造情况见表 3-8。

表 3-8   4 号机组改造情况

项目	脱硫除尘升级改造	低氮燃烧器改造	超低排放改造
改造完成时间	2014-09-26	2016-07-01	2017-10-13
脱硫耗电率变化（%）	0.97↗1.14		1.66↗1.76
引风机耗电率变化（%）	0.7↗0.82		0.95↗1.45
飞灰含碳量变化（%）		2.5↗6.5	
炉渣含碳量变化（%）		3↗10	
主蒸汽温度变化（℃）		无变化	
再热蒸汽温度变化（℃）		530↘525	
脱硫耗电率变化对供电煤耗的影响 [g/（kW·h）]	↗0.7		↗0.4
引风机耗电率变化对供电煤耗的影响 [g/（kW·h）]	↗0.5		↗2.0
飞灰含碳量变化对供电煤耗的影响 [g/（kW·h）]		↗7.4	
炉渣含碳量变化对供电煤耗的影响 [g/（kW·h）]		↗1.5	

项目	脱硫除尘升级改造	低氮燃烧器改造	超低排放改造
主蒸汽温度变化对供电煤耗的影响 [g/（kW·h）]			
再热蒸汽温度变化对供电煤耗的影响 [g/（kW·h）]		↗0.4	
改造对供电煤耗的影响 [g/（kW·h）]	↗1.2	↗9.3	↗2.4

（3）为提升盈利能力，不得已大量掺烧劣质煤、高硫煤，导致能耗指标牺牲较大。

由于燃煤热值、收到基灰分、含硫量均远远偏离设计值，各系统辅机耗电率大幅升高，导致供电煤耗升高。煤质对辅机耗电率的影响见表3-9。

表 3-9 煤质对辅机耗电率的影响

项目	收到基热值（kcal/kg）	收到基灰分（%）	无灰干燥基挥发分（%）	收到基全水分（%）	空干基全硫（%）	脱硫耗电率（%）	除灰耗电率（%）	制粉耗电率（%）
设计值	5828	20.58	15.48	8	0.568	0.78	0.29	0.80
2017 年	4390	33.31	19.39	9.62	2.08	1.66	0.30	1.03
2018 年	4248	35.49	20.89	8.81	2.56	1.99	0.35	1.09
环保改造对脱硫耗电率的影响（个百分点）						↗0.27		
硫分升高对脱硫耗电率的影响（个百分点）						↗0.94		
灰分升高对除灰耗电率的影响（个百分点）						↗0.06		
热值下降对制粉系统耗电率的影响（个百分点）						↗0.29		
煤质变化对供电煤耗的综合影响 [g/（kW·h）]						↗5.2		

（4）为拓展创收空间，增加双细则收入，减少电量考核，对能耗指标产生一定影响。

2013 年至 2018 年双细则共计收入 15938.98 万元，双细则收入增加的同时，也给机组运行经济性带来了诸多负面影响：

1）四台机组尽量投运 ACE 运行，负荷波动较大，调整频繁。造成主蒸汽压力、主蒸汽温度、再热蒸汽温度波浪形摆动，对机组经济性产生较大影响。

2）投运 ACE 后，为防止机组升负荷过程中超压，需适当调低压力设置，造成主蒸汽压力较设计值偏低较多，不能按滑压曲线运行，特别是3、4号机组。

3）投运 ACE 后，低负荷阶段，调节阀节流损失较大，高负荷又欠压较多。

4）投运 ACE 后，各调节阀故障率较高，经常出现卡涩现象，调节性能较差。

（5）火电市场不景气，利用小时下降，调峰频繁，负荷率较低，电力调度不科学也是造成能耗指标升高的重要原因。

1）受光伏发电、风力发电逐年增长影响，各机组负荷率较低，利用小时逐年下降，对能耗指标产生较大影响。

2）受光伏发电、风力发电逐年增长影响，深度调峰将逐步常态化，灵活性改造势在必行，能耗指标控制难度将进一步增大。

（6）部分设备先天设计缺陷，对经济运行产生一定影响，而没有采取针对性技改措施。

1）一、二期机组空冷系统散热器由于受基建阶段煤炭市场低迷、后期运营成本较高、经济性核算比对、投资策略的客观影响，在基建初期选型、设计方面存在一定先天缺陷，未充分考虑到后期煤炭市场化快速发展、煤价持续走高对机组经济运营的影响，致使空冷系统散热器设计面积（300MW 机组空冷散热面积 49.28 万 m^2，600MW 机组空冷散热面积 128.8 万 m^2）在同类型机组中属于最小，三排管选型也不符合安全经济运行的要求，从而造成夏季环境温度较高时，空冷系统换热能力严重不足，冷却效果极差，机组背压长期超设计值运行，汽耗率、热耗率大幅升高，汽轮机效率大幅下降，不仅造成燃料量的增加，而且造成各主要辅机、系统耗电率升高，供电煤耗呈现恶性循环趋势。夏季运行背压对煤耗的影响占绝对主导作用，机组运行极不经济，且各机组经常因背压超限而被迫限负荷运行，发电量损失、双细则考评损失也较为严重。同时，空冷机组受天气变化影响较大，在散热器面积偏小的情况下，抗风险能力不足，有大风时可能引起机组跳闸，虽已采取针对性空冷系统 RB 功能设置，有效防止了机组跳闸，但发电量损失较大。另外，由于背压高、汽耗量增大，同等电负荷情况下，锅炉出力增大，炉膛截面热负荷较大，这对锅炉安全运行也造成一定影响，结焦情况也时有发生。2011 年对 2×300MW 机组进行了冷端增容改造，2013 年对 4 号机组空冷系统进行了蒸发式冷却器增容改造，效果较好，虽有效解决了夏季高背压、低效率问题，但冬季高背压、低效率问题依然存在。

2）全厂四台机组空冷散热片设计全部为三排管选型，且面积较小，造成"夏季背压低不了、冬季背压不能低"的不经济运行现状。由于三排管选型，单管截面积是单排管选型截面积的 1/3，每根管蒸汽流量分配相对较少，亦即携带热量较少。冬季运行时，单根管极易形成局部汽阻，产生冰冻现象，造成散热管膨胀量过大而损坏破裂。特别是低负荷、环境温度较低或真空严密性较差的情况下，抗冻能力尤显不足，故各机组不得已采取高背压运行方式，以降低冰冻风险，造成机组效率下降。

3）一、二期机组空冷系统散热片是三排管选型设计，虽然可有效增加换热接触面积，提高换热系数，但翅片间空气透气性较差。特别是在春、秋两季，受周边环境影响，空冷散热器极易聚集柳絮、尘土、昆虫尸体及其他悬浮物，造成空冷散热器表面及翅片间严重积尘、翅片间隙堵塞，不仅不能提高换热系数，而且严重影响了散热器的通风散热效果，在空冷系统散热面积先天设计不足的基础上加剧降低了换热效率，造成机组运行背压又有所升高，致使机组效率进一步下降，不仅影响发电量而且经济性极差。

4）三排管散热器选型同时还增加了空冷散热器冲洗难度和冲洗成本，且效果不佳。在进行空冷冲洗时，高压水不能直接喷射在三排管重叠交叉部位，造成冲洗周期长、冲洗次数多、冲洗效果差。虽采取了人工高压冲洗的针对性措施，但由于人工冲洗效率低、冲洗周期长及周边环境较差等客观因素的影响，空冷系统散热片很难保持较长时间的清洁度，亦即空冷散热片长期在脏污情况下运行，换热效率较低，机组运行背压长期达不到设计值。

5）各机组投产以后，设备及管道保温表面温度超温现象严重，散热损失较大，影响机组经济性。虽每次大小修都有针对性更换整改，但由于投资大，检修费用少，投资回报率低，整改效果不佳。

6）2×300MW 机组锅炉排烟温度超过设计值较多，造成排烟热损失较大。2010 年，为解决锅炉结焦、掉焦灭火问题，经调研后对 2×300MW 机组锅炉水冷壁敷设的卫燃带进行部分拆除改造。拆除后为防止水冷壁吸热较多、烟气温度下降、主再热蒸汽温度下降，适当抬高了燃烧器上扬角度，致使火焰中心上移，排烟温度有所升高。另外，为满足公司生产经营、长期发展的需要，2×300MW 机组锅炉大量掺烧高硫低价煤种，致使烟气露点温度升高，增大了低温腐蚀风险。为解决低温腐蚀问题，2009 年对 2×300MW 机组锅炉四台空气预热器进行了冷端搪瓷波纹板改造，四台空气预热器冷、中、高温段波纹板型式改造。冷端搪瓷波纹板改造后换热效果下降，冷、中、高温段波纹板更换型式后，波纹板波形趋于平缓，换热面积减少，进一步加剧了排烟温度的升高。2012 年，2 号机组为配合脱硝改造，对空气预热器进行了更换改造，但改造后空气预热器换热效果未有明显提升。2013 年，1 号机组为配合脱硝改造，对空气预热器也进行了更换改造，但改造后空气预热器换热效果未有明显提升。2016 年，针对煤炭市场回暖，煤价居高不下的情况，公司为降低运营成本，创造盈利空间，大量掺烧高硫、劣质煤种，同时又为降低空气预热器低温腐蚀风险，排烟温度不得已保持较高参数运行。上述原因致使 2×300MW 机组锅炉排烟温度长期超出设计值运行，损失较大。

7）四台锅炉低氮燃烧器改造后由于炉内燃烧工况发生了较大变化，燃烧方式为分级缺氧燃烧，造成飞灰、炉渣含碳量升高，不完全燃烧损失加大，对锅炉效率产生较大影响。

8）为满足环保排放、公司经营发展的要求，2012 年对 2 号机组进行了脱硫除尘一体化改造，2013 年对 1 号机组进行了脱硫除尘一体化改造，2013 年在 3 号机组大修期间进行了脱硫系统增容改造，2014 年在 4 号机组大修期间进行了脱硫系统增容改造，2015 年 9 月对 3 号机组完成低氮燃烧器改造，2016 年 5 月对 4 号机组完成低氮燃烧器改造，2016 年按照国家污染物排放新要求分别于 6 月 30 日、10 月 25 日对 1、2 号机组完成超低排放改造，2017 年按照国家污染物排放新要求分别于 7 月 9 日、10 月 13 日对 3、4 号机组完成超低排放改造，改造后脱硫用电设备增加且容量较大，同时开始大量掺烧高硫煤,致使厂用电率大幅升高,供电煤耗升高。

9)3、4号锅炉空气预热器漏风率较大。由于是可调整扇形板密封装置,投运后经常发生卡涩现象,为保证安全,故投运率较低,造成空气预热器漏风率较大。

10)给水泵最小流量阀内漏。由于执行单电动给水泵运行节能措施,给水泵启停频繁,最小流量阀开关频繁,阀门冲刷严重,造成最小流量阀频繁内漏,虽每次检修都开展针对性研修,但严密性保持时间较短,造成给水泵耗电率升高。

11)3、4号锅炉受热面设计不合理,若保持额定主蒸汽温度运行,受热面将出现超温现象,不得已在主给水管道增加憋压阀,以提高过热器减温水量。但给水泵转速升高,耗电率增加。

(7)直接空冷机组能耗指标受季节性影响较大,科学合理安排检修和运行,对能耗指标的控制起到关键性作用。

1)直接空冷机组受冷端换热效果差的影响,夏季煤耗特别高。但夏季又是用电、发电高峰期,故夏季高能耗指标、高发电量占全年权重较大,对全年指标影响较大。

2)受季节性、全省空冷机组装机较多影响,全年各机组检修时间几乎都安排在环境温度较低时间。这与空冷机组运行经济性相矛盾。

(三)针对性措施

(1)根据机组运行小时,合理安排大修,综合考虑安全与经济性,将能耗指标的控制列入刚性范畴,奖惩分明。

(2)开展针对性节能改造,下大力气进行设备技改。

1)对3、4号锅炉空气预热器密封装置进行节能技改,将空气预热器漏风率控制在6%以内,煤耗可下降1.0g/(kW·h)。

2)参照1号锅炉技改情况,对2号锅炉点火装置进行小油枪点火优化改造,节约燃油。

3)夏季投运3号机组冷端增容设备,降低背压,降低煤耗。

4)对3、4号锅炉受热面设计不合理进行技改,列入调研,争取取消憋压阀,给水泵耗电率预计下降0.3个百分点以上,煤耗降低1.2g/(kW·h)。

5)滑压曲线深度优化。由于全厂各机组低负荷运行区间较长,造成低负荷阶段汽轮机高压调节阀节流损失较大。1、2号机组为6个高压调节阀,低负荷时能保证两个高压调节阀全开,节流损失相对不太严重;而3、4号机组为4个高压调节阀,300MW左右负荷时,仅开的两个高压调节阀也只有40%左右,节流损失特别严重。若进行滑压运行方式的深度优化,煤耗仍有下降空间,但受双细则考核的影响,再综合考虑经营、能耗两者的利润权重,能耗的损失远小于双细则的考评,故减少调节阀节流、降低能耗指标受限。

6)四台机组给水泵最小流量阀内漏(调节阀严密性差),造成能源浪费,给水泵耗电率较高。计划在给水泵调节阀后增加一个电动关断阀，通过优化调节阀、截止阀逻辑设计，可有效解决内漏问题，降低给水泵耗电率。

7）对一期锅炉照明进行节能改造，更换为节能灯或 LED 灯，优化安装照明设备，减少照明灯具，不仅提高照度值，而且节约电量，同时延长使用寿命，减少维护费用。

8）结合大小修，针对局部保温表面温度超标、阀门内漏情况，加强设备维护和治理，有计划、分重点、结合大小修针对性持续推进整改，降低散热损失，提高机组效率。

9）随着运行周期的增长，一期锅炉布袋除尘器差压逐步升高，有计划更换布袋，降低差压，从而降低引风机的耗电率。

10）目前部分空冷机组电厂在给水系统设计方面已采用汽动给水泵上水方式，厂用电率较低，机组整体经济性较好。也有部分空冷机组电厂对电动给水泵进行了变频改造，节电效果在 20%左右。针对公司目前厂用电率较高的情况，在完成空冷系统增容改造、背压下降、汽耗降低的基础上，在锅炉蒸发量富裕的前提下，积极推进电动给水泵改汽动给水泵项目，改造后厂用电率可降低 3 个百分点左右，改造节能效果在 25%左右。同时增加上网电量，利润空间较大。

11）完成 4 号机组供热改造。不仅提高机组的整体效率，降低煤耗，而且为竞价上网、节能调度上网、拓展市场、公司长远发展奠定了基础。

12）吹灰系统汽源改造，将炉膛及烟道吹灰汽源改为低品质汽源，提高蒸汽做功能力，减少高品质汽源浪费。

13）针对飞灰、炉渣可燃物偏高，锅炉效率偏低的问题，计划聘请外部专家，进行燃烧调整，提升锅炉效率。

（3）综合考虑配煤掺烧的合理性，寻求最佳配煤方式，争取效益最大化。

1）详细分析配煤掺烧的科学性、合理性，寻求最佳配煤方式，综合考虑利润、能耗指标、锅炉磨损腐蚀、除灰出渣费用等因素，争取效益最大化。

2）积极拓展煤炭市场，广泛调研，把握采购时机，争取采购廉价、优质、适合公司机组锅炉燃烧掺配煤种。

（4）根据空冷机组特点，科学合理安排检修和运行，并严格控制工期。

1）积极与调度协商，争取实现空冷机组冬季高负荷、少检修，夏季低负荷、阶段性运行的经济调度，能耗下降将十分明显。

2）严格控制检修工期，确保各机组处于良好备用或运行状态，及时响应电网调度要求，争取在环境温度较低阶段多发电，能耗指标将大幅改观。

（5）加大市场营销力度，提高利用小时。

1）加强电力市场调研，拓展营销空间，在利润最大化的条件下，争取多购电，提高利用小时，为降低机组能耗奠定基础。

2）关注高能耗大用户工业企业，积极磋商，做好市场电量的采购工作。

3）做好跨区域、跨集团电量市场的争取营销工作。

4）做好集团内部电量转移工作。

（6）针对政策性环保、调峰等技改项目，加强前期调研，充分科学论证，提高方案的可行性、经济性、合理性。

1）受光伏发电、风力发电持续增长影响，深度调峰、灵活性改造势在必行。加强调研、科学论证，紧盯前沿技术，做好各机组灵活性改造工作。确保改造技术成熟、先进、具有前瞻性，同时严格控制能耗指标。

2）充分论证方案的可行性、经济性、合理性，符合公司实际且满足长远发展的要求，杜绝照搬照抄。

（7）深入研究安全、环保、经营、拓展利润空间、检修技改、能耗指标之间的平衡取舍，做好能耗指标的控制工作。

1）综合考虑各因素对能耗指标的影响，制定中长期能耗指标控制规划，逐步降低机组能耗。

2）强化检修技改节能工作，将能耗指标列入检修技改刚性考评范畴，实施一票否决。

3）强化重视节能工作，长远战略规划、经营策略、市场统筹、检修技改必须有节能相关内容。

二、某发电企业高硫煤掺烧经济性分析

（一）概述

受电煤市场持续走高、煤电价格倒挂的影响，某发电企业从 2021 年开始转入政策性亏损。为了缓解经营压力、平抑电煤价格、实现减亏止亏目标，开始大量掺烧高硫煤，有效降低了标准煤单价，控制了生产成本，为企业减亏止亏作出了巨大贡献。

但是，由于高硫煤的掺烧，导致脱硫系统耗电率升高，石灰石用量增加，生产成本增加。另外，还存在锅炉结焦、受热面腐蚀等安全隐患。

（二）含硫量对机组经济性的影响

含硫量对机组运行经济性的影响主要反映在脱硫系统耗电率、石灰石耗量以及固废处理成本等方面。

1. 含硫量对厂用电率的影响

通过对近几年实际运行数据进行统计分析，得出脱硫耗电率随入炉煤收到基含硫量变化的对应表（见表 3-10）及变化曲线（见图 3-1）。

表 3-10　　　　　　　　　　入炉煤收到基含硫量对脱硫耗电率的影响

入炉煤收到基含硫量（%）	1.0	1.1	1.2	1.3	1.4	1.5
脱硫耗电率（%）	1.015	1.079	1.172	1.206	1.244	1.271

入炉煤收到基含硫量（%）	1.6	1.7	1.8	1.9	2.0	2.1
脱硫耗电率（%）	1.388	1.467	1.571	1.602	1.650	1.743
入炉煤收到基含硫量（%）	2.2	2.3	2.4	2.5	2.6	2.7
脱硫耗电率（%）	1.758	1.812	1.891	2.1	2.1	2.1
入炉煤收到基含硫量（%）	2.8	2.9	3.0	3.1	3.2	3.3
脱硫耗电率（%）	2.1	2.1	2.1	2.1	2.1	2.1

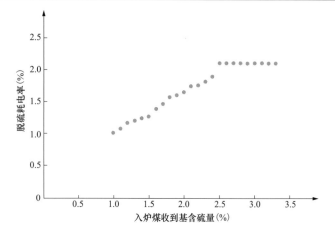

图 3-1　脱硫耗电率随入炉煤收到基含硫量变化曲线

当入炉煤收到基含硫量大于 2.4%时，脱硫系统的浆液循环泵、氧化风机等设备全部运行，脱硫耗电量基本达到最大，其耗电率也达到最大。

根据上述函数关系，通过曲线拟合得到脱硫耗电率随入炉煤收到基含硫量变化的函数关系式，即

当入炉煤收到基含硫量 0≤S≤2.5 时，则

$$L_{tl}=0.6613×S+0.3407$$

当入炉煤收到基含硫量 S＞2.5 时，则

$$L_{tl}=2.1$$

式中　L_{tl}——脱硫耗电率，%；

　　　S——入炉煤收到基含硫量，%。

度电脱硫耗电成本=全厂脱硫耗电率×发电量×电价/发电量=全厂脱硫耗电率×电价，即

$$C_{hd}=L_{tl}×q$$

式中　C_{hd}——脱硫耗电成本，元/（kW·h）；

　　　q——电价，元/（kW·h）。

2. 含硫量对石灰石耗量的影响

石灰石消耗量与入炉煤含硫量及入炉煤量有直接关系，其计算式为

$$T_{shs}=k\times B_{ym}\times S$$

式中　　T_{shs}——石灰石消耗量，t；

　　　　k——转换系数；

　　　　B_{ym}——原煤量，t。

其中，转换系数 k，综合考虑脱硫效率、钙硫比、石灰石纯度、转化率等因素，结合近几年耗原煤量、原煤含硫量、耗石灰石量等数据，推导出 k 值为 3.551，则上式简化为

$$T_{shs}=3.551\times B_{ym}\times S$$

有了上述函数关系式，就能进一步计算度电石灰石成本，石灰石价格按 40 元/t 计算，则

度电石灰石成本=3.551×入炉煤含硫量×发电煤耗×7000/（入炉煤热值×1000000）×40，即

$$C_{shs}=\frac{3.551\times b\times 7000\times 40\times S}{Q\times 1000000}=\frac{0.9943\times b\times S}{Q}$$

式中　　C_{shs}——度电石灰石成本，元/（kW·h）；

　　　　b——发电煤耗，g/（kW·h）；

　　　　Q——入炉煤低位发热量，kcal/kg。

3. 含硫量对石膏处理费用的影响

脱硫副产品石膏的产出量与石灰石的投入量有直接关系，即

$$T_{sg}=k\times T_{shs}$$

k 为转换系数，从石灰石到石膏一般是 1.63 倍的关系，在实际运行中产出的石膏含水量较大，在此基础上加上 15%的水，因此 k=1.8745，则

$$T_{sg}=1.8745\times T_{shs}$$

有了上述函数关系式，就能进一步计算度电石膏处置费用，石膏运输费按 18 元/t 计算，则

度电石膏处置费用=1.8745×3.551×入炉煤含硫量×发电煤耗×7000/（入炉煤热值×1000000）×18，即

$$C_{sg}=\frac{1.8745\times 3.551\times b\times 7000\times 18\times S}{Q\times 1000000}=\frac{0.8387\times b\times S}{Q}$$

式中　　C_{sg}——度电石膏处置费用，元/（kW·h）；

　　　　b——发电煤耗，g/（kW·h）；

　　　　Q——入炉煤低位发热量，kcal/kg。

4. 含硫量对其他费用的影响

入炉煤含硫量除了直接影响运行成本外，还会带来一些隐性的影响，比如锅炉结焦、腐蚀、爆管等一系列的安全问题，导致维护成本增加。另外，还可能造成运行中由于含硫量高而导致机组限负荷、环保超标考核等。由于这些隐性的影响无法进行定量分析，但又是真实存在且不能忽略的，故为了保证测算相对准确，在度电脱硫总成本基础上乘以 1.05 的系数进行修正。

5. 度电脱硫总成本

$$C = 1.05 \times (C_{hd} + C_{shs} + C_{sg})$$

当入炉煤收到基含硫量 $0 \leqslant S \leqslant 2.5$ 时，则

$$C = 1.05 \times \left(\frac{0.6613 \times S + 0.3407}{100} q + \frac{0.9943 \times b \times S}{Q} + \frac{0.8387 \times b \times S}{Q} \right)$$

当入炉煤收到基含硫量 $S > 2.5$ 时，则

$$C = 1.05 \times \left(\frac{2.1}{100} \times q + \frac{0.9943 \times b \times S}{Q} + \frac{0.8387 \times b \times S}{Q} \right)$$

由上述函数关系式得到：电价、发电煤耗、含硫量越高，入炉煤热值越低，度电脱硫总成本越高；电价、发电煤耗、含硫量越低，入炉煤热值越高，度电脱硫总成本越低。

根据实际情况，此函数是有上下边界的。

假定上边界：发电煤耗最大按照 328g/（kW·h）、入炉煤收到基含硫量按 3.5%、入炉煤热值最低按 3700kcal/kg 计算，则度电脱硫总成本上边界为

$$C = 1.05 \times \left(\frac{2.1}{100} \times q + \frac{0.9943 \times b \times S}{Q} + \frac{0.8387 \times b \times S}{Q} \right)$$

将上述假定边界值代入式中，则上边界函数表达式为

$$C = 0.02205 \times q + 0.00597$$

假定下边界：发电煤耗最小按照 270g/（kW·h）（供热期）、入炉煤收到基含硫量按 0.5%、入炉煤热值最高按 5500kcal/kg 计算，则度电脱硫总成本下边界为

$$C = 1.05 \times \left(\frac{0.6613 \times S + 0.3407}{100} q + \frac{0.9943 \times b \times S}{Q} + \frac{0.8387 \times b \times S}{Q} \right)$$

将上述假定边界值代入式中，则下边界函数表达式为

$$C = 0.00705 \times q + 0.00047$$

根据上述两个关系式，绘制度电脱硫总成本上下限曲线，见图 3-2。

只要实际运行中入炉煤热值、含硫量、发电煤耗在假定的上下两个边界内，则度电脱硫总成本一定在两条曲线中间的某个位置。

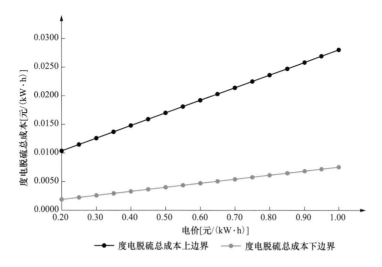

图 3-2　度电脱硫成本随电价变化曲线

（三）高硫煤掺烧经济效益

高硫煤掺烧的经济效益来自高低硫煤之间的价差，只要价差大于因高硫煤掺烧带来的脱硫总成本，掺烧就有经济效益，即

$$\frac{C_2 - C_1}{b} \times 10^6 < \Delta C_{ym}$$

式中　C_2——入炉煤含硫量为 S_2 时的度电脱硫总成本，元/（kW·h）；

　　　C_1——入炉煤含硫量为 S_1 时的度电脱硫总成本，元/（kW·h）；

　　　b——发电煤耗，g/（kW·h）。

　　ΔC_{ym}——高低硫煤价差，元/t。

如果入炉煤热值、发电煤耗、电价按照 2022 年 1 月实际数据进行测算，入炉煤热值 4231kcal/kg，发电煤耗 278g/（kW·h），电价 0.436 元/（kW·h）（含税），对比基准取含硫量 0.5%、热值 5500kcal/kg 的火车煤，则入炉煤含硫量与度电脱硫总成本对照见表 3-11。

表 3-11　　　　　　　　　　　　入炉煤含硫量与度电脱硫总成本对照

入炉煤含硫量 S（%）	度电脱硫耗电成本 [元/（kW·h）]	度电石灰石成本 [元/（kW·h）]	度电石膏处置费用 [元/（kW·h）]	度电脱硫总成本 [元/（kW·h）]	高低硫煤最低差价（元/t）
0.5	0.00307	0.00026	0.00022	0.00356	0.00
1.0	0.00459	0.00069	0.00058	0.00585	8.24
1.5	0.00610	0.00103	0.00087	0.00800	15.96
2.0	0.00761	0.00137	0.00116	0.01014	23.68
2.5	0.00913	0.00171	0.00145	0.01229	31.40
3.0	0.00959	0.00206	0.00174	0.01339	35.34
3.5	0.00959	0.00240	0.00203	0.01402	37.62

（四）结论

（1）煤价对全厂经济性的影响占绝对主导地位。掺配低价位的高硫煤可以有效降低标准煤单价，从而降低度电燃料成本，争取最大利润空间。

（2）度电脱硫总成本与电价相关，如果日内现货价格达到 1.5 元/（kW·h），对应的高低硫煤价差约为 125 元/t，因此掺烧时不应忽视电价对脱硫总成本的影响。

（3）虽然掺烧高硫煤具有较大的经济效益，但是，烟气含硫量越高，对尾部烟道内设备运行的安全性威胁越大，且由于低温腐蚀所带来的损失隐蔽性较大，短时反映不出来。设备欠账总是要还的，长时间高硫运行，必定会导致维护费用的增加。因此，在提高全厂经济性的同时，必须兼顾设备的运行安全性。

（4）如果入炉煤含硫量长时间维持在 3%以上运行，脱硫系统满负荷甚至过负荷，会导致氧化效果变差，形成大量的亚硫酸钙，无法形成石膏，脱硫效率严重下降，固废处置费用大幅增加，机组被迫限负荷运行。

（5）当前情况下，综合考虑各种影响因素，建议将入炉煤含硫量控制在 2.0%～2.4%，因为在此含硫量下，不仅兼顾了高硫煤掺烧带来的经济效益，同时也给脱硫系统留有一点余量，不会导致发生环保考核、机组被迫限负荷等问题。

第五节 节能技改项目收益分析

节能技改项目实施后，一般要进行经济性评估，通过试验收集技改前后设备系统运行参数，对比经济性变化情况，计算节能量，对收益进行分析，对投资回收年限进行测算。对于重大技改项目，需聘请有资质的第三方完成性能验收试验报告。

节能技改项目收益分析内容包括技改前的实际情况及技改的原因、技改实施情况、改造后经济性对比、结论等。以下分别以某发电企业输煤系统照明改造项目收益分析和某发电企业空压机节能改造经济性评估为例，进行介绍。

一、某发电企业输煤系统照明改造项目收益分析

（一）改造前输煤系统照明情况

某发电企业输煤系统照明改造前灯具主要采用的是 160W 汞灯和 400W 的金卤灯，共计 374 套，总功率为 67.88kW，具体情况参见表 3-12。

表 3-12 输煤系统照明改造前情况

照明区域	灯具数量（盏）	单灯功率（W）	总功率（kW）	每天使用时间（h）	每年使用时间（h）	年耗电量（kW·h）	平均照度值（lx）
0 号皮带头	12	160	1.92	24	8760	16819.2	15
	1	400	0.4	24	8760	3504	15

续表

照明区域	灯具数量（盏）	单灯功率（W）	总功率（kW）	每天使用时间（h）	每年使用时间（h）	年耗电量（kW·h）	平均照度值（lx）
1 号皮带	14	160	2.24	24	8760	19622.4	15
	2	400	0.8	24	8760	7008	15
	1	1000	1	24	8760	8760	15
2 号皮带	39	160	6.24	24	8760	54662.4	15
	3	400	1.2	24	8760	10512	15
3 号皮带	43	160	6.88	24	8760	60268.8	15
	4	400	1.6	24	8760	14016	15
4 号皮带	74	160	11.84	24	8760	103718.4	15
	2	400	0.8	24	8760	7008	15
7 号皮带	44	160	7.04	12	4380	30835.2	15
	9	400	3.6	24	8760	31536	15
8 号皮带	75	160	12	24	8760	105120	15
	6	400	2.4	24	8760	21024	15
碎煤机室	11	160	1.76	24	8760	15417.6	15
	2	400	0.8	24	8760	7008	15
采样间	8	160	1.28	24	8760	11212.8	15
	1	400	0.4	24	8760	3504	15
固定筛室	8	160	1.28	24	8760	11212.8	15
翻车机房夹层	15	160	2.4	12	4380	10512	15
合计	374		67.88			553281.6	

该照明系统存在的问题：

（1）平均照度低。经实际测量，输煤系统平均照度不足 15lx，与 DL/T 5390《发电厂和变电站照明设计技术规定》的要求存在较大差距，不能满足输煤系统夜间的正常作业，存在安全隐患。

（2）维护费用高。由于设计缺陷以及老化等原因，灯具极易损坏，不仅影响正常的照明，还导致维护费用升高。

（3）部分区域灯具布局不合理，导致某些设备区域存在照明死角，对运行监视以及维护检修造成较大影响。

（4）照明控制回路不合理。部分地面以上的夜间照明灯与零米以下的长明灯一起控制，摄像头附近的长明灯与夜间照明灯一起控制，造成浪费。

（5）环保问题。因多数照明灯具采用汞灯，汞光源不环保。试验表明一支汞灯破碎后其释放出的汞蒸气在周围空气中的瞬时浓度可达 $10\sim20mg/m^3$，远高于国家规定的最大允许浓度 $0.01mg/m^3$ 的标准，对人员和环境的污染危害大。

（二）输煤系统照明改造情况介绍

输煤系统照明改造项目采用合同能源管理模式，改造后的照明灯具采用海洋王的 70、150、250W 三种规格的金卤灯，共计 186 套，总功率为 23.38kW，项目总投资 57.69 万元。改造后具体情况参见表 3-13。

输煤系统照明改造后具有以下优点：

（1）平均照度提高。经过实际测量，改造后输煤系统各皮带的平均照度均达到了 30lx，满足了正常作业的需要。

（2）对照明灯具的安装位置进行了合理规划布局，消除了照明死角。

（3）对控制回路进行了优化改造，对已经老化的电缆进行了更换，将长明灯和夜间照明灯进行区分，实现分别控制，减少了浪费。

（4）改造后的照明灯具具有节能环保、亮度高、抗震防腐性能好、使用寿命长、维护简单且费用低等优点。

（5）厂家提供照度值定期检测、灯具清洁、定期巡检、照明系统维护等服务，直至收回投资。

表 3-13　　　　　　　　　　　输煤系统照明改造后情况

照明区域	灯具数量（盏）	单灯功率（W）	总功率（kW）	每天使用时间（h）	每年使用时间（h）	年耗电量（kW·h）	平均照度值（lx）
0 号皮带头	3	150	0.45	24	8760	3942	30
	1	250	0.25	24	8760	2190	30
1 号皮带	6	70	0.42	24	8760	3679.2	30
	2	150	0.3	24	8760	2628	30
	3	250	0.75	24	8760	6570	30
2 号皮带	9	70	0.63	24	8760	5518.8	30
	8	150	1.2	24	8760	10512	30
	2	250	0.5	24	8760	4380	30
3 号皮带	12	70	0.84	24	8760	7358.4	30
	6	150	0.9	24	8760	7884	30
	2	250	0.5	24	8760	4380	30
4 号皮带	22	70	1.54	24	8760	13490.4	30
	6	150	0.9	24	8760	7884	30
	2	250	0.5	24	8760	4380	30
7 号皮带	29	150	4.35	12	4380	19053	30
	7	250	1.75	24	8760	15330	30
8 号皮带	27	70	1.89	24	8760	16556.4	30
	6	150	0.9	24	8760	7884	30
	6	250	1.5	24	8760	13140	30

照明区域	灯具数量（盏）	单灯功率（W）	总功率（kW）	每天使用时间（h）	每年使用时间（h）	年耗电量（kW·h）	平均照度值（lx）
碎煤机室	3	150	0.45	24	8760	3942	30
	2	250	0.5	24	8760	4380	30
采样间	3	150	0.45	24	8760	3942	30
	1	250	0.25	24	8760	2190	30
固定筛室	5	150	0.75	24	8760	6570	30
翻车机房夹层	13	70	0.91	12	4380	3985.8	30
合计	186		23.38			181770	

（三）项目技改经济性对比

改造前后经济性对比见表3-14。

表 3-14　　　　　　　　　　改造前后经济性对比

项目	改造前	改造后
灯具数量（盏）	374	186
总功率（kW）	67.88	23.38
年耗电量（kW·h）	553281.6	181770
平均照度值（lx）	15	30
改造前照度达到30lx时所需功率（kW）	改造前照度达到30lx时所需功率=改造前实际功率×（改造后照度值/改造前照度值）=67.88×（30/15）=135.76（kW）	
改造前照度达到30lx时年耗电量（kW·h）	改造前照度达到30lx时年耗电量=改造前年耗电量×（改造后照度值/改造前照度值）=553281.6×（30/15）=1106563.2（kW·h）	
年节约电量（kW·h）	年节约电量=改造前照度达到30lx时年耗电量-改造后年耗电量=1106563.2-181770=924793.2（kW·h）	
年节约电费（万元）	年节约电费=年节约电量×0.3562=924793.2×0.3562=32.94（万元）	

（四）结论

（1）改造后年可节约照明用电92.48万kW·h，折合电费32.94万元。

（2）改造后年节省的总费用=年节约电费+年节省的维护材料费（按2万元/年估算）+年节省的维护人工费用（暂无法估算）=32.94+2=34.94（万元）。

（3）收回投资年限=项目总投资/改造后年节省的总费用=57.69/34.94=1.65（年）。

二、某发电企业空压机节能改造经济性分析

（一）概述

发电厂压缩空气系统主要用于向自动控制设备仪表提供动力（仪用压缩空气）、为气力除灰提供输送动力（输灰压缩空气），以及为其他用户提供冷却或吹扫介质（杂用压缩空气）。压缩空气依赖空压机消耗电能做功产生，系统能耗较高，是较为昂贵的工艺产品。因此，在保证压缩空气系统安全性和可靠性的前提下，改进和提升系统设备控制模式，辅以必要的系统改造，就可以大幅降低能耗，提升效益。

某发电企业 2×600MW 机组共设置 13 台复盛牌喷油螺杆式空压机，正常运行方式为5 台运行、8 台备用；除灰输送用气后处理设备为 8 套带两级过滤装置的组合式干燥器；仪表用气后处理设备为 2 套带三级过滤装置的组合式干燥器；储气罐容量为 20m³，除灰输送用气 8 个，仪表用气用 3 个。输灰系统采用正压输灰方案，把干灰从电厂内输送到灰场边上的灰库中，输送距离为 1500m。输灰用气工艺需求压力 0.5MPa，仪表用气压力为 0.55MPa。

由于输灰管线较长，在实际运行中，压缩空气管网压力受输灰因素的影响，波动较大，范围为 0.48～0.76MPa，空压机加卸载频繁。为了避免马达频繁启停，取消了空压机自动启停功能，由运行人员根据管网压力手动操作。

为了解决空压机存在的能耗浪费问题，同时减少运行人员的操作量，决定对空压机实施节能技改。

（二）项目实施情况

此次空压机改造项目共分为变频调节、仪表用气与输灰用气分压调节、空压机群专家节能控制三部分。

（1）变频调节。

空压机系统增加两台变频器，根据输灰母管压力设定值，调整变频器转速来调节输灰系统压力。两台变频器采用 1 拖 2 方式分别接带 205、206、207、208 空压机，205 空压机与 207 空压机、206 空压机与 208 空压机不能同时选择变频方式。

（2）仪表用气与输灰用气分压调节。

仪表用气和输灰用气母管上加装一个气动溢流调节阀，在维持仪表用气压力的同时，多余的压缩空气溢流至输灰用气系统，实现仪表、输灰用气分压运行方式。

（3）空压机群专家节能控制。

空压机群专家节能控制系统，根据仪表用气系统设定压力、空压机群运行时间等配置信息，自动启停所选空压机（间隔 15min，压力仍低于设定值，启动下一台）来稳定系统压力在设定的范围内，确保压缩空气品质的前提下，达到降低空压机群运行能耗的目的。

空压机节能改造后，采用仪表用气和输灰用气母管分开调节的运行方式，在满足工艺系统设备安全、运行需求的前提下，保证仪表用气压力，降低输灰用气压力，最大限度降低空压机群运行能耗，将保持全厂压缩空气系统连通运行。两台变频器投入，正常保持 205（或 207）、206（或 208）空压机变频方式连续运行，211、212、213 空压机

2运1备；根据系统压力，仪表用气、输灰用气分别选择1台或2台空压机运行。

（三）改造前后能耗情况对比

改造前后空压机能耗对比见表3-15。

表3-15　　　　　　　　　　改造前后空压机能耗对比

项目	全厂除灰空压机耗电量（万 kW·h）	全厂发电量（万 kW·h）	全厂除灰空压机耗电率（%）	全厂除灰空压机单耗（kW·h/t 煤）
改造前	142.03	80775.89	0.176	3.928
改造后	143.24	87906.38	0.163	3.51
对比	1.21	7130.49	−0.013	−0.418

（四）改造前后经济性对比分析

（1）耗电率分析。

改造后，全厂除灰空压机耗电率下降 0.013 个百分点，下降并不明显，主要原因是耗电率受发电量的影响较大，因此耗电率不能客观反映此次改造的节能效果。

（2）单耗分析。

改造后，全厂除灰空压机单耗下降 0.418kW·h/t 煤。

若按年利用小时 5000h、煤耗 345g/（kW·h）、热值 4800kcal/kg 测算，则年耗原煤量：

$$5000×180×345×7000/4800/1000000=452.81（万 t）$$

改造后年节电量：0.418×452.81=189.27（万 kW·h）。

（3）投资收益分析。

改造后年节电量 189.27 万 kW·h，折合费用为 189.27×0.3937=74.52 万元。该项目总投资 127.2 万元，则 1.71 年（即 127.2/74.52）即可收回投资。

（五）结论

（1）空压机耗电率受发电量的影响较大，改造前后对比并不明显，不能客观反映改造效果。

（2）空压机能耗受环境温度变化、入炉煤灰分大小等的影响较大，不同工况下能耗水平会相应发生变化。同时，空压机耗气量受检修、技改、系统设备保养、工程建设等用气量的影响较大，对客观准确地评估造成一定困难。

（3）改造后，压缩空气系统压力明显趋于稳定，波动幅度减小，运行人员操作量减少，系统运行良好，后期维护费用将有所降低。

第四章 指标管理

指标管理是节能监督工作的一项重要内容。通过完善企业指标统计计算、分析指标差异、制定指标调整措施、开展小指标竞赛、不断优化指标参数，以小指标促大指标的完成，实现机组的经济运行。

第一节 综合经济技术指标

一、发电量

发电量是指机组在统计期内生产的电能量，即发电机实际发出的有功功率与发电机运行小时的乘积，全厂发电量等于各机组发电量之和。发电量根据发电机端电能表的读数计算。其计算式为

$$W_{\mathrm{f}} = (W''_{24} - W'_{24}) \times k$$

式中　W_{f}——机组发电量，万 kW·h；

　　　W'_{24}——统计期开始时发电机电能表 24 点读数；

　　　W''_{24}——统计期结束时发电机电能表 24 点读数；

　　　k——电能表倍率。

计算发电量时应注意以下几点：

（1）新安装发电机组在未正式投入生产前，以及发电机组大修或改进后试运行期间所发电量，凡已被本厂或用户利用的，均应计入该厂发电量中。

（2）发电机组临时作调相运行时，应注意电能表的装置情况，如仅用一只可逆转电能表时，必须将每次发电运行起止时的电能表计读数做好记录，以正确计算该发电机组的发电量。

（3）发电机组电能表应按规定时间进行定期校验，使表计始终在允许误差范围内运行。当发电机电能表计误差超出允许范围时，应根据相关电能表计与检测结果及时进行调整。

（4）当发电机组电能表发生故障时，应每小时记录其功率表，以此估算其日发电量，

并尽快修复或调换电能表。

（5）电能表计若安装在变压器端，则需通过试验计算变压器的变损电量。在计算发电量时，应将变压器端电量加上变压器的变损电量，换算为发电机端电量。

二、机组运行小时

机组运行小时是指统计期内机组处于运行状态的小时数，不考虑各种因素的降出力。其计算式为

$$全厂机组运行小时 = \frac{\sum 单机运行小时 \times 单机容量}{全厂机组容量}$$

机组运行状态以发电机-变压器组出口主断路器状态为判断依据，从主断路器闭合即机组并网开始计时，至主断路器断开即机组解列计时终止。

三、机组利用小时

机组利用小时是指统计期内机组发电量与额定容量的比值，即

$$t_{ly} = \frac{W_f}{W_e}$$

式中　　t_{ly} ——机组利用小时，h；

W_f ——统计期内机组实际发电量，MW·h；

W_e ——机组额定容量，MW。

四、机组负荷率

机组负荷率是指统计期内机组平均负荷与额定容量的百分数，即

$$K = \frac{P_{pj}}{W_e} \times 100 = \frac{\frac{W_f}{t}}{W_e} \times 100 = \frac{t_{ly}}{t} \times 100$$

式中　　K ——机组负荷率，%；

P_{pj} ——统计期内机组平均负荷，MW；

W_e ——机组额定容量，MW；

t ——机组运行小时，h。

五、供电量

机组实际供电量是指统计期内机组实际发电量与本机组实际接带厂用电量之差，即

$$W_{sg} = W_f - W_{bs}$$

式中　W_{sg} ——机组实际供电量，MW·h；

W_f——统计期内机组实际发电量，MW·h；

W_{bs}——统计期内本机组实际接带厂用电量，MW·h。

六、发电厂用电率

发电厂用电率是指统计期内发电厂用电量与机组发电量的百分比，即

$$L_{fd} = \frac{W_d}{W_f} \times 100$$

式中　L_{fd}——发电厂用电率，%；

W_d——统计期内发电厂用电量，MW·h。

七、供热厂用电率

供热厂用电率是指统计期内供热用的厂用电量与发电量的百分比，即

$$L_{gr} = \frac{W_r}{W_f} \times 100$$

式中　L_{gr}——供热厂用电率，%；

W_r——统计期内供热厂用电量，供热厂用电量包括纯供热设备耗电量以及通过供热比分摊的其他辅机的耗电量，MW·h。

八、供热耗电率

供热耗电率是指统计期内机组每对外供热 1GJ 的热量（汽侧）所消耗的电量，即

$$L_{rhd} = \frac{W_r}{\sum Q_{gr}}$$

式中　L_{rhd}——供热耗电率，kW·h/GJ。

九、生产厂用电率

生产厂用电率是指统计期内生产厂用电量与机组发电量的百分比，即

$$L_{sc} = \frac{W_{sc}}{W_f} \times 100$$

式中　L_{sc}——生产厂用电率，%；

W_{sc}——统计期内生产厂用电量，MW·h。

十、综合厂用电率

综合厂用电率是指统计期内全厂综合厂用电量与全厂发电量的百分比，即

$$L_{zh} = \frac{W_{zh}}{\sum W_f} \times 100$$

式中 L_{zh} ——综合厂用电率，%；

       W_{zh} ——统计期内全厂综合厂用电量，综合厂用电量=发电量–上网关口表计量的

            上网电量+外购电量，MW·h；

    $\sum W_f$ ——统计期内全厂发电量，MW·h。

十一、供热比

供热比是指统计期内汽轮机组向外供出的热量与汽轮机组热耗量的百分比，不适用锅炉向外直供蒸汽的情况。其计算式为

$$\alpha = \frac{\sum Q_{gr}}{\sum Q_{sr}} \times 100$$

式中 α ——供热比，%；

   $\sum Q_{gr}$ ——统计期内汽轮机组向外供出的热量，GJ；

   $\sum Q_{sr}$ ——统计期内汽轮机组总热耗量，GJ。

计算供热比时要注意汽轮机组向外供出的热量并不等于关口表计量的实际供热量，要考虑供热效率带来的影响，因此汽轮机组向外供出的热量会稍大于关口表计量的实际供热量。

十二、热电比

热电比是指统计期内机组（或全厂）向外供出的热量与机组（或全厂）供电量的当量热量的百分比，即

$$R = \frac{\sum Q_{wgr}}{3600 W_g \times 10^{-6}} \times 100$$

$$W_g = W_f - W_{cy}$$

式中 R ——热电比，%；

   $\sum Q_{wgr}$ ——电厂对外供出的热量，GJ；

    W_g ——供电量，kW·h；

    W_{cy} ——厂用电量，kW·h。

十三、发电煤耗

发电煤耗是指统计期内机组每发出 1kW·h 电能平均耗用的标准煤量。

（1）正平衡发电煤耗，其计算式为

$$b_{f} = \frac{B_{b}\left(1 - \dfrac{\alpha}{100}\right)}{W_{f}} \times 10^{6}$$

式中　　b_{f}——发电标准煤耗，g/（kW·h）；

　　　　B_{b}——统计期内耗用标准煤量，t；

　　　　W_{f}——统计期内发电量，kW·h。

下列情况下应从标准煤量中扣除：

1）新设备或大修后设备的烘炉、煮炉、暖机、空载运行的燃料。

2）新设备在未正式移交生产前的带负荷试运期间耗用的燃料。

3）计划大修以及基建、更改工程施工用的燃料。

4）发电机作调相机运行时耗用的燃料。

5）厂外运输用自备机车等耗用的燃料。

6）综合利用及非生产等用户耗用的燃料。

（2）反平衡发电煤耗，其计算式为

$$b_{f} = \frac{3600}{29308\eta_{c}} \times 10^{3} = \frac{3600}{29308\eta_{q}\eta_{g}\eta_{gd}} \times 10^{9} = \frac{12283}{\eta_{q}\eta_{g}\eta_{gd}} \times 10^{4}$$

式中　　η_{c}——电厂效率，%；

　　　　η_{q}——汽轮机效率，%；

　　　　η_{g}——锅炉效率，%；

　　　　η_{gd}——管道效率，%；

　　　　3600——每千瓦时的热当量，kJ/（kW·h）；

　　　29308——标准煤热当量，kJ/kg。

十四、供电煤耗

供电煤耗是指统计期内机组每供出 1kW·h 电能平均耗用的标准煤量，即

$$b_{g} = \frac{b_{f}}{1 - \dfrac{L_{fd}}{100}}$$

式中　　b_{g}——供电标准煤耗，g/（kW·h）。

十五、综合供电煤耗

综合供电煤耗是指统计期内电站每向电网提供 1kW·h 电能平均耗用的标准煤量，即

$$b_{zh} = \frac{b_{f}}{1 - \dfrac{L_{zh}}{100}}$$

式中　　b_{zh}——综合供电标准煤耗，g/（kW·h）；

　　　　L_{zh}——统计期内综合厂用电率，%。

十六、供热煤耗

供热煤耗是指统计期内机组每对外供热 1GJ 的热量多消耗的标准煤量，即

$$b_r = \frac{B_b \alpha}{\sum Q_{gr}} \times 10$$

式中　　b_r——供热标准煤耗，g/GJ。

十七、发电综合水耗

发电综合水耗即单位发电量取水量，是指火力发电企业生产每单位发电量需要从各种常规水资源提取的水量。包括地表水、地下水、城镇供水工程，以及企业从市场购得的其他水或水的产品（比如蒸汽、热水、地热水等），不包括企业自取的海水、苦咸水等。采用直流冷却系统的发电企业取水量不包括江、河、湖等水体取水用于凝汽器及其他换热器开式冷却并排回原水体的水量；企业从直流冷却系统中取水用于其他用途，则该部分应计入取水范围。其计算为

$$d_{fd} = \frac{G_{xs}}{W_f}$$

式中　　d_{fd}——单位发电量取水量（发电综合水耗），kg/（kW·h）；

　　　　G_{xs}——发电取水量，kg。

十八、发电油耗

发电油耗是指统计期内单位发电量消耗的燃油量，包括点火及助燃用油。其计算式为

$$L_{yh} = \frac{B_o}{W_f \times 10^{-8}}$$

式中　　L_{yh}——发电油耗，t/（亿 kW·h）；

　　　　B_o——燃油量，t。

第二节　锅炉经济技术指标

一、锅炉主蒸汽压力

锅炉主蒸汽压力是指锅炉末级过热器出口的蒸汽压力值。如果锅炉末级过热器出口

有多路主蒸汽管,应取算术平均值,单位通常以 MPa 表示。锅炉主蒸汽压力是决定电厂运行经济性的最主要的参数之一。机组运行中,在高负荷情况下,锅炉应以汽轮机主汽阀前的蒸汽压力达到设计的额定值为准;在低负荷情况下,可根据汽轮机滑压运行需要而定。

表 4-1、表 4-2 是超超临界机组蒸汽参数对运行效率的影响。在相同的温度下,提高蒸汽压力 6MPa 可以降低汽轮机组热耗 1.05%~1.08%,提高汽轮机组循环热效率 0.51~0.53 个百分点。

表 4-1　　　　　超超临界机组主蒸汽压力对机组效率影响(580℃/600℃)

压力 (MPa)	温度 (℃)	再热温度 (℃)	汽轮机热耗差 [kJ/(kW·h)]	汽轮机热耗 下降百分率 (%)	汽轮机循环热效率 相对提高值 (%)
25	580	600	0	0	0
28	580	600	−41.2	0.557	0.27
31	580	600	−77.7	1.05	0.51

表 4-2　　　　　超超临界机组主蒸汽压力对机组效率影响(600℃/600℃)

压力 (MPa)	温度 (℃)	再热温度 (℃)	汽轮机热耗差 [kJ/(kW·h)]	汽轮机热耗 下降百分率 (%)	汽轮机循环热效率 相对提高值 (%)
25	600	600	0	0	0
28	600	600	−42	0.568	0.28
31	600	600	−80	1.08	0.53

对于亚临界机组,当主蒸汽压力从设计蒸汽压力 16.7MPa 降低到 16.0MPa 时,机组热耗增加 0.37%,见图 4-1。

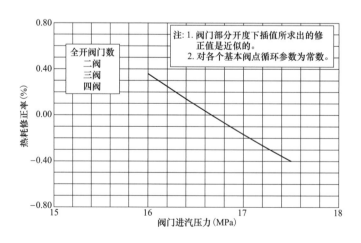

图 4-1　某亚临界机组主蒸汽压力对热耗的影响关系曲线

二、锅炉主蒸汽温度

锅炉主蒸汽温度是指锅炉末级过热器出口的蒸汽温度值。如果锅炉末级过热器出口有多路主蒸汽管，应取算术平均值，单位通常以℃表示。锅炉主蒸汽温度是决定电厂运行经济性的最主要的参数之一。在任何负荷下，锅炉应以汽轮机主汽阀前的蒸汽温度达到设计的额定值为准。

1. 主蒸汽温度控制目标（亚临界机组）

（1）正常运行中在50%～100%BMCR负荷下应维持主蒸汽温度为530～545℃；主蒸汽温度两侧汽温偏差不大于10℃；机组运行中，严防主蒸汽温度超温（汽轮机侧大于或等于545℃），低温（汽轮机侧大于或等于515℃）或汽温骤降。

（2）各级受热面金属温度不超规定值。

（3）在升降负荷和机组启停时，必须严格按启动曲线控制升温速度，其他阶段的升温、升压率应不大于2.5℃/min、0.03MPa/min。

（4）汽轮机运行中，机侧主蒸汽温度偏离额定值的允许范围和允许连续运行时间如下：

1）机组任何12个月运行期内，主蒸汽年平均温度小于主蒸汽额定温度2℃可连续运行；

2）机组任何12个月运行期内，保持主蒸汽在允许年平均温度下，通过两个主蒸汽阀的蒸汽温差小于14℃；

3）主蒸汽温度在高于额定温度14℃范围内，年累计运行时间不超过400h；

4）主蒸汽温度在高于额定温度28℃范围内，每次允许连续运行15min，年累计运行时间不超过80h；

5）主蒸汽温度不允许高于额定温度28℃运行。

（5）机组在启动和正常运行时，主蒸汽温度的允许偏差值如下：

1）正常额定工况下，主蒸汽与再热蒸汽的温差小于28℃；

2）非正常工况下，主蒸汽与再热蒸汽的温差允许限制在42℃以下，但仅限于再热蒸汽温度低于主蒸汽温度；

3）一般正常工况下，这些限制是在接近满负荷时使用，当负荷减小接近于空负荷时，主蒸汽温度与再热蒸汽温度的偏差会大幅增加，此时应加强控制，尽量避免温度周期性波动。

2. 主蒸汽温度降低对机组热耗的影响

图4-2为某600MW亚临界机组主蒸汽温度对机组热耗的修正，当主蒸汽温度从设计温度538℃降低到530℃时，机组热耗增加约0.25%。

3. 主蒸汽温度降低对机组煤耗的影响

主蒸汽温度降低对供电煤耗的影响规律为：主蒸汽温度降低越多，供电煤耗增长幅度越大、增长速度越快。

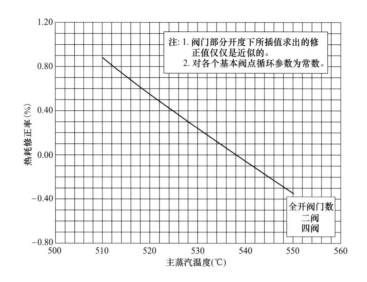

图 4-2　某 600MW 亚临界机组主蒸汽温度对机组热耗的影响关系曲线

（1）凝汽式火电机组的供电煤耗升高幅度随着主蒸汽温度的降低幅度的增加而增加。

（2）凝汽式火电机组的供电煤耗升高速度随着主蒸汽温度的降低幅度的增加而增加。

（3）总体而言，当主蒸汽温度的降低幅度相同时，锅炉容量越大，凝汽式火电机组的供电煤耗升高幅度越小，升高速度越小。

（4）当主蒸汽温度的降低幅度相同时，亚临界 300MW 凝汽式火电机组循环流化床锅炉的供电煤耗升高幅度、升高速度均略高于亚临界 300MW 凝汽式火电机组煤粉锅炉。

4. 引起锅炉主蒸汽温度异常的主要原因

（1）锅炉烟气温度出现很大的偏差。特别是四角切圆燃烧的锅炉，由于炉膛出口存在较大的旋转残余旋流，导致炉膛出口存在较大的烟气流量偏差和烟气温度偏差，往往炉膛出口水平烟道两侧烟温偏差高达 100℃ 以上。较大的烟温偏差造成了较大的受热面壁温偏差和受热面出口蒸汽温度偏差。

（2）由于受热面布置不合理，或者引进、引出结构不合理，或者换热管束流动阻力偏差较大，造成换热管内冷却蒸汽流量分布偏差较大。这种偏差还是正反馈的，过大的阻力造成换热管内流量偏差，蒸汽流量偏差造成蒸汽温度偏差，蒸汽温度偏差又会使蒸汽流量偏差进一步扩大，造成蒸汽温度分布偏差的进一步扩大。蒸汽侧的阻力偏差往往会导致换热管出口汽温出现很大的偏差，使得壁温分布出现很大偏差。

（3）由于局部换热管阻力出现偏差，引起局部换热管内蒸汽流量出现很大偏差，造成局部换热管出口汽温偏高很多，局部换热管壁温超高很多。为控制局部换热管壁温不超过安全范围，很多电厂采取降低蒸汽温度的方式，这样虽然保证了受热面的安全，却极大地降低了锅炉运行效率。

5. 锅炉主蒸汽温度的调整措施

（1）减少锅炉烟气偏差。

要消除炉膛出口侧烟气的流量和温度偏差，对于四角切圆燃烧的锅炉，主要是消除炉膛出口的残余旋流。对于个别旋流燃烧器墙式布置的锅炉，主要是消除个别燃烧器存在的混合不好的问题。欧洲国家大多采用塔式或半塔式布置，消除烟气转向时产生的烟气流量和温度偏差。从大量的炉膛模拟计算和烟温实际测量数据分析得知，在炉膛上部虽然存在较大的残余旋流，但烟气的流速和温度分布都还比较均匀，不存在明显的偏差特征。

对于国内四角切圆燃烧、Ⅱ型布置的锅炉，消除四角切圆燃烧锅炉的炉膛出口残余旋流的方法主要有缩小燃烧器布置的假想切圆，采用一、二次风切圆反向方式，采用一次风射流微反切方式，采用三次风射流反切方式，采用顶层二次风反切方式，采用燃尽风反切方式，以及采用多种反切方式的组合。

（2）减少锅炉蒸汽侧偏差。

锅炉的蒸汽温度或换热管壁温偏差除了受炉膛出口烟温偏差影响外，还有很多是由于蒸汽侧流动阻力偏差或换热管压差不同引起的。锅炉水动力侧偏差引起的管壁温度偏差和蒸汽温度偏差严重影响锅炉安全运行。

换热管的流动阻力一般是由于换热管布置的长度差别较大或烟气侧的传热强度相差较大导致的。在锅炉制造与安装过程中，如果焊接处的焊渣或管内加工剩余物未清理干净，也会引起较大的流动阻力。

由于进出口蒸汽集箱的引出和引入方式不同会造成换热管屏的流动压差。另外，烟气侧偏差会造成换热管蒸汽侧的流动偏差。在同一换热屏内，由于换热管布置、长度、引入方式、引出方式和位置等引起的不同换热管的流量和蒸汽温度偏差，称为同屏热偏差；由于管屏间进、出口蒸汽静压差的差别或烟气侧传热强度不同引起的管屏间蒸汽流量和蒸汽焓升偏差，称为屏间热偏差。

解决蒸汽侧热偏差的方法主要是针对产生热偏差的不同原因而采取相应的措施。对于同屏热偏差，一般采取改进换热管屏的布置结构，使换热管的长度基本一致，从而消除流动阻力偏差；或采取在换热管进口加装节流圈，使不同的换热管流动阻力基本一致。对于烟气侧的传热强度偏差引起的两侧蒸汽流量偏差，则一般采用交叉和混合的方式平衡两侧和局部的热偏差，或者加强中间混合，控制每段换热管屏的蒸汽焓升，减少同屏热偏差。对于集箱蒸汽静压差偏差引起的流量偏差，主要是通过改进集箱布置形式和改进引入、引出方式，以及在不同管屏的引入或引出管上加节流圈的方法进行消除。

（3）优化燃烧调整，提高锅炉蒸汽参数。

在锅炉设计中，设计计算错误可能导致锅炉蒸发受热面、过热蒸汽受热面和再热蒸汽受热面的吸热面积比例失调。如果蒸发受热面不够，就会造成炉膛出口烟温高，高温过热器受热面过剩，造成过热器超温，减温水量偏大。过热器减温水量大虽然对机组运行效率影响不大，但会造成高温过热器的蒸汽温升，引起较大的换热管出口蒸汽温度偏差，进而影响主蒸汽温度。

炉膛出口烟温过高还会引起高温过热器和屏式过热器的局部结焦，导致高温过热器换热管出口蒸汽分布偏差增大。

对于蒸发受热面吸热面积偏小的四角切圆锅炉，可以采用投用下部燃烧器、摆动喷嘴向下倾斜以及配风等燃烧调整手段降低火焰燃烧中心，提高蒸发受热面的吸热量，从而减弱或消除蒸发受热面偏小的问题。对于燃烧器墙式布置的锅炉，可采取投用下层燃烧器、增加吹灰区域和吹灰次数的方法来提高蒸发受热面的吸热量，从而增加炉膛的蒸发量；或者割除部分过热器或再热器受热面，增加部分省煤器受热面，以弥补炉膛蒸发受热面的不足。

对于过热器受热面吸热面积偏小的情况，可以采用尽量投上层燃烧器、燃烧器喷嘴角度上倾以及配风调节等燃烧调整的手段，尽可能抬高火焰中心；或适当增加送风量，提高过量空气系数；通过敷设隔热层，减少炉膛水冷壁吸热面积，减少炉膛吸热量，增加过热器受热面的吸热量；也可以采取增加过热器受热面的改造措施，补足吸热面的差距。增加过热器受热面积，使锅炉各受热面的吸热面积比例符合锅炉设计运行的要求。增加锅炉的受热面积应按照设计运行状况和运行数据进行整个锅炉的热力计算设计，了解增加受热面对锅炉运行的全面影响，包括运行经济性、运行安全性和受热面磨损等。

三、锅炉再热蒸汽压力

锅炉再热蒸汽压力是指锅炉末级再热器出口的再热蒸汽压力值。如果锅炉末级再热器出口有多路再热蒸汽管，应取算术平均值。锅炉再热蒸汽压力单位通常以 MPa 表示，是随汽轮机负荷变化而变化的一个参数。

四、锅炉再热蒸汽温度

锅炉再热蒸汽温度是指锅炉末级再热器出口的再热蒸汽温度值。如果锅炉末级再热器出口有多路再热蒸汽管，应取算术平均值。锅炉再热蒸汽温度单位通常以℃表示，是决定电厂运行经济性的最主要的参数之一。在任何负荷下，锅炉应以汽轮机中主阀前的蒸汽温度达到设计的额定值为准。

1. 再热蒸汽温度控制目标（亚临界机组）

（1）正常运行中在 50%～100%BMCR 负荷下应维持再热蒸汽温度为 530～545℃；再热蒸汽温度两侧偏差不大于 15℃；机组运行中，严防再热蒸汽温度超温（汽轮机侧大于或等于 545℃），低温（汽轮机侧大于或等于 515℃）或汽温骤降。

（2）各级受热面金属温度不超规定值。

（3）在升降负荷和机组启停时，必须严格按启动曲线控制升温速度，其他阶段的升温、升压率应不大于 2.5℃/min、0.03MPa/min。

（4）汽轮机运行中，机侧再热蒸汽温度偏离额定值的允许范围和允许连续运行时间如下：

1）机组任何 12 个月运行期内，再热蒸汽年平均温度小于再热蒸汽额定温度 9℃可连续运行；

2）机组任何 12 个月运行期内，保持再热蒸汽在允许年平均温度下，通过两个再热蒸汽阀的蒸汽温差小于 14℃；

3）再热蒸汽温度在额定温度和高于额定温度 14℃范围内，年累计运行时间不超过400h；

4）再热蒸汽温度在额定温度和高于额定温度 28℃范围内，每次允许连续运行 15min，年累计运行时间不超过 80h；

5）再热蒸汽温度不允许高于额定温度 28℃运行。

（5）机组在启动和正常运行时，再热蒸汽温度与主蒸汽温度的允许偏差值可参考主蒸汽温度控制目标。

2. 再热蒸汽温度对机组热耗的影响

某 600MW 亚临界机组再热蒸汽温度对机组热耗的影响如图 4-3 所示。当再热蒸汽温度从设计温度 538℃降低到 530℃时，机组热耗增加约 0.19%。

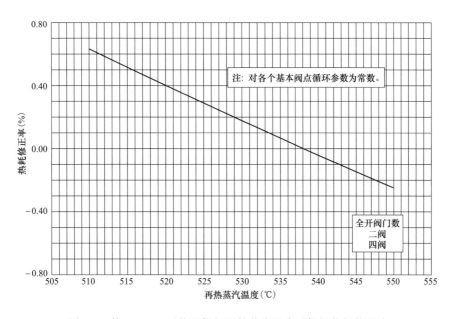

图 4-3 某 600MW 亚临界机组再热蒸汽温度对机组热耗的影响

随着再热蒸汽温度的升高，对机组热耗的修正率逐渐降低。在正常运行中，再热蒸汽温度越高，机组经济性越好。但是也不能一味地抬高再热蒸汽温度，这是因为再热蒸汽温度抬高过多，将会导致管壁超温，威胁锅炉安全。

3. 再热蒸汽温度降低对机组煤耗的影响

再热蒸汽温度降低对机组煤耗的影响规律和主蒸汽温度降低对机组煤耗的影响规律相同。

4. 引起锅炉再热蒸汽温度异常的主要原因

（1）煤种变化太剧烈，尤其是收到基低位发热量、干燥无灰基挥发分、灰的软化温度等参数远离设计参数；

（2）锅炉设备老化；

（3）锅炉受热面的设计不合理，省煤器、水冷壁（蒸发受热面）、过热器、再热器等受热面布置不合理；

（4）锅炉燃烧调整不合理；

（5）负荷的变化、汽压的波动、汽包水位的变化等；

（6）高压加热器投退；

（7）风量的变化或漏风，如炉底水封破坏等；

（8）制粉系统的启停；

（9）锅炉吹灰。

5. 锅炉再热蒸汽温度的调整措施

当再热蒸汽温度偏高时，可采用以下方法进行调整：

（1）如果低温再热器和低温过热器平行布置在锅炉竖井烟道中，可以关小低温再热器一侧的烟气挡板开度，从而降低低温再热器的吸热量，进而降低再热蒸汽出口温度；

（2）如果低温再热器布置在炉膛上部，煤粉锅炉可以通过向下摆动煤粉燃烧器，降低炉膛火焰中心位置，从而降低低温再热器（墙式再热器）吸热量，最终降低再热蒸汽温度；

（3）可以直接向低温再热器出口管道中少量喷水，降低再热蒸汽温度。

当再热蒸汽温度偏低时，可通过增加送风量、向上摆动燃烧器、开大再热烟气挡板、增加吹灰次数等手段进行调整。

五、过热器减温水流量

过热器减温水流量是指进入过热器系统的减温水流量。对于过热器系统有多级减温器设置的锅炉，过热器减温水流量为各级过热器减温水流量之和。

某亚临界机组过热器减温水流量与机组热耗的关系如图 4-4 所示，当过热器减温水流量达到 30t/h 时，机组热耗增加约 0.14%。

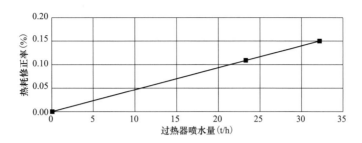

图 4-4 某亚临界机组过热器减温水流量与机组热耗的关系

过热器喷水是锅炉过热蒸汽的主要调温方式,也是直流锅炉过热蒸汽的辅助调温方式。

不同容量的火电机组过热器减温水对供电煤耗的影响见表 4-3。

表 4-3   不同容量的火电机组过热器减温水对供电煤耗的影响

项目		过热蒸汽超温幅度(℃)	一级减温喷水量(t/h)	二级减温喷水量(t/h)	总喷水量(t/h)	喷水后引起的供电煤耗升高值[g/(kW·h)]	每喷 1t/h 水后引起的供电煤耗升高值[g/(kW·h)]
亚临界300MW煤粉锅炉	给水作为减温水	1	1.15	0.38	1.53	0.0157	0.0103
		2	2.29	0.77	3.06	0.0314	0.0103
		3	3.44	1.15	4.58	0.0471	0.0103
		4	4.57	1.53	6.10	0.0649	0.0107
		5	5.70	1.90	7.61	0.0802	0.0105
	给水泵出口水作为减温水	1	0.82	0.27	1.09	0.0257	0.0235
		2	1.64	0.55	2.19	0.0514	0.0235
		3	2.46	0.82	3.27	0.0770	0.0235
		4	3.27	1.09	4.36	0.1048	0.0241
		5	4.08	1.36	5.44	0.1299	0.0239
亚临界300MW循环流化床锅炉	给水作为减温水	1	1.15	0.38	1.53	0.0162	0.0106
		2	2.29	0.77	3.06	0.0324	0.0106
		3	3.44	1.15	4.58	0.0485	0.0106
		4	4.57	1.53	6.10	0.0669	0.0110
		5	5.70	1.90	7.61	0.0826	0.0109
	给水泵出口水作为减温水	1	0.82	0.27	1.09	0.0265	0.0242
		2	1.64	0.55	2.19	0.0529	0.0242
		3	2.46	0.82	3.27	0.0794	0.0243
		4	3.27	1.09	4.36	0.1080	0.0248
		5	4.08	1.36	5.44	0.1339	0.0246

项目		过热蒸汽超温幅度（℃）	一级减温喷水量（t/h）	二级减温喷水量（t/h）	总喷水量（t/h）	喷水后引起的供电煤耗升高值[g/（kW·h）]	每喷1t/h水后引起的供电煤耗升高值[g/（kW·h）]
超临界600MW煤粉锅炉	给水作为减温水	1	2.18	0.73	2.91	0.0155	0.0053
		2	4.36	1.45	5.81	0.0352	0.0061
		3	6.52	2.17	8.69	0.0503	0.0058
		4	8.68	2.89	11.57	0.0675	0.0058
		5	10.82	3.61	14.43	0.0823	0.0057
	给水泵出口水作为减温水	1	1.58	0.53	2.11	0.0251	0.0119
		2	3.16	1.05	4.22	0.0544	0.0129
		3	4.73	1.58	6.31	0.0791	0.0125
		4	6.30	2.10	8.40	0.1059	0.0126
		5	7.86	2.62	10.48	0.1301	0.0124
超超临界1000MW煤粉锅炉	给水作为减温水	1	3.63	1.21	4.84	0.0143	0.0030
		2	7.27	2.42	9.69	0.0288	0.0030
		3	10.88	3.63	14.51	0.0430	0.0030
		4	14.47	4.83	19.30	0.0570	0.0030
		5	18.07	6.02	24.09	0.0712	0.0030
	给水泵出口水作为减温水	1	2.61	0.87	3.48	0.0226	0.0065
		2	5.22	1.74	6.96	0.0454	0.0065
		3	7.82	2.61	10.42	0.0680	0.0065
		4	10.40	3.47	13.87	0.0902	0.0065
		5	12.99	4.33	17.32	0.1127	0.0065

如果用给水泵出口水作为过热器减温水，当机组电功率不变时，流经高压加热器的给水流量减少，相当于将未经加热的"冷水"直接送进了锅炉，回热循环热效率下降。另外，由于给水流量减少，省煤器换热量减少，带走烟气热量的能力下降，最终导致锅炉排烟温度的升高，锅炉效率降低。

六、再热器减温水流量

再热器减温水流量是指进入再热器系统的减温水流量。对于再热器系统有多级减温器设置的锅炉，再热器减温水流量为各级再热器减温水流量之和。

凝汽式火电厂的蒸汽动力循环包括过热、再热、回热三部分。从蒸汽动力循环的角度分析，再热蒸汽喷入减温水后，全部变为蒸汽，使得再热蒸汽流量增加，在负荷不变时，中、低压缸的做功比例增大，高压缸做功比例减小，也就是循环效率较低的再热蒸汽排挤了循环效率较高的过热蒸汽的做功，使机组的整体循环热效率降低，导致机组发电效率下降。因此，600MW 以上的大容量机组正常运行中一般不用减温水调节再热蒸汽温度，再热器喷水仅作为事故情况下的紧急手段。

七、锅炉给水温度

锅炉给水温度是指锅炉省煤器入口的给水温度值。应取锅炉省煤器前的给水温度值。

八、锅炉排污率

锅炉排污率是指锅炉运行中排污量与锅炉实际蒸发量的百分比。

锅炉排污率计算公式为

$$L_{pw} = \frac{D_{pw}}{D} \times 100$$

式中　　L_{pw}——锅炉排污率，%；

　　　　D_{pw}——锅炉的排污量，t/h；

　　　　D——锅炉实际蒸发量，t/h。

如有排污计量装置的，可以直接测量。

不能直接测量的，排污量可按炉水盐分平衡关系计算得出，即给水带入锅炉的杂质量，应等于蒸汽带出的杂质量与随同排污水排走的杂质量之和。设蒸发量为100，排污量为 M，给水量为（100+M），则其盐分平衡方程式为

$$(100 + M)\, S_{fw} = 100 S_q + M S_{bl}$$

式中　　S_{fw}——给水含盐量，μg/kg；

　　　　S_q——饱和蒸汽含盐量，μg/kg；

　　　　S_{bl}——排污水含盐量，μg/kg。

一般饱和蒸汽含盐量很小，可以忽略不计，则根据上式可得

$$M = \frac{S_{fw}}{S_{bl} - S_{fw}} \times 100$$

即排污率为

$$L_{pw} = \frac{M}{100} = \frac{S_{fw}}{S_{bl} - S_{fw}} \times 100\%$$

锅炉运行中，将带有较多盐分和水垢的锅炉水排放到锅炉外称为锅炉排污。排污的目的是排掉含盐浓度较高的锅炉水，以及锅炉水中的腐蚀物及沉淀物，使锅炉水含盐量维持在规定的范围之内，以减少锅炉水的膨胀及出现泡沫层，保证良好的蒸汽品质。同时，排污还可以消除或减轻蒸发受热面管内的结垢程度。

锅炉排污分连续排污和定期排污。连续排污管的入口装在汽包水面以下,沿汽包全长布置,连续不间断地放掉一部分锅炉水。定期排污入口是在沉淀水渣较多的锅炉最低部位,大多从水冷壁下联箱排放,每间隔一定时间排放一次,主要是放掉锅炉水沉淀下来的水渣。其中,定期排污间隔时间长,排放水量少,一般只占锅炉蒸发量的 0.1%~0.5%。每增加 1%的排污量,热耗率升高 0.35%~0.4%。

目前,大容量高参数的机组均应控制排污率在 1.0%以下。

九、空气预热器入口氧量

空气预热器入口氧量是指用于指导锅炉运行控制的烟气中氧的容积含量百分率。一般情况下,采用锅炉省煤器后或炉膛出口的氧量仪表指示,对于锅炉省煤器出口有两个或两个以上烟道的,氧量应取各烟道烟气氧量的算术平均值。

十、空气预热器出口氧量

空气预热器出口氧量是指空气预热器出口烟气中氧的容积含量百分率。一般情况下,采用锅炉空气预热器出口的氧量仪表指示,对于锅炉空气预热器出口有两个或两个以上烟道的,氧量应取各烟道烟气氧量的算术平均值。

十一、空气预热器漏风系数

空气预热器漏风系数是指空气预热器烟道出口、进口处的过量空气系数之差。
过量空气系数计算方法为

$$\alpha = \frac{21}{21-(O_2-2CH_4-0.5CO-0.5H_2)} \approx \frac{21}{21-O_2}$$

式中　　O_2、CH_4、CO、H_2——排烟的干烟气中氧、甲烷、一氧化碳和氢的容积含量百分率。

空气预热器漏风系数计算方法为

$$\Delta\alpha = \alpha'' - \alpha'$$

式中　　$\Delta\alpha$——空气预热器漏风系数;

　　　　α''——空气预热器出口的过量空气系数;

　　　　α'——空气预热器入口的过量空气系数。

十二、空气预热器漏风率

空气预热器漏风率是指漏入空气预热器烟气侧的空气质量流量与进入空气预热器的烟气质量流量之比。

依据 GB/T 10184—2015《电站锅炉性能试验规程》中关于空气预热器漏风率的测定

及计算，空气预热器漏风率的计算公式为

$$A_1 = \frac{\alpha'' - \alpha'}{\alpha'} \times 90$$

式中　　A_1——空气预热器漏风率，%。

1. 空气预热器漏风的主要危害

（1）空气预热器漏风将会使空气直接进入烟道被引风机抽走排向大气，由于排烟量增大，使引风机的电耗增大。当漏风过大超过了送风机的负荷能力时，会造成燃烧风量不足，以致被迫降低锅炉负荷，直接影响锅炉的安全经济运行。

（2）由于烟气压力低于大气压力，因此在运行中，外界空气将会从不严密处漏入烟道及空气预热器中，漏入烟道的冷空气使漏点处的烟气温度降低，使烟气与空气预热器换热元件间的传热温差减小，热交换变差，导致排烟温度升高。另外，空气预热器漏风，导致烟气量增大，造成锅炉排烟热损失增加。

2. 解决空气预热器漏风的主要措施

（1）采用特殊管材的管式空气预热器或热管式空气预热器（如卧式搪瓷管式空气预热器），漏风率很低。但是由于这种空气预热器使用寿命短，不宜安装，且预热器内积灰清除困难，因此在大容量电站锅炉上使用受到限制。

（2）我国电站大量使用寿命长的回转式空气预热器。但是，由于回转式空气预热器的传动部分与静止部分之间有间隙，同时空气预热器的空气侧与烟气侧之间有相当大的压差，因此正压的空气就会通过空气预热器动静部分之间的间隙漏入负压的烟气中。为了减少漏风量，回转式空气预热器装设了各种密封装置。目前常用的降低空气预热器漏风的方法主要有两种：一是采用英国豪顿公司技术，增加径向、轴向密封；二是采用自动跟踪调整的扇形板密封或柔性接触式密封。

十三、排烟温度

排烟温度是指锅炉末级受热面（一般指空气预热器）后的烟气温度。对于锅炉末级受热面出口有两个或两个以上烟道的，排烟温度应取各烟道烟气温度的算术平均值。

锅炉排烟温度是反映锅炉设计、运行及设备状况的综合性参数。在锅炉运行中，若操作不当引起排烟温度升高或排烟量增大，都会增加排烟热损失，使锅炉热效率下降。运行中降低排烟温度可从以下几方面分析考虑：

（1）调整煤粉的细度。锅炉在长期的运行过程中，由于磨煤机的磨损，会造成磨煤机出口煤粉过粗，增加不完全燃烧损失。同时，着火火炬加长使得火焰中心上移，导致排烟温度升高，降低了锅炉热效率。为实现锅炉燃烧的稳定性和经济性，需要保证锅炉炉膛温度场良好，必须做到锅炉燃烧的煤粉细度与设计的煤粉细度相符。

（2）调整冷热态通风平衡。对锅炉温度场进行监测，掌握锅炉温度场分布情况，分析造成温度场不均衡的原因，并进行针对性调整，保证锅炉燃烧的稳定性和经济性，保证炉膛空气动力场良好。

（3）炉膛及烟道漏风治理。漏风的存在对负压运行的锅炉来说经济性影响较大。漏风直接导致排烟损失增加，而且烟道的漏风处越接近炉膛，影响越大。因此，要经常检查各部位的漏风情况，通过测量提出调整措施。采用烟道阻力外推法、比值计算法等方法在正常运行的工况下测定，并进行数据记录。根据水平烟道过热器出口、省煤器入口、空气预热器入口处的氧含量的数据分析，做出相应的调整和控制。

（4）采取措施提高空气预热器的运行性能。空气预热器的漏风治理是个难点，漏风主要是设计或结构的问题。对结构进行改造需要论证，因此，正常运行中仅从吹灰、风压等角度来进行调整，保证空气预热器的运行效果：调整好自动密封运行装置；利用大小修停机机会将密封间隙进行合理调整；调整较合理的风压以减少向烟气侧的漏风；保证空气预热器吹灰的汽源充足、就地装置好用，加强管理以保证吹灰效果；清除积灰和杂物，进行空气预热器清洗；及时清除空气预热器、省煤器等部位的积灰，保证省煤器灰斗不堵灰。

（5）控制过量空气系数在合理范围。过量空气系数反映锅炉运行的状态是否良好，正常运行中根据试验选择比较经济合理的过量空气系数，给出不同负荷下对应的不同氧量值曲线。低负荷条件下进行氧量调整，要考虑燃烧的稳定性；高负荷条件、常带运行负荷下的氧量调整，要考虑燃烧的经济性。

（6）调整优化一、二次风配比。实际运行中一、二次风配比偏离设计值较多，会导致空气预热器换热不均，造成排烟温度升高。调整磨煤机冷热风门的开度，根据空气预热器出入口处的一、二次风风量及风压指示进行风机动叶开度的调整，保证一、二次风配比在合理范围。

（7）调整和优化燃烧器顶部风。比较顶部二次风挡板开度变化对锅炉运行的影响程度，确定不同负荷对应合理的顶部风挡板开度的最佳范围。

（8）调整锅炉吹灰器性能。测量吹灰器的汽源压力，调整到合理范围；调整吹灰器的工作时间，以保证最佳吹灰效果。

（9）防止受热面结渣和积灰。熔渣和灰的传热系数很小，锅炉受热面结渣和积灰，会增加受热面的热阻。同样大的锅炉受热面积，如果发生结渣和积灰，传给工质的热量将大幅度减少，会导致炉内和各段烟温提高，从而使排烟温度升高。运行中，合理调整风粉配比，调整风速和风率，避免火焰冲刷炉墙，防止炉膛局部温度过高，均可有效防止飞灰黏结到受热面上。在锅炉运行中，应定期进行受热面吹灰和及时除渣，保证受热面吸热正常。

（10）控制送风机入口空气温度。锅炉运行中，送风机入口空气温度高于设计值时，会减小空气预热器的传热温压，使传热量减小，排烟温度升高。当送风机入口风温升高较多时，空气预热器出口风温也会有所升高，虽然可以提高炉内烟气温度，但会导致排烟温度升高。运行中应分析入炉空气温度升高与排烟温度升高对锅炉热经济性的影响，设法进行调整控制。

（11）注意给水温度的影响。锅炉给水温度降低会使省煤器传热温差增大，省煤器吸热量将增加，在燃料量不变的情况下，排烟温度会降低。但是，如果保持锅炉蒸发量不变，由于省煤器出口水温有所下降，因而蒸发受热面所需热量增大，就需要增加燃料量，使锅炉各部位烟温升高。这样，排烟温度会同时受给水温度下降和燃料量增加两方面的影响。一般情况下，如果保持锅炉负荷不变，排烟温度将会降低；但利用降低给水温度来降低排烟温度的方法并不可取，因为降低排烟温度虽然有可能使锅炉效率提高，但由于汽轮机抽汽量减少，机组的整体热经济性反而会降低。因此，正常运行中要保证加热器运行良好，保证给水温度在合理范围内。

十四、锅炉入口空气温度

锅炉入口空气温度是指空气预热器入口处的空气温度。对于多台空气预热器，锅炉入口空气温度由各台空气预热器入口空气温度按风量加权平均计算。对于多分仓空气预热器，每台空气预热器入口空气温度由进入空气预热器的一次风、二次风温度按风量加权平均计算。

十五、飞灰可燃物

飞灰可燃物是指燃料经炉膛燃烧后形成的飞灰中未燃尽的碳的质量百分比。对于有飞灰可燃物在线装置的系统，飞灰可燃物为在线装置分析结果的算术平均值。对于没有在线表计的系统，应对统计期内的每班飞灰可燃物数值取算术平均值。

飞灰可燃物对供电煤耗的影响规律为：飞灰可燃物提高时，供电煤耗相应提高，供电煤耗的增加值相应提高，供电煤耗的增加速度基本不变。煤粉锅炉容量越大，在相同飞灰含碳量增加值的条件下，固体不完全燃烧损失越小。亚临界 300MW 煤粉锅炉和循环流化床锅炉，在相同的飞灰含碳量增加值的条件下，固体不完全燃烧增加幅度和增加速度基本接近。

飞灰可燃物越高，固体不完全燃烧损失越大；煤的挥发分越高、收到基低位发热量越高，固体不完全燃烧损失越小。对亚临界 300MW 凝汽式火电机组而言，煤粉锅炉的飞灰含碳量增加引起的固体不完全燃烧损失比循环流化床锅炉大得多，原因是循环流化床锅炉的飞灰质量份额很小。

正常运行中影响锅炉飞灰可燃物的因素有很多，比如燃用煤种偏离设计煤种，煤粉细度调节不当，燃烧器、一次风控制、二次风配风和过量空气系数的控制不合理，一次风、二次风的混合不合理等。实际运行中，运行人员要实时了解锅炉飞灰可燃物的变化，以便调整锅炉运行的相关参数，如煤粉细度、配风方式、炉膛出口含氧量等。

燃煤稳定是使锅炉飞灰可燃物保持较低、较稳定的最佳基础，因为每台锅炉都是按一定的煤种设计的，如果设计燃烧烟煤的锅炉用来燃烧贫煤甚至无烟煤，则锅炉的飞灰可燃物必定较高。

十六、炉渣可燃物

炉渣可燃物是指燃料经炉膛燃烧后形成的炉渣中未燃尽的碳的质量百分比。

一方面，当锅炉负荷降低时，给煤量和空气量下降，炉膛截面积不变，炉膛中的烟气速度降低，炉渣可燃物份额略有提高。另一方面，当锅炉负荷降低时，炉膛内的烟气温度降低，煤颗粒的燃烧速度降低，炉渣可燃物提高。因此，锅炉负荷降低时，炉渣可燃物引起的锅炉固体未完全燃烧热损失有所提高。

十七、煤粉细度

煤粉细度是指将煤粉用标准筛筛分后留在筛上的剩余煤粉质量占所筛分的总煤粉质量百分比。取样和测定方法按 DL/T 467—2019《电站磨煤机及制粉系统性能试验》执行。

十八、吹灰器投运率

吹灰器投运率是指统计期内吹灰器正常投运台次与该装置应投运台次的比值，即

$$吹灰器投运率 = \frac{正常投运台次}{应投运台次} \times 100$$

锅炉正常运行中，应保证吹灰器投运良好。由于每台锅炉容量不等、吹灰器数量差别很大，有的锅炉甚至有上百台吹灰器，有的有十几台吹灰器，因此只要当天某吹灰器能正常投入运行一次，就可以统计为吹灰器正常投入。吹灰器投运率应不小于98%。

保证吹灰器正常投运，要加强日常维护和检修，在管理体制上应给予充分重视：

（1）吹灰前保证充分疏水，防止湿蒸汽吹损受热面。一方面，对吹灰管路要进行充分保温，尤其是在接近吹灰器的地方；另一方面，在吹灰器投入前，要充分进行疏水，保证蒸汽温度在规定值以上。

（2）根据锅炉的运行状态调整吹灰方式。当锅炉燃煤变化过大时，需要调整吹灰压力，运行人员也可根据锅炉汽温、汽压的状况调整吹灰次数和部位。

（3）加强吹灰器运行监视。吹灰器运行时应对其进行监视，对恢复使用的长伸缩式蒸汽吹灰器的初期投用，在每次制动时必须有人到现场，一旦吹灰器卡在炉内，应立即将其拉出，避免受热面长期冲刷。

（4）加强吹灰器的日常维护和检修，及时对吹灰器进行必要的润滑，及时处理吹灰器存在的问题，更换枪管间密封填料。大、小修后，必须对吹灰器进行认真调整，保持

吹灰器设备处于良好状态。

（5）改善吹灰器的运行环境。吹灰器本身是机械设备，在机械转动部位，尤其是轴承部位，要尽量避免灰尘进入，也要避免进水，保证润滑部分不受到破坏。

（6）建立吹灰器停用记录，详细记录吹灰器停用原因、停用时间、处理情况和恢复时间等内容。

（7）对于长伸缩式蒸汽吹灰器，可对前端的托辊进行改造，改为可适应枪管螺旋运行的形式，从而有效地减小枪管的运动阻力，减小卡涩的可能性。还可对拖动电缆进行改造，改为环挂式运动电缆，从而减小电缆挂扯的概率，提高其可靠性和安全性。为了提高吹灰器的投运率和最大限度地保护吹灰器设备，建议进行程控设备的改造。

（8）对于盘根漏水严重的水力吹灰器，可进行改造，如增加盘根圈数（如从6圈增至9圈）、提高枪管的表面光洁度和圆整度。为了避免因盘根漏水积存在支架箱内侵入轴承、积水溢出流到行程开关上，可在支架箱下面钻一个小孔，将漏水疏出，从而保护轴承，减小枪管行进卡涩的概率，保护行程开关的可靠性。

（9）对尚未使用工业水作为水力吹灰器介质的应改为软化水，从而避免因结垢造成阀门关闭不严等问题的发生。

十九、锅炉效率

（一）正平衡锅炉效率

正平衡锅炉效率是指锅炉输出热量占输入热量的百分比。对于锅炉效率计算的基准，燃料以每千克燃料量为基础进行计算，输入热量以燃料的收到基低位发热量来计算。计算式为

$$\eta_g = \frac{Q_1}{Q_r} \times 100$$

式中　η_g——锅炉热效率，%；

　　　Q_1——每千克燃料的锅炉输出热量，kJ/kg；

　　　Q_r——每千克燃料的锅炉输入热量，$Q_r = Q_{net,ar}$，即入炉煤收到基低位发热量，kJ/kg。

（二）反平衡（热损失法）锅炉效率

热损失法锅炉热效率的计算式为

$$\eta_g = \left(1 - \frac{Q_2 + Q_3 + Q_4 + Q_5 + Q_6 + Q_7}{Q_{net,ar}}\right) \times 100$$
$$= 100 - (q_2 + q_3 + q_4 + q_5 + q_6 + q_7)$$

式中　Q_2——每千克燃料的排烟损失热量，kJ/kg；

　　　Q_3——每千克燃料的可燃气体未完全燃烧损失热量，kJ/kg；

　　　Q_4——每千克燃料的固体未完全燃烧损失热量，kJ/kg；

Q_5 ——每千克燃料的锅炉散热损失热量，kJ/kg；

Q_6 ——每千克燃料的灰渣物理显热损失热量，kJ/kg；

Q_7 ——每千克燃料由于石灰石热解反应和脱硫反应而损失的热量，仅炉内脱硫的锅炉存在，kJ/kg；

q_2 ——排烟热损失，%；

q_3 ——可燃气体未完全燃烧热损失，%；

q_4 ——固体未完全燃烧热损失，%；

q_5 ——锅炉散热热损失，%；

q_6 ——灰渣物理显热热损失，%；

q_7 ——每千克燃料由于石灰石热解反应和脱硫反应而产生的热损失，仅炉内脱硫的锅炉存在，%。

1. 排烟热损失 q_2

排烟热损失是指末级热交换器后排出烟气带走的物理显热占输入热量的百分率，即

$$q_2 = \frac{Q_2}{Q_r} \times 100$$

$$Q_2 = Q_2^{gy} + Q_2^{H_2O}$$

$$Q_2^{gy} = V_{gy} c_{p,gy} (\theta_{py} - t_0)$$

$$Q_2^{H_2O} = V_{H_2O} c_{p,H_2O} (\theta_{py} - t_0)$$

式中 Q_2^{gy} ——空气预热器出口干烟气带走的热量，kJ/kg；

$Q_2^{H_2O}$ ——空气预热器出口烟气所含水蒸气的显热，kJ/kg；

V_{gy} ——空气预热器出口基于每千克燃料燃烧生成的实际干烟气体积，m^3/kg；

V_{H_2O} ——空气预热器出口每千克燃料燃烧所产生的水蒸气及相应空气湿分带入的水蒸气体积，m^3/kg；

θ_{py} ——空气预热器出口排烟温度，℃；

t_0 ——空气预热器入口空气温度，℃，由该处的一、二次风空气温度按流量加权平均计算而得；

$c_{p,gy}$ ——干烟气从 t_0 到 θ_{py} 的平均比定压热容，kJ/（kg·K）；

c_{p,H_2O} ——水蒸气从 t_0 到 θ_{py} 的平均比定压热容，kJ/（kg·K）。

（1）一般情况下，干烟气的平均比定压热容可以取 1.38kJ/（kg·K）。在过量空气系数不超过 3 的情况下，干烟气的比定压热容可以按 CO_2、O_2、N_2 三种气体的比定压热容加权平均计算。

（2）水蒸气的平均比定压热容可以参考 DL/T 904—2015《火力发电厂技术经济指标计算方法》进行计算，也可以根据机组的实际情况取常数。

（3）对于中储式制粉系统空气预热器入口空气温度，可按下式进行加权计算，即

$$t_0 = \frac{V_{z1} \times t_{z1} + V_{y1} \times t_{y1} + V_{z2} \times t_{z2} + V_{y2} \times t_{y2}}{V_{z1} + V_{y1} + V_{z2} + V_{y2}}$$

式中 t_0 ——某台炉加权空气预热器入口空气温度，℃；

V_{z1} ——某台炉左侧一次风量，m^3/h（标况）；

t_{z1} ——某台炉左侧空气预热器入口一次风温，℃；

V_{y1} ——某台炉右侧一次风量，m^3/h（标况）；

t_{y1} ——某台炉右侧空气预热器入口一次风温，℃；

V_{z2} ——某台炉左侧二次风量，m^3/h（标况）；

t_{z2} ——某台炉左侧空气预热器入口二次风温，℃；

V_{y2} ——某台炉右侧二次风量，m^3/h（标况）；

t_{y2} ——某台炉右侧空气预热器入口二次风温，℃。

（4）对于直吹式制粉系统（按六台磨煤机举例）空气预热器入口空气温度，可按下式进行加权计算，即

$$t_0 = \frac{V_{z2} \times t_{z2} + V_{y2} \times t_{y2} + \dfrac{\sum\limits_{i=1}^{6}(V_{mi} \times t_i) - \sum\limits_{i=1}^{6} V_{mi} \times t_{cl1}}{t_{cr1} - t_{cl1}} \times t_{l1}}{V_{z2} + V_{y2} + \dfrac{\sum\limits_{i=1}^{6}(V_{mi} \times t_i) - \sum\limits_{i=1}^{6} V_{mi} \times t_{cl1}}{t_{cr1} - t_{cl1}}}$$

式中 t_0 ——某台炉加权空气预热器入口空气温度，℃；

V_{z2} ——某台炉左侧二次风量，t/h；

t_{z2} ——某台炉左侧空气预热器入口二次风温，℃；

V_{y2} ——某台炉右侧二次风量，t/h；

t_{y2} ——某台炉右侧空气预热器入口二次风温，℃；

V_{mi} ——某台炉第 i 台磨煤机入口一次风量，t/h；

t_i ——某台炉第 i 台磨煤机入口一次风温，℃；

t_{cl1} ——某台炉风机出口冷一次风温，℃；

t_{cr1} ——某台炉空气预热器出口热一次风温，℃；

t_{l1} ——某台炉空气预热器入口冷一次风温，℃。

（5）实际干烟气体积可通过下式计算，即

$$V_{gy} = (V_{gy}^0)^c + (\alpha_{py} - 1)(V_{gk}^0)^c$$

式中 $(V_{gk}^0)^c$ ——每千克燃料燃烧所需的理论干空气量，m^3/kg；

$(V_{gy}^0)^c$ ——每千克燃料燃烧产生的理论干烟气量，m^3/kg；

α_{py} ——空气预热器出口的过量空气系数。

（6）理论干空气量用下式计算，即

$$(V_{gk}^0)^c = \frac{KQ_{net,ar} - 3.3727 A_{ar}\overline{C}}{1000}$$

$$\overline{C} = \frac{\alpha_{lz} C_{lz}}{100 - C_{lz}} + \frac{\alpha_{fh} C_{fh}}{100 - C_{fh}}$$

式中　$\overline{C}$ ——灰渣中平均可燃物含量与燃煤灰量的百分比，%；

　　　α_{lz} ——炉渣占燃煤总灰量的质量含量百分比，%；

　　　α_{fh} ——飞灰占燃煤总灰量的质量含量百分比，%；

　　　C_{lz} ——炉渣中可燃物的质量百分比，%；

　　　C_{fh} ——飞灰中可燃物的质量百分比，%。

α_{lz}、α_{fh} 的数值可根据最近期的灰平衡试验或锅炉性能试验来选取。对于固态排渣煤粉锅炉，$\alpha_{lz}=10$、$\alpha_{fh}=90$。K 可根据燃料无灰干燥基挥发分的数值选取，见表4-4。

表4-4　　　　　　　　　　燃料无灰干燥基挥发分对应的 K 值

燃料种类	无烟煤	贫煤	烟煤	烟煤	长焰煤	褐煤
燃料无灰干燥基挥发分（%）	5~10	10~20	20~30	30~40	>37	>37
K	0.2659	0.2608	0.2620	0.2570	0.2595	0.2620

（7）理论干烟气量：对于没有炉内石灰石脱硫的常规煤粉锅炉而言，可用下式计算，即

$$(V_{gy}^0)^c = 0.98(V_{gk}^0)^c$$

（8）烟气中所含水蒸气容积可用下式计算，即

$$V_{H_2O} = 1.24\left[\frac{9H_{ar} + M_{ar}}{100} + 1.293\alpha_{py}(V_{gk}^0)^c d_k\right]$$

式中　H_{ar} ——燃料收到基氢含量，%；

　　　M_{ar} ——燃料收到基水分含量，%；

　　　d_k ——环境空气绝对湿度，kg/kg。

一般空气绝对湿度可以取 0.01kg/kg。燃料收到基水分含量由入炉煤化验报表经煤量加权得出。

（9）燃料收到基氢含量计算公式为

$$H_{ar} = \frac{100 - M_{ar} - A_{ar}}{100} \times H_{daf} = \frac{100 - M_{ar} - A_{ar}}{100} \times 2.1236 V_{daf}^{0.2319}$$

式中　A_{ar} ——燃料收到基灰分含量，%；

　　　H_{daf} ——燃料干燥无灰基氢含量，%；

V_{daf}——燃料干燥无灰基挥发分含量，%。

一般燃料干燥无灰基挥发分含量可由入炉煤化验报表经煤量加权得出。

（10）燃料收到基灰分含量计算公式为

$$A_{ar} = \frac{A_d \times (100 - M_{ar})}{100}$$

式中 A_d——燃料干燥基灰分含量，%。

一般燃料干燥基灰分含量可由入炉煤化验报表经煤量加权得出。

（11）降低排烟热损失的措施：

1）大型锅炉排烟温度每升高 15～20℃，排烟热损失会增加 1%。影响排烟热损失的主要因素是排烟温度和排烟容积。排烟温度越高，排烟容积越大，则排烟热损失就越大。一方面，降低锅炉的排烟温度，可以降低排烟热损失，但是要降低排烟温度，就要增加锅炉尾部受热面面积，因而增大了锅炉的金属耗量和烟气流动阻力。另一方面，烟温太低，会引起锅炉尾部受热面的低温腐蚀。

2）降低排烟容积。排烟容积的大小取决于炉内过量空气系数、锅炉漏风量和煤粉湿度。过量空气系数越小，漏风量越小，则排烟容积越小，排烟热损失有可能减少。但是因为过量空气系数的减小，会引起可燃气体未完全燃烧热损失和固体未完全燃烧热损失的增大，所以应控制锅炉的过量空气系数，使其保持最佳值。煤的含水量过大，不仅会降低炉膛温度，减少有效热的利用，而且还会造成排烟热损失的增加（因排烟容积增加）。燃料含水量每增加 1%，热效率便要降低 0.1%，因此要控制入炉煤粉湿度。

3）控制火焰中心位置，防止局部高温。正常运行时，一般应投下层燃烧器，以控制火焰中心位置，维持炉膛出口正常的烟温。针对煤种变化，选择适当的一次风温在不烧坏喷口的前提下尽量提高一次风温，对降低排烟温度和稳定燃烧均有好处。要根据煤种变化合理调整风粉配合，及时调整风速和风量配比，避免煤粉气流冲墙，防止局部高温区域的出现，减少结渣的发生。

4）保持受热面清洁。灰垢的热导率约为钢板热导率的 1/750～1/450，可见积灰的热阻是很大的。锅炉在运行中，受热面积灰、结渣等会使传热减弱，促使排烟温度升高，锅炉受热面上的积灰厚 1mm 时，锅炉换热效率就要降低 4%～5%。因此，锅炉在运行中应注意及时吹灰打渣，经常保持受热面的清洁。

5）减少漏风。排烟过量空气系数每增加 0.1，排烟热损失将增加 0.5%。炉膛及烟道中的烟气压力是低于大气压力的，在运行中，外界空气将会从不严密处漏入炉膛及烟道中，使炉膛温度降低，排烟量增加，其结果会造成锅炉排烟热损失和引风机电耗增大，锅炉效率降低。炉膛漏风还会使炉膛温度降低，对燃烧不利。因此，减少炉膛、烟道漏风，是降低排烟热损失的另一有效途径。

6）保障省煤器的正常运行。一般地讲，省煤器出口水温增高 1%，则烟气温度降低

2～3℃。锅炉如果省煤器停运，将多消耗燃料量5%～15%，同时导致排烟温度大幅升高。

2. 可燃气体未完全燃烧热损失 q_3

可燃气体未完全燃烧热损失是指排烟中可燃气体成分未完全燃烧而造成的热量损失占输入热量的百分率。燃煤锅炉可以忽略。一氧化碳含量值根据日常燃烧调整检测值或锅炉性能试验值确定。一般情况下，一氧化碳含量小于总烟气量的万分之一时，可燃气体未完全燃烧热损失可以忽略不计。

$$q_3 = \frac{126.36 \times V_{gy} \times CO}{Q_{net,ar}} \times 100$$

式中　q_3——可燃气体未完全燃烧热损失，%；

　　　V_{gy}——每千克燃料燃烧生成的实际干烟气体积，m^3/kg；

　　　CO——一氧化碳容积百分含量，%；

　　　$Q_{net,ar}$——入炉煤收到基低位发热量，kJ/kg。

降低可燃气体未完全燃烧热损失的措施如下：

（1）保障空气与煤粉充分混合。影响可燃气体未完全燃烧热损失的主要因素是燃料性质、过量空气系数。一般在燃用挥发分高的燃料时，由于很快挥发出大量可燃气体，这时如果混合条件不好，可燃气体不能及时得到氧气，就容易出现不完全燃烧。这就是挥发分高的燃料本来是好烧的但可燃气体未完全燃烧热损失却比较大的原因所在。

（2）将过量空气系数控制在最佳值。如果空气供应不足，氧量表读数小，二氧化碳表读数大，燃烧不完全，产生一氧化碳，将会造成不完全燃烧损失，在尾部烟道可能发生可燃物再燃烧；如果空气供应过多，氧量表读数大，二氧化碳表读数小，不仅使炉温降低引起燃烧不完全，还会使排烟带走的热损失增大，同时送风机、引风机的耗电量也增大。由于过量氧量的相应增加，将使燃料中的硫形成三氧化硫，烟气露点也相应提高，从而使空气预热器发生腐蚀。所以，应控制过量空气系数在最佳值，使实际排烟氧量控制在最佳氧量的±0.5%范围内。

（3）进行必要的燃烧调整。锅炉运行期间，为适应负荷变化，常需要对运行参数做必要的调整。锅炉燃烧的优劣与运行操作人员技术水平有很大关系。为了避免由于操作不当对热效率的影响，最好采用机炉协调控制方式。以蒸汽压力为调整依据，及时调节送粉量、送风量和引风量，进行必要的燃烧调整，改善燃烧条件，从而使锅炉一直处于较佳的热效率状态。

（4）提高入炉空气温度。为了提高锅炉效率并改善煤的着火和燃烧条件，供燃烧用的空气首先在空气预热器中被烟气余热加热到一定的温度。保障空气预热器正常运行，可以提高入炉空气温度，有利于缩短煤的干燥时间，促进挥发分尽快挥发燃烧，并可提高炉膛温度，加强辐射传热。着火性能好的燃料，热风温度可选得低些。对于液态排渣炉，热空气温度要高些（一般为380～430℃），以利于造渣和流渣。燃油或燃气炉所要求的预热空气温度较低，一般为 200～300℃。燃煤流化床锅炉通常不需要干燥原煤，因此热空气温度较低，一般为 180～200℃。一般入炉空气温度增加 50℃，可使理论燃烧温度增高 15～20℃，可节约燃料 1.3%～2%。为了燃料迅速着火，热风温度当然是高一些好，但高到一定数值后，对强化燃烧帮助不大，反而要增加过多的空气预热器受热面并增加尾部受热面布置困难，因此只要能保证燃烧着火和稳定燃烧，热风温度不必取得太高。表 4-5 列出了锅炉的热风推荐温度与煤粉气流的着火温度，可供参考。

表 4-5 热风推荐温度与煤粉气流的着火温度

燃料	无烟煤 $V_{ar}=4\%$	贫煤 $V_{ar}=14\%$	重油 天然气	烟煤、洗中煤		褐煤 $V_{ar}=50\%$	
				$V_{ar}=40\%$	$V_{ar}=20\%$	热风干燥	烟气干燥
热风温度（℃）	380～430	330～380	250～330	280～350		350～380	300～350

（5）注意锅炉负荷的变化。运行时锅炉负荷降低，则炉温降低，着火区的温度也降低，煤粉的着火稳定性将变差，尤其是那些挥发分低或灰分高的煤，或颗粒较粗的煤粉，其火焰容易在低温烟气中逐渐扩散以至熄灭。这样不仅着火变得困难，而且容易形成大量不完全燃烧热损失。锅炉负荷低到一定程度时，煤粉气流燃烧稳定性变差，需要投入易燃的燃料（如油），提高煤粉着火燃烧的稳定性，否则容易灭火。

（6）控制好一次、二次风混合时间。煤粉气流着火后放出大量的热量，炉温迅速升高，火焰中心的温度可达 1500℃左右，因燃烧速度很快，一次风中的氧很快耗尽。由于煤粒表面氧量不足将会限制燃烧过程的发展，因此应及时供应二次风。一般在煤粉气流着火后，燃烧过程发展到迫切需要氧气时，是一次、二次风混合的最有利时机。二次风加入的时间过早，混合提前，等于加大一次风量，使着火热增加，着火推迟；混合过晚，当炽热焦炭急需空气时，未能及时供氧，也会降低燃烧速度，造成不完全燃烧热损失。因此，在运行操作上要合理调整好一次、二次风混合时间。由于二次风温比炉温低得多，为了不降低燃烧中心区的温度，在燃烧挥发分较低的煤时，二次风应在煤粉气流着火后随着燃烧过程的发展分期分批送入。

3. 固体未完全燃烧热损失 q_4

固体未完全燃烧热损失是指锅炉灰渣可燃物造成的热量损失和中速磨煤机排出石子煤的热量损失占输入热量的百分率，即

$$q_4 = \frac{337.27 A_{ar}\overline{C}}{Q_r} + q_4^{sz}$$

$$q_4^{sz} = \frac{B_{sz}Q_{net,ar}^{sz}}{B_L Q_r} \times 100$$

式中　q_4^{sz}——中速磨煤机排出石子煤的热量损失率，%；

$Q_{net,ar}^{sz}$ ——中速磨煤机排出石子煤的低位发热量，kJ/kg；

B_L ——锅炉燃料累计消耗量，kJ/kg；

B_{sz} ——石子煤排放量，t；

A_{ar} ——燃料收到基灰分含量，%；

$\overline{C}$ ——灰渣中平均可燃物含量与燃煤灰量的百分比，%；

Q_r ——即 $Q_{net,ar}$，入炉煤收到基低位发热量，kJ/kg。

影响固体未完全燃烧热损失的主要因素是燃料性质和运行人员操作水平。降低固体未完全燃烧热损失的措施有：

（1）煤中含灰分、水分越少，q_4 越小。

（2）适当增大过量空气系数，对碳的燃尽有利，因此可减少 q_4。但是，过量空气系数过大，会降低炉内温度水平，且使排烟容积增大，导致排烟热损失增加，因此运行中，要选择最佳的过量空气系数。

（3）合理调整和降低煤粉细度。理论研究表明，煤粉完全燃烧所需要的时间与煤粉颗粒直径的 1～2 次方成正比。造成 q_4 损失的主要是煤粉中存在大颗粒的粗粉，细而均匀的煤粉容易实现完全燃烧。对于挥发分高的煤粉，因其着火与燃烧的条件较好，煤粉可适当粗些；反之，对于挥发分低的煤，其煤粉应细些。煤粉细度可以通过改变通风量或粗粉分离器出口套筒高度来调节。

（4）合理组织炉内空气动力工况。炉膛中的煤粉是在悬浮状态下燃烧的，空气与煤粉的相对速度很小，混合条件很不理想。为了能使煤粉与补充的二次风能充分混合，除了二次风应具有较高的速度外，还应合理组织好炉内空气动力工况，促进煤粉与空气的混合。合理组织炉内空气动力工况，可以改善火焰在炉内的充满程度（火焰所占容积与炉膛几何容积之比称为火焰充满程度）。火焰充满程度越高，炉膛的有效容积越大，可燃物在炉内实际停留时间越长。另外，通过燃烧器的结构设计以及燃烧器在炉膛中的合理布置，可以组织好炉内高温烟气的合理流动，使更多的烟气回流到煤粉气流的着火区，从而增大煤粉气流与高温烟气的接触周界，以增强煤粉气流与高温烟气之间的对流换热，这是改善着火性能的重要措施。

（5）运行中根据煤种变化，使一次、二次风适时混合，保持火焰不偏斜，维持适当炉温，可减少 q_4。

4. 散热损失 q_5

锅炉散热损失是指锅炉炉墙、金属结构及锅炉范围内管道（烟风道及汽、水管道联箱等）向四周环境中散失的热量占总输入热量的百分率。散热损失值的大小与锅炉机组热负荷有关。其计算公式为

$$q_5 = q_5^e \frac{D^e}{D}$$

式中　　q_5——散热损失，%；

　　　　q_5^e——额定蒸发量下的散热损失，%；

　　　　D^e——锅炉的额定蒸发量，t/h；

　　　　D——锅炉实际蒸发量，t/h。

影响散热损失的主要因素是锅炉容量、负荷、相对表面积（以一台300MW机组为例，需要保温的面积在30000m² 以上）和环境温度。锅炉容量小、负荷小、相对表面积大、周围空气温度低，则散热损失就大。如果水冷壁和炉墙等结构严密、紧凑，炉墙和管道的保温良好，锅炉周围空气温度高，则散热损失就小。

加强保温是减少散热损失的有效措施。锅炉炉墙和热力管网的温度总是比环境温度高，所以部分热量就要通过辐射和对流的方式散发到周围空气中去，造成锅炉的散热损失。同时，热量散失又使锅炉温度降低，影响燃烧，使不完全燃烧热损失增大，从而使锅炉热效率降低。因此，应采用先进的保温材料，尽量减少散热损失。凡是表面温度超过5℃的传热体均应进行保温，特别是应注意对阀门、法兰等处的保温工作，有脱落和松动的保温层应及时修补。

5. 灰渣物理热损失 q_6

灰渣物理热损失是指炉渣、飞灰排出锅炉设备时所带走的显热占输入热量的百分率，即

$$q_6 = \frac{A_{ar}}{100Q_r}\left[\frac{\alpha_{lz}(t_{lz}-t_0)c_{lz}}{100-C_{lz}}+\frac{\alpha_{fh}(t_{py}-t_0)c_{fh}}{100-C_{fh}}\right]$$

式中　　A_{ar}——燃料收到基灰分含量，%；

　　　　t_{lz}——炉膛排出的炉渣温度，℃；

　　　　c_{lz}——炉渣的比热容，kJ/（kg·K）；

　　　　c_{fh}——飞灰的比热容，kJ/（kg·K）；

　　　　C_{lz}——炉渣中可燃物的质量百分比，%；

　　　　C_{fh}——飞灰中可燃物的质量百分比，%。

注：对于固态排渣煤粉锅炉，炉渣温度可以取800℃；炉渣的比热容可以取0.96kJ/（kg·K）。飞灰比热容可按 $c_{fh}=0.71+5.02\theta_{py}/10000$ 计算。

影响灰渣物理热损失的主要因素是燃料灰分、排渣量和排渣温度。由于飞灰含量很小，可以认为影响灰渣物理热损失的主要因素是排渣量和排渣温度。锅炉排渣量和排渣温度主要与锅炉的排渣方式有关，固态排渣的渣量较小，液态排渣的渣量较大。液态排渣炉的排渣温度要比固态排渣炉的排渣温度高得多。

6. 炉内脱硫损失 q_7

每千克燃料由于石灰石热解反应和脱硫反应而损失的热量。该损失仅限于使用炉内脱硫技术的锅炉存在。

第三节 **汽轮机经济技术指标**

一、汽轮机主蒸汽流量

汽轮机主蒸汽流量是指汽轮机自动主汽门前的蒸汽流量值。如果有多路主蒸汽管道，取多路流量之和。

为了提高经济性，大型汽轮机主蒸汽流量一般不通过流量测量装置获得，而是通过计算的方法获得。在对火电机组进行在线性能监测时，需用主蒸汽流量来计算热耗率等经济指标，主蒸汽流量计算精度低会引起热耗率计算值的较大偏差。目前广泛采用弗留格尔公式计算主蒸汽流量，而采用 BP 神经网络的新方法理论上也是可行的。由于汽轮发电机组工况变动频繁，影响主蒸汽流量的因素众多，因此要保证其较高的在线计算精度较为困难。

二、汽轮机主蒸汽压力

汽轮机主蒸汽压力是指汽轮机自动主汽门前的蒸汽压力值。如果有两路主蒸汽管道，取算术平均值。

由于各电厂的装机容量不同，各机组所设计的额定参数也不同，所以在计算全厂汽轮机的额定蒸汽压力、实际蒸汽压力值时，不能简单地采用算术平均值，而应分别以机组的额定容量、发电量作为权数进行加权平均计算。

现代大机组通常采用定压-滑压-定压运行方式以提高电厂的运行经济性。即额定负荷或高负荷运行时主蒸汽压力应在设计额定参数下运行，并要求压红线运行，此时汽轮机效率最高；负荷降到一定值时，锅炉采用滑压运行方式；负荷较低时，又采用定压运行方式。定压-滑压-定压与负荷的关系曲线可由厂家提供，也可通过优化试验求得。

如果主蒸汽压力降低，将使蒸汽做功能力下降，引起汽耗量增大，煤耗增加，同时汽轮机的轴向推力增加，容易发生推力瓦烧坏事故。蒸汽压力降低过多，会使汽轮机不能保持额定出力，汽轮机的最大出力会受到限制。主蒸汽压力增加，可使热耗和煤耗减少，对运行的经济性显然有利。但是主蒸汽压力升高超过允许范围，将引起调节级叶片过负荷，造成汽轮机主蒸汽管道、蒸汽室、主汽阀、汽缸法兰及螺栓等部件的应力增加，对管道和汽阀的安全不利。因此，主蒸汽压力不能无限升高，必须控制主蒸汽压力在一定范围内。对中压锅炉，主蒸汽压力控制范围为额定压力±0.5MPa；对亚临界、高压、超高压锅炉，主蒸汽压力控制范围为额定压力±0.2MPa。

在任何 12 个月的运行期中，汽轮机自动主汽门前的蒸汽压力不应超过额定压力。主蒸汽压力可以在 105%额定压力下长期运行，但全年平均主蒸汽压力不应超过额定压力。

偶尔出现不超过 120%额定压力的波动是许可的，但是这种波动在任何 12 个月的运行期中累计不得超过 12h。

三、汽轮机主蒸汽温度

汽轮机主蒸汽温度是指汽轮机自动主汽门前的蒸汽温度值。如果有两路主蒸汽管道，取算术平均值。

任何负荷下都应尽可能在设计的主蒸汽温度下运行，以使汽轮机效率最高。在实际运行中，主蒸汽温度变化的可能性较大，对主蒸汽温度的监控要特别注意。对于高温高压机组，通常只允许主蒸汽温度比额定温度高 5℃左右。

主蒸汽温度并不是越高越好，当主蒸汽温度升高时，主蒸汽在汽轮机内的总焓降、汽轮机相对的内效率和热力系统的循环热效率都有所提高，热耗降低，使运行经济效益提高。但是主蒸汽温度升高超过允许范围时，将引起调节级叶片过负荷；会使工作在高温区域的金属材料强度下降，缩短过热器和汽轮机的使用寿命；当主蒸汽温度过高时，用喷水减温的方法虽可使蒸汽温度降低，但这将会增加热耗。

如果主蒸汽温度降低，当主蒸汽压力和凝结真空不变时，主蒸汽在汽轮机内的总焓降减少，若要维持额定负荷，需开大调速汽阀的开度，增加主蒸汽的进汽量，会使汽轮机的湿汽损失增加，对叶片的冲蚀作用加剧，还会使汽轮机部件冷却不均匀，造成汽轮机磨损、振动。

因此，必须控制主蒸汽温度在一定范围内。主蒸汽温度的波动范围为±5℃，主蒸汽温度考核期内不应大于设计值±3℃，各进汽管道主蒸汽温度偏差小于两管平均值±3℃。在任何 12 个月的运行期间，汽轮机任何一进口的平均温度不应超过其额定温度。机组可以在额定温度+8℃下长期运行，但全年平均温度不允许超过额定值；在额定温度+8℃～额定温度+14℃下，机组全年允许运行时间 400h；在额定温度+14℃～额定温度+28℃下，机组全年允许运行 80h，但每次不超过 15min；超过额定温度+28℃，要停机。

四、汽轮机再热蒸汽压力

汽轮机再热蒸汽压力是指汽轮机再热主汽门前的蒸汽压力值。如果有多路再热蒸汽管道，取算术平均值。

再热蒸汽的压力总是低于高压缸的排汽压力。这个减少的数值即为再热器压损。产生压损的原因是蒸汽从高压缸排出后，由于经过再热器及其管道进入中压缸，压力将有不同程度的降低。再热器压损一般是以百分比（即蒸汽通过再热器系统的压力损失与高压缸排汽压力之比）来表示的。正常运行中，再热蒸汽压力是随着主蒸汽流量变化而改变的。

五、汽轮机再热蒸汽温度

汽轮机再热蒸汽温度是指汽轮机再热主汽门前的蒸汽温度值。如果有多路再热蒸汽管道，取算术平均值。

与主蒸汽温度一样，再热蒸汽温度的变化，也直接影响着机组的安全性和经济性。

再热蒸汽温度升高，机组的热耗和煤耗均减少，但再热蒸汽温度升高超过一定值时，将引起再热器和中压缸前几级强度降低，限于金属材料的强度，会造成再热器和中压缸的损坏和寿命缩短。当再热蒸汽温度升高时，用喷水减温的方法虽可使再热蒸汽温度降低，但不利于机组经济性。

因此，必须控制再热蒸汽温度在一定范围内。再热蒸汽温度的波动范围为±5℃，再热蒸汽温度考核期内不应大于设计值±3℃，各进汽管道再热蒸汽温度偏差小于两管平均值±3℃。

六、再热蒸汽压损率

再热蒸汽压损率是指高压缸排汽压力和汽轮机再热蒸汽压力之差与高压缸排汽压力的百分比，计算公式为

$$L_{zys} = \frac{p_{lzr} - p_{zr}}{p_{lzr}} \times 100$$

式中　　L_{zys} ——再热蒸汽压损率，%；

p_{lzr} ——高压缸排汽压力，MPa；

p_{zr} ——汽轮机再热蒸汽压力，MPa。

再热蒸汽压损的大小，对整个汽轮机的经济效果有着显著的影响，再热系统阻力每增加 0.1MPa，汽轮机热耗率增加 0.2%～0.3%。一般情况下，再热蒸汽压损率应控制在10%以下，即不超过 0.2～0.3MPa。再热系统阻力的减少将提高机组的运行经济性，通过适当增大管径、减少弯头、尽量采用弯管，可降低再热管道阻力。

七、最终给水温度

最终给水温度是指汽轮机高压给水加热系统大旁路后的给水温度值。一般以装在炉侧给水母管上的给水温度表计为准，以统计报表、现场检查或测试的数据为依据。统计期平均值不低于对应平均负荷设计的给水温度。

最终给水温度每升高 1℃，热耗率降低 0.04%。运行中应充分利用回热加热设备，尽量提高给水温度。根据现场运行数据或检查能耗报表，考核期内的平均给水温度应不低于其对应平均负荷的设计给水温度。设计给水温度主要受高压加热器的进汽压力和运行可靠性的影响。为了使高压加热器能全部投入运行，最大限度地提高给水温度，应采

取以下措施：

（1）检修时应清扫加热器管，保持加热器清洁，以降低加热器的端差。

（2）改进高压加热器旁路门和旁路系统，严禁泄漏。

（3）消除高压加热器水室隔板的泄漏现象，防止给水短路，尽可能地保证高压加热器正常投入。

（4）消除低压加热器不严密现象，防止空气漏入。

（5）保证加热器疏水器正确动作，维持加热器疏水在最低水位，防止疏水积存淹没冷却水管。

（6）高压加热器要进行随机启停，并控制各加热器启停温升（降）率在合格范围内。

八、最终给水流量

最终给水流量是指汽轮机高压给水加热系统大旁路后主给水管道内的流量。如有两路给水管道，应取两路流量之和。

九、排汽压力（背压）

排汽压力是指蒸汽做完功后排离汽轮机乏汽口时的压力。

对于汽轮机来说，排汽压力的高低对汽轮机运行的经济性有直接的关系。排汽压力高，真空低，有效焓降减少，被循环水带走的热量越多，机组的效率越低；反之，排汽压力低，真空高，有效焓降增加，被循环水带走的热量越少，机组的效率越高。通过凝汽器的真空严密性试验结果，可以鉴定凝汽器的工作好坏，以便采取对策消除泄漏点。

十、凝汽器真空度

凝汽器真空度是指汽轮机低压缸排汽端真空占当地大气压的百分数，计算公式为

$$\eta_{zk} = \left(1 - \frac{p_{by}}{p_{dq}}\right) \times 100$$

式中　　η_{zk} ——真空度，%；

p_{by} ——汽轮机背压（绝对压力），kPa；

p_{dq} ——当地大气压，kPa。

注：当地大气压取所在地大气压值。

凝汽器（又称冷凝器或凝结器）内真空的产生，是依靠汽轮机排汽在凝汽器内迅速凝结成水，体积急剧缩小形成的，为了使汽轮机的排汽能够迅速凝结成水，需要向凝汽器通入大量的冷却水。由于机组安装所处地理位置不同，单独用汽轮机真空的绝对数进行难以确定机组真空的好坏，所以用真空度来反映汽轮机凝汽器真空的状况。

十一、真空系统严密性（真空泄漏率）

真空系统严密性是指机组真空系统的严密程度，以真空下降速度表示，即

$$真空下降速度 = 真空下降值（Pa）/试验时间（min）$$

保持凝汽器具有较好的严密性，才能维持凝汽器内的高度真空。运行中的汽轮机，除了由于凝汽器的结垢而使真空恶化外，真空系统严密性降低，也是真空恶化的一个主要原因。当漏入的空气量增加后，不仅造成凝汽器的真空下降以及凝结水过冷度增加，使经济性下降，而且也会使安全性降低。例如，过低的真空会引起汽轮机的轴向推力增大，低压缸变形，机组振动和凝汽器管端连接胀口松动等。真空系统严密性降低后，凝结水中的含氧量增加，造成锅炉腐蚀，因此发电厂对真空系统的严密性要求较高，需要定期试验。真空严密性试验至少每月进行一次，机组大、小修后也要进行真空严密性试验。

凝汽器真空是影响机组供电煤耗的主要因素。汽轮机若要经济运行，应使汽轮机保持在最有利的真空下工作。提高真空的主要措施有：

（1）降低冷却水（对于闭式循环冷却系统机组的冷却水，又称为循环水）入口温度。冷却水入口温度是指进入汽轮机凝汽器前的冷却水温度，是关系到汽轮机运行经济性的一个重要小指标。

（2）增加冷却水量。当负荷不变时，冷却水温升增大，表明冷却水量不足。温升增大将引起排汽温度升高，真空降低，此时应增加冷却水量，从而提高真空。但是增加冷却水量，端差有时可能稍有增加。

（3）加强凝汽器的清洗。通常采用胶球在运行中连续清洗凝汽器法，或运行中停用半组凝汽器轮换清洗法，或停机后用高压射流冲洗机逐根管子清洗等方法，保持凝汽器钛（铜）管清洁，提高冷却效果。

（4）保持凝汽器的胶球清洗装置经常处于良好状态，根据循环水水质情况确定运行方式（如每天通球清洗的次数和时间），胶球回收率在 95% 以上。

（5）维持真空系统严密。应对真空系统查漏、堵漏。调整和控制低压缸轴封供汽压力；调整真空破坏阀水封、轴封加热器疏水水封等水封水量，防止水封不良造成漏真空；及时消除轴封供汽的系统缺陷，确保供汽压力满足要求；及时对汽轮机、汽动给水泵汽轮机低压缸防爆门、防爆膜检查堵漏；利用氦质谱检漏仪、真空系统注水检漏等设备和方法，及时发现和消除真空系统泄漏点。

（6）加强真空泵检查，控制好真空泵汽水分离器水位，在夏季工况下注意对真空泵冷却器反冲洗；加强对真空泵的维护，保持其高效运行；对真空泵冷却水系统改造，降低冷却水温度，提高真空泵效率。

（7）对主蒸汽疏水、低压旁路等阀门检查和管道测温，发现阀门误动或内漏及时联

系检修消缺；加强高、低压加热器水位控制，避免高、低压加热器事故疏水误动；加强对高、低压加热器事故疏水、主蒸汽疏水等维护，保持其关闭严密。

（8）对直接空冷系统加装蒸发式凝汽器。将部分汽轮机排汽引入板式蒸发式凝汽器进行冷凝，减少进入空冷凝汽器热负荷，降低汽轮机排汽压力。

（9）空冷机组冬季运行时，由于热力和蒸汽流量分配不均匀，在空冷系统各列散热器之间、各管束之间存在热偏差和蒸汽凝结量偏差。当运行空冷风机群转速均低于规定值，而背压仍不能满足防冻需要时，容易造成管束受冻结冰。迫于防冻压力，往往要求维持高排汽压力运行，但排汽压力过高，会降低机组经济性。为保证空冷凝汽器内蒸汽流量大于最小防冻流量，可通过解列局部空冷凝汽器停运部分风机，以降低运行空冷凝汽器的压力，提高机组真空。在空冷岛四周或上风口增加挡风墙，对空冷风机采用变频运行，对冬季防冻非常有利，应创造条件实施相关改造。

十二、真空系统漏入空气量

根据美国传热学会推荐公式由真空下降速度近似求出漏入的空气量，即

$$G_a = 1.657V\left(\frac{\Delta p}{\Delta t}\right)$$

式中　G_a ——漏入空气量，kg/h；

　　　 V ——设备处于真空状态下的容积，m³；

　　　 $\frac{\Delta p}{\Delta t}$ ——真空下降速度，Pa/min。

十三、凝结水温度

凝结水温度是指凝汽器热井水温度。凝结水温度的变化直接影响凝结水过冷却度。

十四、凝结水过冷却度

凝结水过冷却度是指汽轮机排汽压力对应的饱和温度与凝汽器热井中凝结水温度的差值，计算公式为

$$\Delta t_{gl} = t_{bbh} - t_{rj}$$

式中　Δt_{gl} ——凝结水的过冷却度，℃；

　　　 t_{bbh} ——排汽压力对应的蒸汽饱和温度，℃；

　　　 t_{rj} ——凝汽器热井内凝结水温度，℃。

1. 凝结水过冷却的原因

凝结水过冷却会产生不可逆的热源损失，是一项影响经济性的小指标。汽轮机排汽经过冷却水后化为凝结水，正常运行中凝结水温度会略低于排汽温度。湿冷机组冷却水

循环倍率过大、空冷机组风机出力过大都会导致凝结水过冷，过冷却度升高。另外，凝汽器中凝结水水位、凝汽器漏汽、凝汽器补水、凝汽器设计不合理等也会导致凝结水过冷却度升高。

（1）凝汽器的结构对过冷度变化的影响。

在旧式结构的凝汽器上，凝结水过冷度可能很大。这些凝汽器通常均为非回热式的，凝汽器内由于冷却水管束布置过密和排列不当，使汽气混合物在通往凝汽器的管束中心和下部时存在很大的汽阻，引起凝汽器内部绝对压力从凝汽器入口到抽气口逐渐降低，使得凝汽器大部分区域的蒸汽实际凝结温度要低于凝汽器入口处的饱和温度，形成了过冷度。这同时也造成了蒸汽负荷大部分集中在上部排管处，蒸汽所凝结的水通过密集的管束，在冷却水管外侧形成一层水膜，又起到再冷却凝结水的作用，加之排汽不能回热热井中的凝结水，进一步加剧了凝结水的过冷却。

（2）空气漏入凝汽器或抽气器工作不正常。

一方面，机组在运行的过程中，处于真空条件下的汽轮机的排汽缸、凝汽器及低压给水加热系统等部分，若有不严密处，则会造成空气的漏入；另一方面，若抽气器工作不正常，则凝汽器内漏入的空气不能及时地被抽走。这使得凝汽器内积存的空气等不凝结气体增加，不仅会在冷却水管的表面形成传热不良的空气膜，降低传热效果，增加传热端差；同时还使得凝汽器内的汽气混合物中空气成分增高，造成空气分压提高、蒸汽分压降低，而凝结水是在对应蒸汽分压的饱和温度下冷凝，所以此时凝结水温度必然低于凝汽器压力下的饱和温度，因而产生了凝结水的过冷度。

（3）凝结水水位过高。

运行过程中，由于凝结水泵真空部分漏入空气或其他故障，凝汽器热井中凝结水水位过高，淹没了下部的冷却水管，这样冷却水又带走一部分凝结水的热量，使凝结水再次被冷却，过冷度必然增大。

（4）冷却水漏入凝结水内。

凝汽器内冷却水管破裂，造成冷却水漏入凝结水内，使凝结水温度降低，过冷度增加，此时还伴有凝结水硬度增大的现象发生。

（5）凝汽器冷却水入口温度和流量的影响。

现代电站凝汽器通常为回热式的，具有合理设计的管束结构，汽阻极小，在额定的设计工况下运行时，凝结水过冷度理论可为零。在这种情况下，凝结水过冷度主要受凝汽设备运行工况因素的影响，其中最重要的因素是凝汽器冷却水的入口温度和流量。凝汽器冷却水的入口温度过低、流量过大都会造成凝结水过冷却。

（6）蒸汽负荷的影响。

凝汽器蒸汽负荷的大小对凝结水过冷度也有一定的影响。对于汽流向心式凝汽器，随着蒸汽负荷的提高，过冷度增大；而对于汽流向侧式凝汽器，蒸汽负荷升高时，过冷度减小。对于旧式非回热式凝汽器，蒸汽负荷减小时，不可避免地会引起过冷度增加。

（7）将温度较低的补充水直接补入凝汽器的热水井。

机组在运行过程中，由于锅炉排污等原因，导致工质在循环过程中产生了汽水损失，因此为了满足汽轮机进汽量的需要，必须及时将补充水补入汽水工质循环系统中。补充水补入的位置有除氧器和凝汽器两种方案，如果采用补入凝汽器方案，冬天时补充水温度一般低于设计工况时凝汽器中凝结水温度，这样将温度较低的补充水直接补入凝汽器的热水井，并且在补充水流量较大时，势必会造成凝结水温度的降低，致使过冷度增加。

2. 凝结水过冷却的危害

（1）凝结水过冷却，由于液体中溶解的气体与液面上该气体的分压力成正比，导致凝结水的含氧量增加，加重了除氧器的负担，加快设备管道的锈蚀，降低设备寿命和可靠性。

（2）凝结水过冷却使凝结水温度低，导致循环水带走过多的热量，在除氧器、加热器加热时就会多消耗抽汽量。

3. 降低凝汽器冷却度的措施

（1）运行中严格监视凝汽器水位，还可以利用凝结水泵的运行特性，使凝汽器尽可能保持低水位运行，避免淹没凝汽器冷却水管。

（2）注意真空系统严密性变化，定期进行真空严密性试验（特别是在每次停机时），发现漏点及时消除，防止空气漏入。这不仅可以提高真空，而且还可以防止凝结水过冷却。

（3）由于抽气器的作用是不断将不能凝结成水的气体抽出，以维持凝汽器的真空，因此必须保证抽气器或真空泵处于正常工作状态，定期清扫抽气器喷嘴。

（4）运行中加强对凝结水泵的监视，防止空气自凝结水泵轴封漏入。

（5）运行中加强对真空系统密封水的监视，防止密封水中断而漏入空气。

（6）运行中加强对低压汽封的监视与调整，防止空气漏入。

（7）对于旧式凝汽器，可拆除部分冷却水管，使排汽能深入到冷却面中部，并有足够的宽度，使蒸汽能沿着冷却面做均匀分配，保障凝结水加热到接近排汽温度。

（8）采用管束设计合理的回热式凝汽器。

（9）在冬季冷却水温度较低时，可改变运行的水泵台数或者关小压力管道上的阀门来调节冷却水流量，或者通过调速调节冷却水流量，以消除或尽量减小凝结过冷度，并节约厂用电。

（10）利用锅炉连续排污对补充水进行加热，以减少补入凝汽器的补充水对凝结水的过冷却。一般凝汽器的补充水箱与除氧器、连续排污扩容器布置在同一平面处，因此可在补充水箱内加装一组管式换热器，由连续排污扩容器引出一管，将排污水送入换热器中作为热源，以加热补充水，然后再排出。

十五、凝汽器端差

凝汽器端差是指汽轮机排汽在背压下的饱和温度与凝汽器冷却水出口温度之差。凝汽器端差可以反映凝汽器管子清洁程度和凝汽器真空系统严密性。

凝汽器端差的计算公式为

当日单机凝汽器端差（℃）=汽轮机排汽温度（℃）–循环水出口温度（℃）

凝汽器端差是反映凝汽器中蒸汽与循环水之间热交换的一个重要指标。凝汽器端差一般控制在4~8℃以下，因此考核期内的凝汽器端差平均值应不高于8℃，背压机组不考核，循环水供热机组仅考核非供热期，对于海水冷却的凝汽器，夏季端差一般控制在12℃以下，冬季控制在7℃以下。

凝汽器端差的大小与凝汽器单位冷却的蒸汽负荷、凝汽器（铜）管清洁程度及真空系统严密性有关。凝汽器管壁沾污、结水垢、沉积有机物或泥渣，会使传热系数下降、真空恶化、端差增加，因此端差必须控制在设计值以内。

1. 凝汽器端差增加的原因

（1）凝汽器铜管水侧或汽侧结垢。

（2）凝汽器汽侧漏入空气。

（3）冷却水管堵塞。

（4）冷却水量减少，循环水温度太低。

（5）冬季循环水量过大，排水温度低。

（6）未设胶球清洗装置、胶球清洗装置投运不正常或因各种原因导致收球率偏低，都会引起凝汽器冷却水管清洁度差，换热效果差。

（7）加热器水位低，造成部分抽汽进入凝汽器。

（8）机组旁路、疏水系统等内漏，造成凝汽器热负荷过高。

（9）高压加热器事故疏水阀门未关严或内漏，造成大量高温疏水进入凝汽器。

（10）凝汽器堵管数量较多，传热面积减少。

（11）填料质量不佳或冬季结冰后碎裂，如果循环水旋转滤网运行不好，极易导致凝汽器淤堵，循环水流量减少后凝汽器端差将明显升高。

2. 降低凝汽器端差的主要措施

（1）安装并投运胶球连续清洗装置。若胶球投入不及时，将造成凝汽器结垢，真空下降。在同一负荷，如果真空系统严密，真空泵（或抽气器）工作正常时，端差增大表明凝汽器脏污。因此，应加强对凝汽器胶球清洗系统的管理，设立专人负责及时投球，并随时消除缺陷，要求投入率达到100%。

（2）防止凝汽器汽侧漏入空气，降低真空泄漏率。每次大、小修时，必须彻底清扫冷凝器内水垢及汽侧污垢。

（3）利用机组低负荷机会，进行凝汽器半面清洗。冬季冷却水温较低时，也可以进行半面清洗。

（4）定期利用冷却水反冲洗等方法，清洗凝汽器管内浮泥。

（5）根据冷却水水质情况，进行冷却水处理，如加药、排污等，减轻凝汽器污染。

（6）保证循环冷却水量和流速在最佳运行状态。根据季节变化和负荷变化及时增开循环水泵。

（7）检查机组旁路、疏水系统及高、低压加热器事故疏水等阀门正常关闭，避免大量热负荷进入凝汽器。

（8）对循环水系统加入次氯酸钠，控制循环水系统微生物含量，减轻凝汽器污染。

（9）及时消除循环水加药装置缺陷，保证循环水水质劣化后，能进行加药处理并加强排污，减轻凝汽器污染。

（10）更换凝汽器内被堵冷却水管，保证凝汽器有足够的换热面积。

（11）如系循环水泵容量小、效率低造成循环水流量小，凝汽器端差偏大，则建议进行循环水泵提效改造和增容改造。

（12）凝汽器为铜管结构，易污染和腐蚀，影响胶球清洗正常投入，建议可对凝汽器铜管更换为不锈钢材质。

（13）利用停机机会疏通凝汽器、冷却塔，必要时更换性能较好的填料，并加强对旋转滤网的检修维护。

十六、高压加热器投入率

高压加热器投入率是指统计期内高压加热器投入运行小时与机组运行小时的百分比，单位为%，计算公式为

$$高压加热器投入率 = \left(1 - \frac{\sum 单台高压加热器停运小时}{高压加热器总台数 \times 机组投运小时}\right) \times 100$$

汽轮机回热系统的作用是使给水温度提高，最终提高机组效率，所以汽轮机高压加热器的投入率是考核汽轮机组经济运行状况的一个重要指标。高压加热器投入率与高压加热器启动方式、运行操作水平、运行中给水压力的稳定程度和高压加热器的健康水平有关。

随机启停机组高压加热器投入率应不低于98%，定负荷启停机组高压加热器投入率应不小于95%，不考核开停调峰机组。

1. 高压加热器投入率低的原因

（1）高压加热器启停时温度变化太快或负荷变化太快导致加热器水温变化较大，产生过大热应力导致高压加热器损坏。

（2）水质不良，导致管子的锈蚀损坏。

（3）疏水水位控制不好引起的疏水冷段汽水两相流动，造成管子冲蚀汽蚀，导致高压加热器泄漏。

（4）疏水调节装置发生故障。

（5）加热器管子管壁过薄，管内流速偏高产生的管道磨损，导致泄漏。

（6）高压加热器长期处于低水位运行，造成管束冲刷，导致高压加热器管束泄漏。

（7）高压加热器检修堵焊工艺不良，没有严格按照制造厂的要求进行操作，盲目堆焊，致使在焊补区产生较大的残余应力。加上运行中高压加热器投停过程中温度变化率控制不当，使管板受到较大的热冲击，结果导致原补焊处频繁泄漏，并加剧了管板的冲蚀破坏。

（8）疏水管道、水位计、温度测点泄漏，给水管道、给水阀门、安全门等发生故障。

（9）抽汽电动门关闭不严导致高压加热器不能隔离检修，被迫停运。

（10）高压加热器设备设计或制造的缺陷。

（11）高压加热器疏水管道强烈振动，致使管子、管板疲劳损坏，使管道支吊架被拉断，阀门法兰、管道焊口被振漏。

2. 提高高压加热器投入率的措施

（1）提高高压加热器的检修质量。加热器堵漏用的堵塞严格按制造厂提供的资料要求进行加工。堵塞的头部必须钻孔，以避免相邻管板管孔受到附加应力的影响，并可减少焊接应力。严格焊接工艺。焊前有措施，焊接过程中有人专门把关，保证焊接质量。对已有的焊疤进行打磨切除，在受损的管孔带上重新覆以 10mm 厚的钢板进行焊补封堵，尽量减少管板上的焊接应力。

（2）要规定和控制高压加热器启停中的温度变化率，防止温度急剧变化。冷态启动或工况变化时，温度变化率一般应限制在 38℃/h，当温度突变 50℃/h 时，管板上的最大集中应力约为 300MPa，已接近管板材料的屈服极限。在加热器启动时，温度尚未达到给水温度之前，可打开给水出口旁路阀，按选定的温升速率监视加热器的温升，当达到给水温度并且稳定后，再打开给水出口阀以免发生水击。

（3）加强高压加热器疏水水位的监视和调整，维持正常的运行水位，防止管子冲蚀、汽蚀导致泄漏。

（4）对加热器疏水管道、阀门、水位计等部位的泄漏点，如有条件，可进行带压堵漏。

（5）除高压加热器解列外，保持高压加热器旁路阀关闭严密。

（6）对因汽水两相流冲刷易发生泄漏的部位采取防冲刷措施。

（7）通过检修，消除管束或管板内漏，更换管壁过薄的加热器管子。

（8）要注意监视各加热器的端差和相应抽汽的充分利用，使回热系统处于最经济的运行方式。

（9）若加热器防振设计不合理，导致管子、管板疲劳损坏，管道支吊架被拉断，阀门法兰、管道焊口被振漏等，需进行改造。

（10）避免加热器超负荷运行。加热器在超负荷工况运行时，蒸汽和给水都会加大加热器的工作应力，缩短加热器的使用寿命。如两台并联的加热器一台停运时，另一台将会严重超负荷，这种工况应当避免。

（11）在加热器启动时，应保持加热器排气畅通。将加热器内非凝结气体排出，是保证加热器正常工作的重要条件。加热器内如有非凝结气体聚集，不仅会降低加热器的效率，而且还会加快部件的腐蚀。监视加热器的端差，可以判断排气是否畅通。但当加热器超负荷、管束泄漏或结垢时也会引起端差增大，应予具体分析对待。

（12）当加热器长时间停运时，应在安全干燥后在汽侧充入干燥的氮气，以防止停运后的腐蚀，延长加热器的使用寿命。

（13）提高运行操作水平，在高压加热器投运时要提前做准备工作。操作要点主要有：

1）投加热器水侧时，要先注水；投加热器汽侧时，要进行预热工作；避免高温给水对高压加热器管板、胀口壳体和管系等部件产生热冲击。

2）在高压加热器通水前，先稍开每个加热器的进汽门，对抽汽管和加热器进行预热；从汽侧放水门排除疏水，利用蒸汽对金属的凝结放热，使上述部件逐渐加温到接近高压加热器进口给水温度。

3）要控制高压加热器水侧温升率不大于 5℃/min，在高压加热器投入或退出时，必须逐台进行投、退，且投、退间隔不小于 15min。

4）高压加热器应尽量采用随机启动，可减少高压加热器管系与管板的温差，避免管系胀口和管系膨胀不均引起的泄漏。

十七、高压给水旁路泄漏率

高压给水旁路泄漏率是指高压给水旁路泄漏量与给水流量的百分比。用最后一个高压给水加热器后的给水温度与最终给水温度的差值来监测，正常运行中若最后一个高压给水加热器（或最后一个蒸汽冷却器）后的给水温度低于最终给水温度，则可能存在高压给水旁路泄漏情况，需进一步分析，查明原因。高压给水旁路泄漏状况应每月测量一次。

1. 高压给水旁路泄漏的原因

高压给水旁路在运行中泄漏，可能的原因有阀门没有关到位、阀门密封面有杂物、阀门密封面已磨损、阀门卡涩、传动机构失灵等。

阀门没有关到位，应检查阀门开度是否在全关闭位置，或再开启阀门几圈后重新关严；若是电动阀阀门行程未调整正确（指示到零，但未关到位）所致，应重新调整电动阀门行程。阀门密封面有杂物，应设法清除杂物；阀门密封面损坏，应对阀门进行修理

（如阀门研磨）或更换新的阀门。阀门卡涩，应及时进行检修，保证阀门开关灵活；传动机构失灵，应修理传动机构，确保其工作正常。

总之，机组运行中，若发现高压加热器给水旁路门泄漏，应根据具体情况进行分析、检查，找出泄漏原因，并采取相应的措施予以消除。

2. 降低高压给水旁路泄漏率的主要措施

（1）经常对最后一级高压加热器出口温度和最终给水温度比较，判断高压加热器旁路是否泄漏。

（2）高压加热器进口三通阀（即进口联成阀）容易向高压加热器旁路侧内漏，应利用检修机会对出现泄漏的高压给水旁路门进行检查处理。

（3）如果在运行中高压加热器进口三通阀未全开，或者高压加热器旁路门未关严，可能使给水走旁路，使加热器传热端差增大。应检查并全开进口三通阀，及时手动关严旁路门。

（4）水室分隔板焊缝开裂或螺栓连接的分隔板垫圈不严密等会使给水走旁路，因此在检修中应检查补焊水室分隔板，或更换垫圈。

（5）高压加热器旁路门漏水，会使高压加热器传热端差增大，运行中应注意检查加热器出口水温与相邻高一级加热器入口水温度是否相同，若相邻高一级加热器入口水温降低，则说明该级加热器的旁路门漏水，应尽早处理。

十八、加热器端差

加热器端差分为加热器上端差和加热器下端差。在再热机组中，高压加热器的端差变化不仅影响新蒸汽等效焓降，而且还会通过影响再热器的吸热量进而影响循环吸热量。加热器端差增大，一方面导致加热器出力下降，使能级较低的抽汽量减少，汽轮机的排汽量增大；另一方面使上一级加热器的负荷增大，使能级较高的抽汽量增加，降低汽轮机的做功能力；而高压加热器端差过大又使循环吸热量增加，这些因素导致汽轮机的循环效率下降，影响机组运行的经济性。因而，定量分析加热器端差对机组热经济性的影响，对热力系统的设计优化、节能改造、现场运行管理有重要意义。因此，对加热器端差变化造成的机组经济性的影响进行定量分析、计算是十分必要的。加热器端差减小，机组热经济性提高，每台加热器对机组经济性的影响较大，不同容量机组加热器端差变化对机组经济性的影响程度也不一样，根据不同机组、不同加热器，按实际情况选择不同的加热器端差以及对某些端差影响机组热经济性较大的加热器加强监视与运行维护是可取的。

（一）加热器上端差

加热器上端差（也叫给水端差）是指加热器（含混合式加热器）进口蒸汽压力对应的饱和温度与水侧出口温度的差值。计算公式为

$$\Delta t = t_{bh} - t_{cs}$$

式中　Δt ——加热器上端差，℃；

　　　t_{bh} ——进口蒸汽压力下饱和温度，℃；

　　　t_{cs} ——加热器水侧出口温度，℃。

给水端差反映了加热器的换热效率和换热能力。带过热蒸汽冷却段的高压加热器给水端差一般在−1～2℃，不带过热蒸汽冷却段的高压加热器给水端差一般为1～3℃，大容量机组取下限值。低压加热器上端差一般为2～5℃。引进型300MW机组实际运行中普遍存在加热器端差大的问题。一般情况下，高压加热器的端差增大同时温升降低，则最大的可能是高压加热器水室隔板变形或损坏，应立即进行修复或更换。水室隔板变形或损坏后，高压加热器的端差和温升随着运行时间的变化表现规律十分明显，即随着运行时间的增加（含机组启、停次数增加），端差逐步增大、温升逐步减小，同时加热器给水阻力下降。

1. 影响加热器给水端差的主要原因

（1）加热器蒸汽压力不稳或抽汽管道上电动阀、止回阀未全开，造成加热不足。

（2）加热器汽侧排空气不畅，导致不凝结气体聚集，影响换热。

（3）加热器管子表面结垢，换热不良。加热器长期运行后，会在管子内外表面形成以氧化铁为主的污垢，造成传热效果降低，压力损失和管内外温差增加，引起传热不足，使高压加热器出口温度降低，造成高压加热器给水端差偏大。

（4）加热器管束或管板内漏。加热器堵管率超过10%，传热面积较少。

（5）壳侧水位。加热器端差增加主要取决于其运行性能，在不考虑加热器堵管及设备缺陷的前提下，与其壳侧水位有直接的关系。如果壳侧水位过高，多淹没了一部分有效传热面积，给水在加热器中的吸热量则会减少，也就减少了给水温升，使加热器给水端差增大，疏水端差相对减小；如果壳侧水位过低，不能浸没内置式疏水冷却段入口，加热蒸汽就会直接进入疏水冷却段，其后果会使疏水冷却段几乎丧失冷却作用。

（6）加热器水室隔板变形或损坏，造成部分给水短路。

（7）加热器旁路阀未关严或存在内漏。凝结水或给水不经过加热器，而是从加热器的旁路通过，同样会引起端差的增大。

（8）抽汽管道上疏水阀未关或内漏，造成加热蒸汽量减少。

（9）疏水温度、加热器进水温度测点测量误差。

（10）抽汽参数偏离设计值或高压加热器选型不当导致换热面积偏小。

（11）高压加热器水位零位不准，加热器水位与正常值存在偏差。

（12）负荷突变，水侧流量突然增加。在额定负荷下，进汽量是一定的，放出的热量基本一定，当给水流量增大时，温升下降，从而导致高压加热器上下端差加大。

（13）疏水器或疏水调整门工作失常（卡涩），疏水水位上升。

2. 降低加热器给水端差的主要措施

（1）检查抽汽止回阀或闸阀是否卡涩，加热器进汽口蒸汽通道是否受阻。

（2）监视各段抽汽压力，运行中保持抽汽压力稳定。

（3）在启动过程中，排出加热器内部积聚的空气，提高传热效果。保证加热器运行中正常排气通畅。

（4）监视加热器运行水位，防止加热器水位控制过高，造成管束被淹没，影响换热效果。

（5）检查消除水室隔板泄漏短路及加热器汽侧短路。

（6）对于堵管超过规定值且经确认堵管造成了端差增加的加热器，可以考虑技术改造或更换。

（7）运行中将加热器旁路阀门或高压加热器进口三通阀关严，消除内漏，防止凝结水（给水）旁路现象。

（8）及时处理加热器疏水系统及其控制装置缺陷，关闭抽汽管道上疏水阀，处理内漏阀门。

（9）当加热器管束堵管率过高或腐蚀严重时，可考虑更换成新的加热器管束。

（10）校核远传水位及就地磁翻板水位计；校核上端差计算所用到的温度测点。

（11）清理、清洗加热器管子表面脏污。当加热器管束结垢严重时，可采用酸洗方法予以解决。

（二）加热器下端差

加热器下端差（也叫疏水端差）是指加热器疏水出口温度与水侧进水温度的差值，即

$$\Delta t_{xd} = t_{ss} - t_{js}$$

式中　Δt_{xd} ——加热器下端差，℃；

　　　t_{ss} ——加热器疏水温度，℃；

　　　t_{js} ——加热器的水侧进水温度，℃。

加热器疏水端差反映了疏水冷却段的换热能力和效率。高压加热器疏水端差一般为5～10℃，对于大型机组取下限值。

1. 加热器疏水端差变差的原因

（1）加热器水位低，疏水冷却段换热效果差。

（2）加热器积聚空气，影响换热。

（3）加热器管束或管板存在内漏现象。

（4）加热器事故疏水调阀存在内漏现象。

（5）加热器管子表面脏污、结垢，换热不良。

（6）加热器旁路阀未关严或内漏。

（7）水位过高淹没管束，影响换热。

2. 降低加热器疏水端差的主要措施

（1）通过调整疏水水位，降低加热器疏水端差。加热器疏水端差对疏水水位变化不敏感的情况下，可能是加热器疏水冷却段进水口变形或损坏。

（2）定期冲洗水位计，防止出现假水位。

（3）注意机组负荷和疏水调节阀开度的关系。当机组负荷未变时，如疏水调节阀开度变大，有可能管子发生了轻度泄漏。

（4）加热器投停或运行中，及时放空气。

（5）及时消除加热器事故疏水调节阀内漏现象。

（6）消除加热器旁路阀或高压加热器进口三通阀内漏缺陷。

（7）及时处理加热器疏水系统及其控制装置缺陷，确保加热器水位正常。

（8）清理、清洗加热器管子表面脏污。

（9）检查处理管板变形引起的管端口泄漏。检查消除水室隔板泄漏短路及加热器汽侧短路。

（10）进行高压加热器水位优化试验。正常运行中，高压加热器水位控制在规定的设定值范围内，由于受负荷影响和抽汽压力、温度影响，以及测量误差的影响，在不同负荷下，高压加热器水位不同，造成加热效果不同。当高压加热器下端差偏离设计范围（正常值在 5～6℃）时，说明加热器实际水位控制不当，发生水位过高淹没疏水冷却段，或水位过低造成本级加热器的抽汽排挤下一级加热器。应根据实际水位情况和优化后的运行效果，校验加热器水位测量回路，并相应修改加热器水位联锁、保护定值。

十九、疏放水阀门泄漏率

阀门泄漏分为内漏和外漏。疏放水阀门泄漏率是指内漏和外漏的阀门数量占全部疏放水阀门数量的百分数，单位为%。其计算公式为

$$疏放水阀门泄漏率=\frac{内漏阀门数量+外漏阀门数量}{全部疏水阀门数量}\times100$$

对各疏放水阀门至少每月检查一次，以检查报告作为监督依据。疏放水阀门泄漏率不应大于 3%。

疏水系统阀门是火电厂最为常用的热力设备之一。阀门内漏不仅会造成一定量的蒸汽短路不做功，还会增加凝汽器的热负荷，导致机组排汽真空降低，发电热耗增加。

1. 疏放水阀门泄漏的原因

（1）疏放水阀门操作时未关闭严密，造成冲刷内漏。

（2）全开全关型疏放水阀门停留在中间位置，造成冲刷内漏。

（3）将疏放水阀门作为调整门进行操作。

（4）系统本身太脏，造成阀芯或阀板、阀座等被杂质冲刷损伤，引起阀门内漏。

（5）阀门法兰或门盖、盘根压盖等，由于垫片等问题，出现泄漏。

（6）阀体本身制造有问题出现外漏，如阀体砂眼，阀门产品不合格。

（7）阀门长期汽蚀等原因造成泄漏。

（8）长时间运行，蒸汽冲刷阀门密封面造成泄漏。

（9）内密封破损，引起内漏。

（10）密封圈破损，填料磨损原因造成外漏。

疏水系统阀门泄漏的主要原因是阀门打开或关闭的短短几秒钟瞬间，阀门前后的压差较大，引起汽流冲刷、磨损、汽蚀，导致阀门密封面损坏、内漏。对阀门内漏的判断，是治理阀门内漏的前提。如果阀门严密，阀体及阀后温度基本上可以降至环境温度。因此，从理论上讲，可以通过阀门前后温度的差值来判断阀门的内漏情况。但生产现场有些管道布置复杂、保温完善，要想准确测量阀门前后温度比较困难，较好的办法是使用红外线测温仪测量靠近阀门阀体处阀杆的温度。如果阀门内漏，阀体温度相应会上升，并且阀体的温度与内漏的程度基本一致。根据经验，结合不同压力等级系统疏水泄漏量试验情况，考虑金属的传导和散热，以疏水阀阀体上尽可能测到的最高温度判断阀门的内漏情况。

2. 从设计方面减少疏水阀门内漏的主要措施

（1）在疏水阀门的门前、门后管道外壁上加装管壁温度测点并引入DCS，使疏水阀门的严密性状况一目了然。不仅为检修提供了依据，而且使疏水阀门泄漏状况公开化，便于各级技术人员对疏水阀门泄漏情况进行监督管理。

（2）电动主汽阀与自动主汽阀之间距离较近，且电动主汽阀后与自动主汽阀前都有疏水管的情况下，可保留一个位置较低的疏水，取消另一个疏水。

（3）抽汽止回阀与加热器进汽电动门之间距离较近，且抽汽止回阀后与加热器进汽电动门前都有疏水管的情况下，可保留一个位置较低的疏水，取消另一个疏水。

（4）加热器进汽电动门与加热器距离较近，且进汽电动门后管道无U形管道，可以将加热器进汽电动门后的管道疏水取消。

（5）对于高压加热器危急疏水、除氧器溢流放水的疏水门，可由一个电（气）动门加一个手动门改为2个电（气）动门，使高压加热器、除氧器水位信号同时联动2个电（气）动门。这样不仅能够减少内漏，而且运行中2个电（气）动门可以定期分别打开试验。

（6）对于新设计机组，可以将高压旁路、低压旁路布置在蒸汽管道上方并设计预暖管道，取消门前、门后疏水及原预暖管道，减少热量损失。

3. 从运行、检修方面减少疏水泄漏的主要措施

（1）对于疏水阀门前、后管壁有温度测点的机组，可以以DCS历史数据中的温度作

为阀门开启、关闭的记录；对于无管壁温度测点的机组，应在运行记录中明确记录阀门开启、关闭的时间及机组工况。

（2）对于非调整型的疏水阀门，进行全开全关型疏放水阀门操作时，要操作到位。如需开启应全开，防止阀门节流冲刷造成损坏。

（3）对于疏水电动门，在机组每次启动后都应对管壁温度测点或红外线测温仪测得的温度进行分析，如果存在内漏应及时对电动门进行二次调整，防止阀门节流冲刷造成损坏。

（4）正确操作阀门。在手动关闭阀门时必须关严，这样可以避免阀门被冲刷。

（5）正确调整阀门行程。电动门、气动门关行程最好为零。一般阀门是通过力矩来确定关位的，一定要精心整定，确保阀门可以关严，防止冲刷。

（6）关断阀或者全开或者全关，不要在中间位运行，防止冲刷。

（7）有些电动或气动疏水阀门内漏时，可以将手动截止门关闭，避免长时间冲刷，检修时只需要少许研磨即可，同时也可以减少经济损失。

（8）机组启动后关闭的疏水阀门，过几个小时再热紧一次，这样有利于阀门关严。

（9）在汽轮机启动、停机过程中，运行人员应严格执行运行规程中对疏水阀门开启和关闭的规定，按时开启、关闭疏水阀门。严禁早开、晚关疏水阀门，以免蒸汽过度冲刷造成疏水阀门损坏。

（10）对于已投产机组，在运行中必须开启的高压旁路后疏水，可以将疏水接至高压辅汽联箱，减少热量损失。

（11）严禁将疏放水阀门作为调整门进行操作。

（12）日常重点检查锅炉侧定期排污系统和锅炉疏放水阀门，以及高压加热器危急疏水门、低压加热器危急疏水门、疏水箱疏放水阀门、低压旁路门、除氧器溢流放水门、给水泵再循环电动调节门（最小流量阀）、再热蒸汽疏水门等。

（13）利用检修机会对系统进行检查，必要时进行杂质清理。利用检修机会对阀门进行修复和更换。

（14）使用质量好的垫片、盘根，利用检修机会对盘根等进行检查，必要时进行更换。

（15）使用质量好的阀门，安装使用前要仔细检查阀门质量。

（16）从疏水系统的合理优化角度出发，精简疏水系统的阀门数量。

二十、发电机漏氢量

发电机漏氢量指 24h 内发电机泄漏的氢气量，单位是 m^3/d（昼夜）。
漏氢率（单位为%）计算公式为

$$漏氢率 = \frac{一昼夜机内氢压下降值}{运行氢压值折合成绝对压力值} \times 100$$

漏氢量计算公式为

漏氢量＝漏氢率×机组充氢容积×运行氢压值折合成绝对压力值

＝一昼夜机内氢压下降值×机组充氢容积

正常运行中可参照表4-6的规定来检验机组的漏氢量是否合格。

表4-6 不同氢气压力下对应的漏氢量标准

评定等级	额定氢压 p_N（MPa）					
	$p_N \geq 0.5$	$0.5 > p_N \geq 0.4$	$0.4 > p_N \geq 0.3$	$0.3 > p_N \geq 0.2$	$0.2 > p_N \geq 0.1$	$0.1 > p_N$
	最大允许氢气泄漏量 ΔV_H（m³/d）					
合格	17.625	15.75	14.25	7.5	4.875	4.125
良	14.25	12.75	11.25	6	4.5	3.375
优	10.875	9.75	8.25	4.5	4.125	3

二十一、相对内效率

在汽轮机内蒸汽热能转化为功的过程中，由于进汽节流、汽流通过喷嘴和叶片摩擦、叶片顶部间隙漏汽及余速损失等原因，实际只能使蒸汽的可用焓降的一部分变为汽轮机的内功。蒸汽实际用于做功的焓降与蒸汽理想焓降之比称为汽轮机相对内效率。如果汽轮机的输入理想功率为 P_t（汽轮机的输入能量为汽轮机的理想焓降 ΔH_t），输出的内功率为 P_i（蒸汽在汽轮机的能量转变过程中，热能转变为机械能的有效焓降为 ΔH_i，对应的汽轮机输出功率为内功率 P_i），蒸汽量为 G，则

$$P_t = G \Delta H_t$$

$$P_i = G \Delta H_i$$

$$\eta_i = \frac{P_i}{P_t} = \frac{\Delta H_i}{\Delta H_t}$$

式中　η_i——汽轮机相对内效率，%；

　　　P_t——不考虑任何损失，蒸汽的焓降全部转变为机械功，此时汽轮机所发出的功率称为理想功率，kW；

　　　P_i——当考虑汽轮机的各种内部损失后，汽轮机所发出的功率称为内功率，kW；

　　　ΔH_t——蒸汽的理想焓降，kJ/kg；

　　　ΔH_i——汽轮机的有效焓降，kJ/kg；

　　　G——汽轮机的蒸汽流量，kg/h。

汽轮机相对内效率越高，说明汽轮机的内部损失越小，因此它是衡量汽轮机热力过程完善程度的指标，目前汽轮机的相对内效率一般为78%～90%。

二十二、汽轮机的内部损失

汽轮机的内部损失包括喷嘴损失、动叶损失、余速损失、漏汽损失、摩擦损失、鼓

风损失、斥汽损失、湿汽损失、节流损失、排汽管损失。其中前八项内部损失是通流部分中与流动、能量转换有直接联系的损失，称为汽轮机的级内损失。

1. 喷嘴损失

蒸汽流经喷嘴或叶栅时，部分蒸汽产生扰动，蒸汽和喷嘴表面有摩擦和涡流，引起做功能力的损失，称为喷嘴损失。计算公式为

$$\Delta h_n = \frac{v_1^2}{2}\left(\frac{1}{\varphi^2}-1\right)$$

式中　　Δh_n——喷嘴损失，kJ/kg；

　　　　v_1——喷嘴出口实际速度，m/s；

　　　　φ——喷嘴的速度系数。

2. 动叶损失

蒸汽流经动叶时，由于汽流与动叶表面发生摩擦和涡流，引起做功能力的损失，称为动叶损失。计算公式为

$$\Delta h_b = \frac{\overline{w}_1^2}{2}\left(\frac{1}{\phi^2}-1\right)$$

式中　　Δh_b——动叶损失，kJ/kg；

　　　　$\overline{w}_1$——喷嘴出口实际相对速度，m/s；

　　　　ϕ——动叶片的速度系数。

降低喷嘴损失和动叶损失的主要方法是选择合理的叶型。

3. 余速损失

蒸汽离开动叶时，绝对速度具有一定的动能，这部分动能未被利用，引起做功能力的损失，称为余速损失。计算公式为

$$\Delta h_c = \frac{v_2^2}{2}$$

式中　　Δh_c——余速损失，kJ/kg；

　　　　v_2——蒸汽离开动叶时具有的绝对速度，m/s。

减少余速损失的办法是：适当减少喷嘴出汽角，使轴向分速减小；将汽轮机的排汽管做成扩压式的，以便回收部分余速能量。

4. 漏汽损失

汽轮机通流部分中，隔板与转轴之间，动叶顶部与汽缸之间，在转鼓结构的反动级静叶与转鼓之间都存在间隙，且间隙前后存在压力差，这样进入级的蒸汽就有部分不通过动叶通道，而经过间隙绕过隔板和动叶流走，造成的损失称为漏汽损失。计算公式为

$$\Delta h_p = \Delta h_u \frac{\pi d_n \delta}{A_1 \sqrt{Z}}$$

式中　Δh_p ——漏汽损失，kJ/kg；

　　　Δh_u ——轮周焓降，kJ/kg；

　　　d_n ——动叶的平均直径，m；

　　　δ ——汽封间隙，m；

　　　A_l ——喷口出口面积，m^2；

　　　Z ——高低齿汽封的齿数。

不同的级，漏汽情况不同，冲动级有隔板漏汽和动叶顶部漏汽，反动级有静叶根部和动叶顶部漏汽。减少漏汽损失的主要方法是：在隔板与主轴之间采用梳齿式汽封，在喷嘴和动叶根部设置轴向汽封，在围带上安装径向汽封和轴向汽封，对于无围带的长叶片，把动叶顶部削薄以达到叶顶汽封的作用。

5. 摩擦损失

叶轮转动时，叶轮两侧及外缘充满了具有黏滞性的蒸汽，紧贴在叶轮表面的那层蒸汽以相同的速度随其旋转，而紧贴隔板和汽缸壁的蒸汽速度为零，因此在叶轮两侧及外缘的间隙中，蒸汽沿轴向形成层与层之间的速度差，产生摩擦消耗掉叶轮一部分有用功；另外，叶轮表面的那层蒸汽要产生大的离心力，因而向外径向流动，而紧贴隔板和汽缸壁的蒸汽产生离心力小，自然向叶轮流动，这样叶轮四周的蒸汽产生涡流，也消耗掉叶轮一部分有用功，上述两种损失称为摩擦损失。计算公式为

$$\Delta P_f = k_1 \left(\frac{v}{100} \right)^3 \frac{d^2}{c}$$

$$\Delta h_f = \frac{\Delta P_f}{G}$$

式中　ΔP_f ——摩擦损失所消耗的功率，kW；

　　　k_1 ——经验系数，一般取 1.0～1.3；

　　　v ——圆周速度，m/s；

　　　d ——级的平均直径，m；

　　　c ——汽室中蒸汽的平均比体积，m^3/kg；

　　　Δh_f ——摩擦损失，kJ/kg；

　　　G ——蒸汽流量，kg/s。

降低摩擦损失的主要方法是：减小叶轮与隔板间的轴向间隙，降低叶轮表面的粗糙度。

6. 鼓风损失

在部分进汽级中，动叶片在不装喷嘴的弧段内运转时，就像送风机的叶片一样，把停滞的蒸汽从动叶片一侧送到另一侧所产生的附加损失，称为鼓风损失。鼓风损失 ΔP_w 通常采用经验公式计算，即

$$\Delta P_{w} = k_{2}(h-e)\left(\frac{v}{100}\right)^{3}\frac{dl^{1.5}}{c}$$

式中　ΔP_{w}——鼓风损失所消耗的功率，kW；

　　　k_{2}——经验系数，一般取 0.4；

　　　h——叶片高度，m；

　　　e——部分进汽度；

　　　v——圆周速度，m/s；

　　　d——级的平均直径，m；

　　　l——叶栅高度，m；

　　　c——汽室中蒸汽的平均比体积，m^{3}/kg。

降低鼓风损失的主要方法是：合理选择部分进汽度；采用护罩装置，在不装喷嘴的弧段内把动叶栅罩住，以减少鼓动蒸汽量。

7. 斥汽损失

在部分进汽级中，喷嘴出来的蒸汽只通过部分动叶的流道，而其他动叶中充满了停滞的蒸汽，当这部分动叶旋转到又对准喷嘴时，从喷嘴中出来的主汽流首先要将这部分滞留的蒸汽排斥出去，这就使汽流速度降低，产生能量损失，称为斥汽损失。计算公式为

$$\Delta h_{a} = 0.11\frac{B_{2}h_{2}}{A_{n}}x_{a}\eta_{u}m\Delta h_{ti}$$

式中　Δh_{a}——斥汽损失，kJ/kg；

　　　h_{2}——动叶片的高度，m；

　　　B_{2}——动叶片的宽度，m；

　　　A_{n}——静叶片出口面积，m^{2}；

　　　m——静叶片组数；

　　　η_{u}——轮周效率，%；

　　　x_{a}——级的理想速度比；

　　　Δh_{ti}——级的理想焓降，kJ/kg。

降低斥汽损失的主要方法是减少喷嘴组数，以便减少动叶栅经过每组喷嘴弧段次数。

8. 湿汽损失

湿蒸汽中水珠的流速要比蒸汽小，蒸汽分子要消耗一部分能量加速水滴引起的能量损失；同时由于水珠的流速低，进入动叶时正好冲击在动叶片进口处的背部，对叶轮产生制动作用，要消耗叶轮上的一部分有用功，这两部分的损失称为湿汽损失。计算公式为

$$\Delta h_{x} = \left(1-\frac{x_{1}+x_{2}}{2}\right)\Delta h_{i}'$$

式中　x_1 —— 在喷嘴出口处的蒸汽干度；

　　　x_2 —— 动叶片出口蒸汽干度；

　　　$\Delta h_i'$ —— 未计湿汽损失的级的有效焓降，kJ/kg；

　　　Δh_x —— 湿汽损失，kJ/kg。

减少湿汽损失的主要方法是采用去湿装置。

9. 节流损失

蒸汽经过自动主汽阀和调节阀后，由于这两个阀门的节流作用和管道的流动阻力，使蒸汽压力降低，汽轮机的理想焓降减小，因而形成损失，这种损失称为进汽机构的节流损失。为了减少进汽机构的节流损失，一般限制流经主汽阀和调节阀的蒸汽速度不超过 40～60m/s；选用流动性能良好的阀门结构（如带扩压管的单座阀），以改进汽阀的蒸汽流动特性。

10. 排汽管损失

汽轮机的排汽从末级动叶流出后通过排汽管进入凝汽器。蒸汽在排汽管中流动时，由于存在摩擦、涡流等产生的阻力，使凝汽器压力低于末级动叶出口的蒸汽压力，造成蒸汽的压力损失，这部分蒸汽压降并没有做功，形成的损失称为排汽管损失。通常在设计排汽缸时，利用乏汽自身的动能补偿排汽管中的压降，即把排汽缸设计成扩压形状，同时采用安装导流板的方法，以减小排汽管的流动阻力。

二十三、汽轮机机械效率

汽轮机的机械损失包括汽轮机在运行中用来带动主油泵、调节系统和克服径向轴承和推力轴承摩擦力而消耗的功率。假定机械损失为 ΔP_m，则发电机输入的功率为 $P_e = P_i - \Delta P_m$。汽轮机内功率减去机械损失之后的功率 P_e，也就是在汽轮机联轴节上可用来带动发电机转子的功率，称为汽轮机轴端功率或称为汽轮机的有效功率。汽轮机轴端功率与内功率之比，称为汽轮机的机械效率，故机械效率 $\eta_m = \dfrac{P_e}{P_i}$，机械效率一般较高，为 96%～99%。

二十四、汽轮机的相对有效效率

如果把汽轮机和轴承（联轴器）看成一个整体，其效率就称为相对有效效率，此时输入功率为理想功率 P_t，输出功率为有效功率 P_e，则相对有效效率为

$$\eta_e = \frac{P_e}{P_t} = \frac{P_i}{P_t} \times \frac{P_e}{P_i} = \eta_i \eta_m$$

式中　η_e —— 汽轮机的相对有效效率，%；

　　　η_i —— 汽轮机相对内效率，%。

二十五、汽轮机组的发电机效率

如果单独看发电机，其输入功率为有效功率 P_e，由于发电机内有铜损、铁损和机械损耗，则发电机输出功率比 P_e 要小一些，发电机输出功率称为发电机电功率。设发电机输出功率为 P_2，发电机电功率等于汽轮机轴端功率 P_e 与发电机各种机械损失和电损失之差。发电机电功率与汽轮机轴端功率之比称为发电机效率，则发电机效率为

$$\eta_g = \frac{P_2}{P_e}$$

发电机效率大小与发电机所采用的冷却方式及机组容量有关，小功率发电机采用空气冷却，其发电机效率一般为 93%～95%，而大功率发电机采用氢气冷却或水冷却，其发电机效率为 98%～99%。

二十六、汽轮机组的相对电效率

如果将汽轮机、轴承、发电机看成一个整体，整个机组的输入功率为理想功率 P_t，输出功率为电功率 P_2，则整个机组的效率称为相对电效率 η_{e1}，即汽轮发电机组的输出电功率与汽轮机理想功率之比，称为汽轮发电机组相对电效率，计算公式为

$$\eta_{e1} = \frac{P_2}{P_t} = \frac{P_i}{P_t} \times \frac{P_e}{P_i} \times \frac{P_2}{P_e} = \eta_i \eta_m \eta_g$$

上式说明汽轮发电机组相对电效率等于汽轮机相对内效率、机械效率和发电机效率三者的乘积。它表示每千克蒸汽所具有的理想焓降 h_t 中有多少能量最终转变为电能，因而它是衡量汽轮发电机组工作完善程度的一个重要指标。

二十七、汽耗率

汽耗率是指汽轮机组输出单位发电量的主蒸汽消耗量。统计期内汽耗率计算时，取主蒸汽流量累计值与机组发电量的比值，计算公式为

$$d = \frac{D_L}{W_f} \times 1000$$

式中　d ——汽耗率，kg/（kW·h）；

　　　D_L ——统计期内主蒸汽流量累计值，t。

如果汽轮发电机组的各种效率很高，则汽耗率较低，反之汽耗率就较高。对于初、终参数不同的汽轮机，即使功率相同，但它们消耗的蒸汽量不同，因此汽耗率也不同，不便于用汽耗率进行经济性比较，对于供热机组更是如此。因此，汽耗率不适用于比较不同类型机组的经济性，而只能用来比较同参数同类型的机组。对于不同参数的汽轮机组，可以用热耗率评价其经济性。

二十八、汽轮机组热耗量

汽轮机组热耗量是指单位时间内汽轮机组从外部热源所取得的热量。

1. 再热蒸汽机组热耗量

再热蒸汽机组热耗量的计算公式为

$$Q_{sr}=D_{zq}h_{zq}-D_{gs}h_{gs}+D_{zr}\,h_{zr}-D_{lzr}h_{lzr}-D_{gj}\,h_{gj}-D_{zj}h_{zj}$$

式中　Q_{sr}——热耗量，kJ/h;

　　　D_{zq}——汽轮机主蒸汽流量，kg/h;

　　　h_{zq}——汽轮机主蒸汽焓值，kJ/kg;

　　　D_{gs}——最终给水流量，kg/h;

　　　h_{gs}——最终给水焓值，kJ/kg;

　　　D_{zr}——汽轮机再热蒸汽流量，kg/h;

　　　h_{zr}——汽轮机再热蒸汽焓值，kJ/kg;

　　　D_{lzr}——汽轮机冷再热蒸汽流量，kg/h;

　　　h_{lzr}——汽轮机冷再热蒸汽焓值，kJ/kg;

　　　D_{gj}——过热器减温水流量，kg/h;

　　　h_{gj}——过热器减温水焓值，kJ/kg;

　　　D_{zj}——再热器减温水流量，kg/h;

　　　h_{zj}——再热器减温水焓值，kJ/kg。

2. 汽轮机主蒸汽流量

汽轮机主蒸汽流量计算公式为

$$D_{zq}=D_{gs}-D_{bl}-D_{ml}-D_{sl}+D_{gj}$$

式中　D_{bl}——炉侧不明泄漏量（如经不严的阀门泄漏至热力系统外），kg/h;

　　　D_{ml}——锅炉明漏量（如排污等），kg/h;

　　　D_{sl}——汽包水位的变化当量（上升为正，下降为负），kg/h。

3. 最终给水流量

最终给水流量计算公式为

$$D_{gs}=\left(F_{c}+\sum_{i=1}^{4}F_{ei}+F_{grs}+F_{nfs}\right)\times0.999-D_{gj}-D_{zj}-D_{dr}$$

式中　F_{c}——凝结水流量，kg/h;

　　　$\sum_{i=1}^{4}F_{ei}$——汽轮机一、二、三、四段抽汽量之和，kg/h;

　　　F_{grs}——供热加热器疏水流量，kg/h;

　　　F_{nfs}——暖风器回收疏水流量，kg/h;

D_{dr} ——除氧器水箱水位变化当量（上升为正，下降为负），kg/h。

注：除氧器排氧门流量损失一般为 0.1%。

4. 再热蒸汽流量

再热蒸汽流量计算公式为

$$D_{zr}=D_{zq}-D_{gl}-D_{gn}-D_{he}-D_x+D_{zj}-D_{zqt}$$

式中 D_{gl} ——高压门杆漏汽流量，kg/h；

D_{gn} ——高压缸前后轴封漏汽流量，kg/h；

D_{he} ——高压缸抽汽至高压加热器蒸汽流量，kg/h；

D_x ——高压缸至中压缸漏汽流量，kg/h；

D_{zqt} ——冷段再热蒸汽供厂用抽汽等其他用汽流量，kg/h。

5. 冷再热蒸汽流量

冷再热蒸汽流量计算公式为

$$D_{lzr}=D_{zr}-D_{zj}$$

6. 给水回热系统热平衡计算说明

（1）汽轮机一、二、三、四段抽汽量之和计算：

$$\sum_{i=1}^{4}F_{ei}=F_{e1}+F_{e2}+F_{e3}+F_{e4}$$

式中 F_{e1} ——汽轮机 1 号高压加热器的进汽流量，kg/h；

F_{e2} ——汽轮机 2 号高压加热器的进汽流量，kg/h；

F_{e3} ——汽轮机 3 号高压加热器的进汽流量，kg/h；

F_{e4} ——汽轮机除氧器的进汽流量，kg/h。

（2）高压缸抽汽至高压加热器蒸汽流量计算：

$$D_{he}=F_{e1}+F_{e2}$$

（3）1 号高压加热器热平衡计算（计算 1 号高压加热器进汽量 F_{e1}）：

$$F_f \times (h_{wo1}-h_{wi1})=F_{e1}\times(h_{e1}-h_{d1})$$

式中 F_f ——通过高压加热器的给水流量，kg/h；

F_{e1} ——1 号高压加热器的进汽量，kg/h；

h_{wi1} ——1 号高压加热器的进水焓值，kJ/kg；

h_{wo1} ——1 号高压加热器的出水焓值，kJ/kg；

h_{e1} ——1 号高压加热器的进汽焓值，kJ/kg；

h_{d1} ——1 号高压加热器的疏水焓值，kJ/kg。

（4）2 号高压加热器热平衡计算（计算 2 号高压加热器进汽量 F_{e2}）：

$$F_f \times (h_{wo2}-h_{wi2})=F_{e2}\times(h_{e2}-h_{d2})+F_{e1}\times(h_{d1}-h_{d2})$$

式中 F_{e2} ——2 号高压加热器进汽流量，kg/h；

h_{wi2} ——2 号高压加热器的进水焓值，kJ/kg；

h_{wo2}——2 号高压加热器的出水焓值，kJ/kg；

h_{e2}——2 号高压加热器的进汽焓值，kJ/kg；

h_{d2}——2 号高压加热器的疏水焓值，kJ/kg。

（5）3 号高压加热器热平衡计算（计算 3 号高压加热器进汽量 F_{e3}）：

$$F_f \times (h_{wo3} - h_{wi3}) = F_{e3} \times (h_{e3} - h_{d3}) + (F_{e1} + F_{e2}) \times (h_{d2} - h_{d3})$$

式中　F_{e3}——3 号高压加热器进汽流量，kg/h；

h_{wi3}——3 号高压加热器的进水焓值，kJ/kg；

h_{wo3}——3 号高压加热器的出水焓值，kJ/kg；

h_{e3}——3 号高压加热器的进汽焓值，kJ/kg；

h_{d3}——3 号高压加热器的疏水焓值，kJ/kg。

（6）除氧器的热平衡计算（计算除氧器进汽量 F_{e4}）：

$$F_{fcy} \times h_{wo4} - D_{dr} \times h_{dr} = F_{e4} \times h_{e4} + (F_{e1} + F_{e2} + F_{e3}) \times h_{d3} + (F_c + F_{grs}) \times h_{wi4} + F_{nfs} \times h_{nfs}$$

式中　F_{fcy}——除氧器出水流量，kg/h；

F_{e4}——除氧器进汽流量，kg/h；

h_{e4}——除氧器进汽焓值，kJ/kg；

F_c——除氧器进口凝结水流量，kg/h；

D_{dr}——除氧器水箱水位变化当量（上升为正，下降为负），kg/h；

h_{wo4}——除氧器出水焓值（饱和水焓值），kJ/kg；

h_{wi4}——除氧器进口凝结水焓值，kJ/kg；

h_{dr}——除氧器内水的焓值（饱和水焓值），kJ/kg；

h_{nfs}——暖风器回收疏水焓，kJ/kg。

（7）通过高压加热器的给水流量计算：

$$F_f = F_{e1} + F_{e2} + F_{e3} + F_{e4} + F_c + F_{grs} + F_{nfs} - D_{dr} - D_{gj} - D_{zj} - F_{bypass} = D_{gs} - F_{bypass}$$

式中　F_{bypass}——高压加热器旁路泄漏流量，kg/h。

二十九、汽轮机组热耗率

汽轮机组热耗率是指汽轮发电机组每生产 1kW·h 电能所消耗的热量，单位为 kJ/（kW·h）。计算公式为

$$q = \frac{Q_{sr} - Q_{gr}}{P_{qj}}$$

式中　q——热耗率，kJ/（kW·h）；

Q_{gr}——机组供热量，kJ/h；

P_{qj}——发电机出线端电功率，kW。

1. 直接供热量

直接供热量是指汽轮机直接或经减温减压后向热用户提供热量，一般为直供蒸汽。计算公式为

$$Q_{zg}=（D_i h_i － D_j h_j － D_k h_k）×1000$$

式中 D_i ——机组的直接供汽流量，t/h；

h_i ——机组直接供汽的供汽焓值，kJ/kg；

D_j ——机组直接供汽的凝结水回水量，t/h；

h_j ——机组直接供汽的凝结水回水焓值，kJ/kg；

D_k ——机组用于直接供热的补充水量，t/h；

h_k ——机组用于直接供热的补充水的焓值，kJ/kg。

2. 间接供热量

间接供热量是指通过热网加热器等设备加热供热介质后向用户提供热量。计算公式为

$$Q_{jg}=D_{qs}（h_q － h_{qs}）×1000$$

式中 D_{qs} ——间接供热时蒸汽的疏水流量，t/h；

h_q ——间接供热时采用蒸汽的供汽焓值，kJ/kg；

h_{qs} ——间接供热时蒸汽的疏水焓值，kJ/kg。

3. 低真空（高背压）供热、热泵供热量

低真空（高背压）供热、热泵供热量计算公式为

$$Q_{jg} = \frac{D_{rgs}(h_{rgs} － h_{rhs})}{\eta_{hr}} ×1000$$

式中 D_{rgs} ——进入机组高背压凝汽器或热泵的热网循环水流量，t/h；

h_{rgs} ——经过机组高背压凝汽器或热泵吸热后的热网循环水焓值，取自高背压凝汽器或热泵出口，kJ/kg；

h_{rhs} ——进入机组高背压凝汽器或热泵的热网循环水焓值，取自高背压凝汽器或热泵入口，kJ/kg；

η_{hr} ——换热效率，热泵取 100%，高背压凝汽器一般为 98%～99%，%。

纯凝汽轮机组热耗率高的原因如下：

（1）汽轮机通流部分效率低。汽轮机高、中、低压缸效率低；汽轮机高压配汽机构的节流损失大。

（2）蒸汽初参数低。

（3）蒸汽终参数高。

（4）再热循环热效率低，再热蒸汽温度低，再热器减温水量大。

（5）给水回热循环效率低，给水温度低。

（6）凝汽器真空差。

（7）汽水系统（疏放水、旁路系统）严密性差。

（8）机组辅汽量过大。

（9）机组负荷率低。

（10）汽水品质差，造成汽轮机通流结垢。

（11）汽轮机通流间隙调整偏大。

降低热耗率的对策如下：

（1）调整主蒸汽压力，符合滑压运行曲线。

（2）进行锅炉燃烧调整，维持火焰中心位置合理，蒸汽参数在额定值。

（3）根据循环水温度的变化情况，按照运行规程调整循环水泵运行方式，提高凝汽器真空；凝汽器真空严密性保持在优良状态，不合格时及时查找漏点并消除。

（4）合理调整机组检修、调停备用时间，提高机组运行负荷率。

（5）低负荷时汽轮机单阀控制节流损失大。在机组启动后，或其他异常情况处理后，达到规定负荷后，将汽轮机由单阀切为顺序阀控制方式，减少阀门节流损失。某电厂600MW 引进型亚临界机组采用顺序阀方式运行后，在 600、450、300MW 负荷下热耗率分别下降了 65.85、147.0、172.73kJ/（kW·h）。600MW 亚临界机组单阀运行方式和顺序阀运行方式的经济性比较见表4-7。

表 4-7　600MW 亚临界机组单阀运行方式和顺序阀运行方式的经济性比较

运行方式	项目	机组负荷		
		600MW	450MW	300MW
单阀运行	主蒸汽压力（MPa）	16.50	15.75	12.48
	主蒸汽温度（℃）	537.9	539.3	538.8
	高压缸效率（%）	81.61	72.01	66.58
	中压缸效率（%）	90.93	90.87	90.64
	试验热耗率 [kJ/（kW·h）]	8315.32	8469.27	8772.91
	修正热耗率 [kJ/（kW·h）]	8298.67	8440.40	8754.22
顺序阀运行	主蒸汽压力（MPa）	16.34	15.88	12.36
	主蒸汽温度（℃）	535.53	538.57	538.40
	高压缸效率（%）	83.44	78.72	75.23
	中压缸效率（%）	90.95	90.78	90.61
	试验热耗率 [kJ/（kW·h）]	8248.21	8293.40	8581.49
	修正热耗率 [kJ/（kW·h）]	8232.82	8293.40	8581.49
单阀与顺序阀比较	热耗率下降 [kJ/（kW·h）]	65.85	147.02	172.73
	发电煤耗率下降 [g/（kW·h）]	2.44	5.46	6.41

（6）在辅汽温度正常时，应减少辅汽疏水量，避免管道长期疏汽；辅汽管道有漏点

时及时消除，尽量减少辅汽用户的用汽量。

（7）进行热力及疏水系统优化改造，保持热力系统和疏放水系统严密性。改进原则是：运行中相同压力的疏水管路应尽量合并，减少疏水阀门和管道；疏水阀门宜采用气动球阀，不宜采用电动球阀；为防止疏水阀门泄漏，造成阀芯吹损，各疏水管道应加装一手动截止阀，原则上手动阀安装在气动或电动阀门前。为不降低机组运行操作的自动化程度，正常工况下手动截止阀应处于全开状态。当气动或电动疏水阀出现内漏而无处理条件时，可作为临时措施，关闭手动截止阀。

（8）采用弹性可调汽封、刷式汽封等新式汽封对高压缸、中压缸和平衡盘汽封进行改造；采用蜂窝式汽封、接触式汽封，对汽轮机低压缸及轴端汽封进行改造。

（9）机组启动或正常运行期间，应严格控制好蒸汽品质，减轻汽轮机通流部件结垢。

（10）调整高压加热器水位，降低高压加热器端差，高压加热器三通阀内漏时及时处理，提高给水温度。

（11）汽轮机通流部分效率低。应结合机组检修对通流部件进行除垢、调整动静间隙，减少轴封漏汽。必要时，进行汽轮机通流部分改造。

（12）进行汽轮机运行方式优化。通过对大容量汽轮机配汽机构特性展开深入研究，在保证机组安全运行的情况下，给出在全工况范围内均具有最佳经济性和良好调节品质的高压调节阀管理方案，包括运行中各高压调节阀开启和切换的顺序、开度的大小以及初参数的最佳匹配方式等，以达到提高机组部分负荷下运行经济性的目的。其主要技术特点包括：①试验确定机组滑压运行方式下的起始负荷及结束负荷，保证机组在该运行方式下能耗指标最低；②试验确定机组滑压运行方式下各负荷下主蒸汽压力及调门开度关系曲线，合理调整高压调节阀的重叠度等。

（13）大部分国产喷嘴调节汽轮机存在各缸效率低、平衡盘漏汽量大及热耗率高于保证值等问题，这主要是因为汽轮机通流部分设计水平不高，实际给出的汽轮机保证热耗率过低。此外，新投产机组为缩短工期，安装单位将汽轮机通流间隙调整偏大，造成大部分机组汽轮机试验热耗率较保证值高 $100\sim200$ kJ/（kW·h），严重影响了机组运行能耗指标。因此，在第一次大修期间，应通过揭缸对汽轮机通流部分进行全面检查，准确测量通流部分间隙，通流部分间隙按偏下限值控制。若汽缸变形量大，应测量汽缸变形造成的隔板洼窝中心的偏差，并修正隔板与转子同心度偏差，据此调整通流部分径向间隙，并进行几次合缸，实际进行检验。

三十、调节级功率

调节级功率是指喷嘴调节汽轮机第一级的内效率。当汽轮机采用喷嘴调节时，第一级进汽截面积随着负荷的变化而相应变化，因此通常称喷嘴调节的汽轮机的第一级为调节级。我国在运 300、600MW 汽轮机普遍存在调节级效率远低于设计值的情况。根据西安热工研究院等电力试验研究单位对国内在运多台 300MW 汽轮机调节级效率的实测结果，额定工况下调节级效率仅为 40%～50%，比设计值低约 20 个百分点。额定工况下，汽轮机调节级的功率约占高压缸功率的 20%，约占整机功率的 6.2%。调节级效率远低于设计值将严重影响高压缸效率，显著降低汽轮机的经济性。

1. 影响调节级效率的主要因素

（1）喷嘴组材质选用不当。国内在运的 300MW 汽轮机喷嘴组材质大多采用 1Cr12Mo 或 1Cr11MoV，这些材料的性能等级较低，高温持久强度较差，抗固体颗粒的冲蚀性能差。

（2）国内在运 300MW 汽轮机调节级设计汽封齿数少、间隙大，一方面增大了蒸汽泄漏损失；另一方面，泄漏蒸汽以不正确的方向进入调节级动叶，对主流蒸汽产生一定程度的干扰，增加了流动损失。

（3）喷嘴组设计出口面积过大，以 H156 型 300MW 汽轮机为例，若汽轮机内效率能够达到设计性能，锅炉和发电机及辅机出力可以满足汽轮机连续出力达到 350MW 以上。喷嘴组设计面积过大将导致机组在部分负荷下经济性能差，尤其是 70%负荷及以下工况性能下降幅度较大。目前，我国在运的大部分 300MW 汽轮机组在绝大部分时间内都是带部分负荷运行，喷嘴组设计面积过大已对机组运行的经济性产生了不利影响。

（4）部分 300MW 汽轮机喷嘴组设计汽道数过少，静叶栅的相对节距偏离最佳节距较大，静叶对汽流的导向作用不佳。

（5）运行一段时间后，喷嘴汽道存在不同程度的磨损，出汽边尤为严重。喷嘴出汽边破损后，一方面降低了调节级的运行可靠性；另一方面改变了静叶型线，增大了流动损失，同时增大了喷嘴出汽面积和部分负荷下的进汽节流损失，严重降低了调节级效率。

（6）喷嘴组的安装、检修方面也存在一定问题，导致调节级动、静叶片之间匹配不佳，降低了调节级效率。

（7）喷嘴组的加工工艺相对落后。目前国内在运的 300MW 汽轮机喷嘴组主要采用以下两种加工制造工艺：①静叶采用组焊方式，由于存在焊接定位误差及变形等因素，焊接后汽道节距及喉口尺寸难以精确控制；②以石墨为电极，采用 EDM（电溶解）加工方式加工汽道，受石墨材质性能的影响，加工精度较差。

2. 提高调节级效率的主要措施

（1）优化喷嘴组叶片型线，改善调节级动、静叶片的气动载荷分布，减少叶栅通道的二次流损失；优化子午面收缩型线及通道收缩比，降低静叶通道前段的负荷，减少叶栅的二次流损失，提高流动效率。

（2）适当缩小喷嘴组出口面积，减少阀门节流损失，提高调节级效率。在确定喷嘴组出口面积时，需要充分调研并掌握汽轮机、凝汽器等设备的实际性能，根据机组的负荷率情况及夏季工况的背压情况，选择合理的喷嘴组出口面积。

（3）增加汽封齿数，减小汽封径向间隙，降低漏汽损失及泄漏蒸汽对主流蒸汽的干扰。当泄漏蒸汽量减少后，泄漏蒸汽对主流的干扰也大为减弱。

（4）喷嘴组材质采用综合性能明显优于 1Cr12Mo 和 1Cr11MoV 的 1Cr12WMoV 锻件，优化喷嘴组汽道加工工艺，应采用紫铜电极电溶解加工喷嘴汽道，改善汽道加工精度及固体颗粒冲蚀的能力，提高调节级的可靠性和效率。

（5）通过对汽轮机揭缸后的调节级有关尺寸进行实际测量，根据实测数据进行二次设计和加工，调整喷嘴和动叶盖度及节圆直径等，确保动、静叶片匹配良好。改进喷嘴组的加工及其与内缸的装配工艺，优化高压内缸安装工艺，确保高压内缸安装后喷嘴组与转子具有良好的同心度。

（6）低负荷时采用变压运行方式。某 300MW 汽轮机实施了调节级喷嘴组改造。采用新型高效喷嘴组，叶型设计采用弯扭联合成型全三维叶片设计，出汽流道设计采用子午收缩通道技术设计。喷嘴组材质由 1Cr12Mo-5 改为 1Cr12W1MoV，提高抗吹损能力。增加调节级叶顶汽封数量，将原一道汽封改为四道，减少调节级的级间漏汽量，提高调节级效率。新的喷嘴组采用先进的 EDM 电溶解加工，能更好地保证其精度和质量。四道调节级叶顶汽封，中间两道径向间隙调整至（2±0.10）mm，两侧的两道调整至（1.5±0.05）mm。叶根汽封两道，径向间隙调整至（1.2±0.05）mm。汽轮机调节级喷嘴组原设计的通流名义面积为 200cm²，新型汽轮机调节级喷嘴组改进设计的通流名义面积为 190cm²。对加工后的喷嘴组进行喷珠（玻璃珠）处理，提高整机效率和喷嘴运行的安全性、可靠性。改造后额定工况（5 阀全开工况）下调节级效率由改进前的 52.8%提高至69.3%，提高了 16.5 个百分点，高压缸效率提高 3.25 个百分点，机组发电煤耗率下降约 2.1g/（kW·h）。

三十一、汽轮发电机组热效率

汽轮发电机组热效率是指汽轮发电机组每千瓦时发电量相当的热量占汽轮机组热耗率的百分比，也指汽轮发电机组总输出功率的当量热量与汽轮机组热耗量减去供热量后的百分比。计算式为

$$\eta_q = \frac{3600}{q} \times 100$$

式中　η_q——汽轮机组发电热效率，%；

3600——电的热当量，kJ/（kW·h）。

三十二、汽轮机缸效率

汽轮机缸效率是指蒸汽在汽缸的实际焓降与等熵焓降的比值，也就是汽轮机通流部分内效率。通流部分是指汽流在汽轮机中流过的通道，即蒸汽流道从主汽阀进口到汽轮

155

机排汽口汽流通道的部件组合，主要由进汽机构（进汽管、调节阀）、静叶片、动叶片和排汽缸等部件组成。

通常利用汽轮机进出口管道上测量的参数来计算汽轮机缸效率。对于高压缸效率，包括主汽阀和调速汽阀的压损；对于中压缸效率，包括中压联合汽阀的压损；对于低压缸效率，可以测量连通管中间的参数，包括部分连通管的压损，也可以测量低压缸进口的蒸汽参数，取凝汽器喉部压力作为低压缸的排汽压力。汽轮机缸效率计算公式为

$$\eta_{0i} = \frac{h_1 - h_2}{h_1 - h_{2t}}$$

式中　　h_1——汽轮机高、中、低压缸进汽焓，kJ/kg；

　　　　h_2——汽轮机高、中、低压缸排汽焓，kJ/kg；

　　　　h_{2t}——汽轮机高、中、低压缸排汽等熵膨胀终点焓，kJ/kg。

注：高、中压缸效率是根据实测的进出高、中压缸蒸汽的参数来确定的。实际运行中，无法给出低压缸排汽焓。低压缸效率可用低压缸的进汽参数、排汽压力和通过整个汽轮机的能量平衡得出的低压缸排汽焓来近似计算。

1. 汽轮机缸效率低的原因

（1）汽轮机调节汽阀开度小，节流损失大。

（2）汽轮机采用单阀调节而不是多阀调节。单阀调节（即节流调节）是指所有进入汽轮机的蒸汽都经过一个或几个同步启动的调节汽门（调节阀），但锅炉保持汽压、汽温不变。当汽轮机发出额定功率时，调节汽门完全开启；当汽轮机发出低于额定功率时，调节汽门开度减小。这种通过改变节流调节汽门开度大小来调节进入汽轮机蒸汽流量的方式称为节流调节。节流调节要求各调节汽门同时开启或关闭，各汽门开度相同，像是一个汽门控制，故称单阀控制。节流调节的汽轮机在低负荷时，调节阀开度很小，蒸汽节流损失很大。由于节流阀后蒸汽压力降低，进入汽轮机的蒸汽可用焓减少，使得机组运行经济性有明显下降。但是单阀控制为全周进汽，对汽轮机均匀加热，热应力小。

多数汽轮机采用改变第一级喷嘴面积的方法调节进汽量，称为喷嘴调节或多阀调节、顺序阀调节。喷嘴调节时，锅炉维持蒸汽参数不变，依靠调节汽门顺序开启或关闭来改变蒸汽流量和机组负荷。每个调节汽门控制一组喷嘴，根据负荷的多少确定调节汽门的开启数目。由于蒸汽经过全开的调节汽门基本上不产生节流，只有经过未全开的调节汽门才产生节流，所以在低负荷运行时，其运行效率下降较节流调节汽轮机少。当汽轮机带至一定负荷后，为了提高机组经济性，减少热损失，应由单阀控制转至多阀控制。例如某 300MW 引进型机组，通常在升速、同步和带低负荷时采用单阀运行方式，负荷达到 180MW 时切换为多阀运行方式。

（3）汽轮机叶片积盐、结垢，通流受阻。

（4）汽轮机通流间隙碰磨，造成内效率降低。

（5）汽轮机轴封漏汽量大。

（6）低负荷时采用定压运行方式。当机组低负荷运行时，因阀门节流损失大，使得定压运行时的高压缸效率较变压运行时的效率低很多。

2. 提高高、中压缸效率的措施

（1）80%以上负荷采用顺序阀（而不是单阀节流）定压运行，中间负荷采用 3 阀或 4 阀滑压运行；40%负荷以下采用定压运行。滑压运行（即变压运行）即汽轮机运行时，各调节（汽）阀保持在全开位置或部分全开，通过改变主蒸汽压力的方式（温度不变）来调整负荷。滑压运行的优点是可以增加负荷的可调节范围；使汽轮机允许以较快速度变更负荷，减少末级蒸汽湿度，延长末级叶片的使用寿命；减少调节汽门的节流损失，提高机组经济性。

（2）高负荷时，尽量在调节阀点运行，避免大范围、长时间节流运行。对于亚临界 300MW 机组，每 2%的高压进汽节流压损，将导致 1%的高压缸效率下降。

（3）严格控制汽水品质，禁止水质中的二氧化硅和氧含量超标，防止机组通流部分隔板、叶片腐蚀和结垢。

（4）检修时，要按要求调整汽封间隙，清洗打磨叶片。

（5）检修时对汽轮机内部进行检查处理，减少各缸间漏汽。

（6）按照机组滑压曲线控制机组负荷与压力，防止汽轮机调节阀开度小。

3. 提高低压缸效率的主要措施

（1）低压缸端部汽封采用接触式汽封，叶顶使用蜂窝汽封。

（2）选用马刀型动静叶。

（3）末级和次末级隔板使用低直径汽封。

（4）更换成经济性和安全性更好的末级长叶片。

（5）改进低压内缸中分面螺栓的热紧标准，中分面结合要严密。300MW 机组存在低压 5、6 号抽汽温度比设计值高 20～50℃的问题，主要原因是低压进汽蒸汽通过低压内缸的中分面漏到 5、6 号抽腔室。

提高高、中压缸效率的主要措施是进行汽封改造，例如某电厂采用哈尔滨汽轮机厂生产的国产引进型 N300-16.7/537/537 亚临界、一次中间再热、单轴、高中压合缸、凝汽式汽轮机，运行几年后汽轮机缸效率下降较大，特别是高压缸的效率下降最多，热耗明显增高。汽轮机高、中压轴封漏汽量为再热蒸汽流量的 5.19%，高于设计值的 2 倍。大修期间投资不到 70 万元将汽轮机的高、中压缸 12 圈梳齿迷宫汽封更换为布莱登汽封。汽封径向间隙按下列标准进行调整：高压进汽平衡环 0.5～0.8mm，高压排汽平衡环 0.46～0.6mm，中压进汽平衡环 0.45～0.55mm，高中压缸端部内汽封（电、调端）0.4～0.45mm。以上数值均优于哈尔滨汽轮机厂的设计值。汽封间隙小可以减少级间漏汽，高压缸效率提高 2 个百分点，低压缸效率提高 1 个百分点。

三十三、循环热效率

水在锅炉中吸热变成高温高压气体进入汽轮机做功，做功后的乏汽在凝汽器中冷凝成水，重新吸热变成蒸汽做功。工质每完成一个循环，就包括对外做功的放出热量和从热源吸收热量。每千克蒸汽在汽轮机中的理想焓降 ΔH_t 与其在锅炉中的吸收热量之比，称为汽轮机装置的循环热效率，用 η_t 表示，一般为 45%～54%。计算公式为

$$\eta_t = \frac{\Delta H_t}{Q_0} = \frac{h_{ms} - h_{cos}}{h_{ms} - h_{cot}}$$

式中　　ΔH_t ——汽轮机中的理想焓降，kJ/kg；

Q_0 ——汽轮机从锅炉中吸收的热量，kJ/kg；

h_{ms} ——进入汽轮机的新蒸汽焓，kJ/kg；

h_{cos} ——汽轮机的排汽焓，kJ/kg；

h_{cot} ——凝结水的焓值，kJ/kg。

循环热效率主要取决于排汽压力、蒸汽初压力和初温度，当初压力 p_0=2.8MPa 时，循环热效率 η_t 随着初温度 t_0 的提高而增加，而且是均匀上升，这是由于循环的吸热温度得以提高。在 p_0=3.9MPa 时，初温度 t_0 每增加 10℃，循环热效率 η_t 增加 0.15 个百分点。当初温度 t_0 和排汽压力 p_{cot} 均保持不变时，随着初压力 p_0 的提高，蒸汽初焓值降低，但循环的吸热温度得以提高，循环热效率 η_t 也随之增加。在 t_0=400℃、p_{cot}=3.9kPa 时，初压力 p_0 由 11.77MPa 增加到 19.6MPa，循环热效率 η_t 由 42.2% 增加到 42.6%。

提高循环热效率的途径如下：

（1）提高过热蒸汽焓 h_m，降低乏汽焓 h_{ca}。提高 h_m 降低 h_{ca}，就需要提高循环的初参数（即提高过热蒸汽温度和压力），而尽量降低循环的终参数（即汽轮机排汽的压力）。

（2）改进循环方式，如采用中间再热循环方式。中间再热的终温越高，热效率也就越高。中间再热的终温每提高 10℃，循环热效率提高 0.2～0.3 个百分点。

（3）采用给水回热循环方式。从循环吸热的温度角度看，给水回热提高了工质在锅炉内的平均吸热温度，而使循环热效率提高。从热力学方面看，利用给水回热使得汽轮机中做过部分功的抽汽的汽化潜热释放给给水，从而减少冷却损失，提高循环热效率。回热级数越多，给水温度越高，则循环热效率越高。

三十四、机组热效率

机组热效率是指汽轮发电机组每小时输出的电能对应的热量与汽轮发电机组热耗量之比，即扣除非同轴励磁和电动主油泵功率后的发电机的输出功率与输入汽轮机的热功率之比，符号为 η。计算式为

$$\eta = \frac{3600 \times P_{el}}{Q_0} = \eta_t \eta_i \eta_m \eta_g = \frac{3600}{q} \times 100$$

式中　Q_0——汽轮机热耗量，kJ/h；

　　　η——机组热效率，%；

　　　η_m——汽轮机机械效率，%；

　　　η_i——汽轮机相对内效率，%；

　　　η_t——循环热效率，%；

　　　η_g——发电机效率，%；

　　　q——汽轮机热耗率，kJ/（kW·h）。

提高机组热效率的措施如下：

（1）重视冷却塔维护工作，降低循环水温度，提高凝汽器真空。

（2）增加循环水量，降低循环水出入口温度差。

（3）保持凝汽器冷却管清洁，降低凝汽器端差。

（4）改善凝汽装置，消除凝结水过冷却。

（5）保持汽轮机在额定参数下稳定运行。

（6）充分运行回热装置，提高给水温度。

（7）对投产较早、效率较低的 125、200、300MW 汽轮机，要采用更换新型叶轮、新型隔板、新型结构汽封、新型流道主汽阀和调节阀等措施进行通流部分改造，提高通道圆滑性，减少节流损失，降低汽轮机热耗，提高整个机组热效率。

三十五、汽动给水泵组效率

汽动给水泵组效率是指汽动给水泵组中供给汽动给水泵汽轮机的能量被泵组有效利用的程度。计算公式为

$$\eta_z = \eta_{sb}\eta_{xj}$$

式中　η_z——汽动给水泵组效率，%；

　　　η_{sb}——给水泵效率，%；

　　　η_{xj}——给水泵汽轮机效率，%。

三十六、汽动给水泵组汽耗率

汽动给水泵组汽耗率是指汽动给水泵组输出单位功率的汽耗量。计算公式为

$$汽动给水泵组汽耗率 = \frac{汽动给水泵汽轮机的进汽流量 G_{qb}(kg/h)}{给水泵的输出功率(kW)}$$

1. 汽动给水泵组汽耗率高的原因

（1）给水泵汽轮机低压汽源满足要求时，一直用辅汽供汽，未及时进行切换。

（2）机组升降负荷幅度过大，造成给水泵汽轮机转速大幅波动，供汽量大幅波动。

（3）给水泵汽轮机供汽管道疏水开启过大、过多。

（4）给水泵汽轮机排汽压力过高，造成汽耗量增大。

（5）给水泵汽轮机通流部分效率低。包括给水泵汽轮机汽缸效率低，配汽机构的节流损失大。

（6）给水泵机械密封泄漏严重。

（7）给水泵再循环门等系统存在内漏。

（8）汽动给水泵故障率高，启停频繁。

（9）给水泵汽轮机排汽蝶阀未开足。

2. 降低汽动给水泵组汽耗率的对策

（1）在机组启动过程中，当给水泵汽轮机低压汽源满足要求时，应及时将辅汽供汽切换至低压汽源。在机组停运过程中，当给水泵汽轮机低压调节阀接近全开时，切至辅汽供汽。

（2）在机组升降负荷时，应缓慢进行，防止给水泵汽轮机转速大幅波动，引起供汽量大幅波动。

（3）给水泵汽轮机供汽温度满足时，及时关闭或关小疏水，减少蒸汽损耗。保持热力系统严密性，及时消除阀门、疏放水系统等内漏缺陷。

（4）运行中保持给水泵汽轮机合适的排汽压力，防止排汽压力过高，造成汽耗量增大。

（5）运行中应合理调整给水泵汽轮机调节阀的重叠度，减少节流损失。

（6）利用检修机会对泄漏的机械密封进行更换。

（7）利用检修机会对最小流量阀内漏进行检查处理或更换。

（8）加强巡查和分析，及时发现蝶阀异常并进行处理。

（9）保持给水泵汽轮机热力系统严密性，及时消除阀门、疏放水系统等内漏缺陷。

（10）合理调整给水泵汽轮机调节阀的重叠度，减少节流损失。

（11）利用大修机会解体处理给水泵内部动静摩擦、密封间隙偏大的缺陷。

三十七、湿式冷却塔指标

1. 气水比

进冷却塔干空气质量流量与进塔冷却水质量流量之比，符号为 λ。

2. 进塔空气干、湿球温度

包括湿空气回流和外部干扰影响在冷却塔进风口测得的空气干、湿球温度。

3. 冷却塔进水温度、冷却塔进口循环水温度

循环水进入冷却塔的进口温度，以 t_{tj} 表示，一般在塔的进水管或竖井处测取。

4. 冷却能力

将试验中实测的工况条件修正到设计工况条件下，冷却塔的散热量的比值。

5. 环境空气干、湿球温度

在冷却塔上风向且不受出塔空气回流影响条件下测得的空气干、湿球温度。干球温度符号为 θ_0，湿球温度符号为 τ_0。

6. 冷却塔（冷却）效率

冷却塔实际冷却幅度与极限冷却幅度的百分比，符号为 η_c。计算公式为

$$\eta_c = \frac{\Delta t_t}{t_{tj} - \tau_0} \times 100 = \frac{t_{tj} - t_{tch}}{t_{tj} - \tau_0} \times 100$$

式中　η_c——冷却塔效率，%；

Δt_t——冷却幅宽，℃；

t_{tj}——冷却塔入口水温，℃；

t_{tch}——冷却塔出口水温，℃；

τ_0——空气湿球温度，℃。

提高冷却塔效率的主要措施如下：

（1）选择性能优良的淋水填料。循环水散热过程与塔内空气分布、水分布与淋水填料的性能密切相关，淋水填料性能的优劣直接影响冷却塔的运行经济性。

（2）保持最佳循环水量。增加循环水量有益于凝汽器侧热交换，但是对于冷却塔存在最佳循环水量。当出塔空气的相对湿度未达到饱和时，增加循环水量，可使出塔空气逐渐趋于饱和。若继续增加循环水量，出塔水温反而很快升高，因为空气吸收热量已达到饱和，过量热水放出的热量已无法被空气再吸收。

（3）采取喷嘴在填料上方向上喷雾配水的方式。这种向上喷雾配水的方式具有携汽流上升和凝聚后自由降落两个过程，冷却停留时间更长。更重要的是在填料上方吸收一部分热负荷，使填料内冷却的热负荷降低，冷却效果更好。

（4）加装翼形导风板。导风板能使来自各方向的侧风均能够以比较合理的角度进入冷却塔，并抑制塔内有害旋涡的生成，能使循环水温度降低 1.5～2℃。

7. 冷却（塔）幅高

湿式冷却塔出口水温与大气湿球温度（理论冷却极限）的差值。计算公式为

$$\Delta t_{fg} = t_{tch} - \tau_0$$

式中　Δt_{fg}——湿式冷却塔冷却幅高，℃；

t_{tch}——冷却塔出口水温，在塔的回水沟处测取，℃；

τ_0——大气湿球温度，℃。

湿式冷却塔的冷却幅高应每月测量一次，以测试报告和现场实际测试数据作为监督依据。在冷却塔热负荷大于90%额定负荷、气象条件正常时，夏季测试的冷却塔出口水温不高于大气湿球7℃。

降低冷却幅高的措施如下：

（1）自然通风冷却塔加装空气动力涡流装置。双曲线冷却塔本身具有上浮空气抽力大、空气分布相对均匀的特点，但在空气和循环水热水交换的过程中，双曲线冷却塔内还存在涡流区间，这个区间约占冷却塔内部空间的1/3。涡流区的存在，明显降低了冷却塔的冷却效率。冷却塔加装空气动力涡流装置可以提高冷却塔效率，降低循环水温度，从而提高凝汽器真空度。

（2）冷却塔的补水管路应直接接至水池，排污管路应从凝汽器循环水出口管路接出，以进一步降低循环水入口温度（但应注意当冷却塔底部存在淤泥时，要及时进行底部排污）。

（3）对有内、外圈供水方式的冷却塔，如冬季为防冻需要停止内圈喷水，环境温度回升后，要及时投运内圈喷水。机组单循环水泵运行时，采取冷却塔虹吸优化运行，实现全塔淋水。

（4）冬季对冷却塔加装挡风板防冻时，要注意根据环境温度合理调整挡风板挂板数量，保持循环水温度不高于10℃。

（5）应创造条件进行循环水母管制改造，根据不同的季节和机组运行方式，实行冬季"两机一塔"或夏季"一机一塔"等运行方式，以降低冬季的循环水泵电耗和夏季的冷却塔幅高。

（6）冷却塔喷溅装置改造。

（7）淋水填料改造。

8. 冷却塔（循环水）温降

冷却塔（循环水）温降是指循环水进入冷却塔的进口温度与出水冷却塔的出口温度的差值，与冷却塔的清洁程度、堵杂物程度、冷却塔通风程度、冷却塔淋水密度、冷却塔水流分布密度、冷却塔效率等有关。其计算公式为

$$\Delta t_{wj} = t_{tr} - t_{tc}$$

式中　Δt_{wj}——湿式冷却塔的循环水温降，℃；

　　　　t_{tr}——冷却塔进口循环水温度，在塔的进水管或竖井处测取，℃；

　　　　t_{tc}——冷却塔出口循环水温度，在塔的回水沟处测取，℃。

（1）监督冷却塔冷却效果时，应进行下列三方面的检查：

1）外观检查。主要包括：溅水碟完整，无脱落，无堵塞；淋水填料外观整齐，无缺损，无变形，无杂物；配水系统保持清洁，无漏水，无溢水；除水器安放平稳，无缺损，无变形；淋水密度均匀，冷却水较干净。

2）性能测试。主要包括：大气干、湿球温度，大气压力、大气风速和风向；进塔空气干、湿球温度；进塔水温，出塔水温；冷却水量。

3）性能计算。计算方法参见 DL/T 1027—2006《工业冷却塔测试规程》。

监督检查时，必须提供冷却塔热力特性设计曲线和试验曲线。对冷却塔冷却效果的

检查最好在夏季测试，循环水冷却塔冷却效率应不小于95%，循环水冷却塔温降越大越好。

（2）提高循环水冷却塔冷却效率，增大循环水冷却塔温降的措施如下：

1）制定冷却塔管理实施细则，明确各自的监督职责，考核与奖惩挂钩。

2）对冷却效果较差和冬季结冰严重的冷却塔，应通过增加喷头、采用新型喷溅装置、更换新型填料、进行配水槽改造等措施进行技术改造，以提高其冷却效果，减轻或消除冬季结冰现象。

3）加强对冷却塔的维护，根据冷却塔运行状况提出冷却塔清淤建议。结合主机设备大小修，清理水池淤泥和杂物，疏通喷嘴，使循环水冷却塔经常在较佳的效率下运行。

4）建立循环水定期监测制度，做好水质监督，确保水质稳定，严禁在不进行净化处理的情况下在循环水养鱼。

5）严格循环水处理监督机制，建立冷却塔运行报表制，记录主要运行数据。报表记录内容至少包括冷却塔循环水进口温度、冷却塔循环水出口温度、空气温度、湿球温度、水槽水量分布情况、淋水密度、循环水量等。

6）节能专责人要定期分析，检查冷却塔温降、冷却塔出口水温，提出冷却塔运行存在的问题，提出改善冷却效果的措施。

7）冷却塔冬季要做好防冻措施，在凝汽器冷却水管可以承受、安全的前提下，冷却塔出口水温应稳定在8℃左右运行。

8）维护人员按规定巡视、检查冷却塔运行情况，发现设备缺陷及时消除。要及时更换损坏的喷嘴和溅水碟，修复损坏的淋水填料。

9. 浓缩倍率

在循环冷却水系统运行过程中，循环水通过冷却塔时水分不断蒸发，因蒸发掉的水中不含盐分，所以循环水中的溶解盐类不断浓缩，其含盐量也随之增加。为了不使循环水的含盐量无限制地增加，防止由此产生的种种危害，必须适当排放一部分循环水（即排污），同时补充一部分新水。由于循环水的含盐量大于新水的含盐量，所以循环水的含盐量与新水的含盐量之比称为浓缩倍率，符号为 N。计算公式为

$$N = \frac{\rho_R}{\rho_M}$$

式中　N——浓缩倍率；

　　　ρ_R——循环水中的含盐量，mg/L；

　　　ρ_M——补充水中的含盐量，mg/L。

浓缩倍率越大，节水程度越高，可以减少取水量。一般情况下浓缩倍率最佳数值是4～5倍。浓缩倍率是循环冷却水系统运行管理的一项重要控制参数，一方面，浓缩倍率越大，既可减少新水量，又可减少系统中阻垢、缓蚀剂的补充消耗量；但是另一方面浓缩倍率越大又对新水与循环水的处理提出了更高的要求，因为系统中离子浓度增加，加

重了腐蚀、结垢的危害，从而增加了水处理的费用。因此，循环冷却水系统的最佳浓缩倍率应根据节水要求、不同水质、凝汽器管材、水处理技术等方面进行综合分析确定。一般情况下，各种循环水处理方案应达到如下效果：①加稳定剂（即阻垢剂）可以使循环水浓缩倍率达到 2~2.5；②加酸碱稳定剂可以使循环水浓缩倍率达到 3 左右；③石灰石处理可以使循环水浓缩倍率达到 4 以上；④采用弱树脂等方式处理时，浓缩倍率可控制在 5.0 左右。

提高循环水浓缩倍率的措施如下：

（1）采用高效的阻垢缓蚀剂。循环水处理采用加阻垢缓蚀剂及加酸方式，在这种处理方式固定的前提下，如果补充水氯离子、硬度和碱度降低，可以适当提高浓缩倍率。同时加强循环水电导率的监督，控制循环水对系统的腐蚀，针对凝汽器碳钢部件加碳钢缓蚀剂。

（2）控制有机磷含量。合理控制循环水有机磷含量（阻垢剂加药量）及碱度，可以有效控制循环水结垢趋势。

（3）加酸降低碱度。加硫酸降低碱度可以提高浓缩倍率，减少系统结垢，但应考虑硫酸盐对水泥构件的腐蚀，硫酸根含量控制不超过 600mg/L。

（4）降低补充水的硬度和碱度（如石灰处理或弱酸阳离子交换处理）。

（5）适当添加杀菌剂和黏泥剥离剂。

10. 蒸发损失水量

在冷却塔中，由于热水与冷空气在塔内产生热交换，所以部分水量因蒸发变成蒸汽而逃逸掉的水量，即为蒸发损失水量。循环水的冷却是通过冷却塔使水与空气接触，由水的蒸发散热、热传导和热辐射三种方式共同作用而实现的。在冷却塔内，热水与空气之间发生两种传热作用，即蒸发传热和接触传热，每蒸发 1kg 水，要带走约 2545kJ 的热量。蒸发传热带走的热量约占冷却塔中传热量的 75%，接触传热带走的热量约占冷却塔中传热量的 25%。由于冷却塔中水的蒸发而散发出的热量因大气温度的不同而有很大的差别。在冬季，蒸发散热量约占冷却塔中全部散出热量的 50%，在夏季约为 100%，在春秋季约为 75%。计算公式为

$$E_R = ZR\Delta t$$

式中　　E_R——蒸发损失水量，m^3/h；

　　　　R——循环水量，m^3/h；

　　　　Δt——冷却塔进出口水温差，℃；

　　　　Z——蒸发损失系数，与环境温度有关，取值见表 4-8，1/℃。

表 4-8　　　　　　　　　　蒸发损失系数与环境温度的关系

环境温度（℃）	−10	0	10	20	30	40
Z（1/℃）	0.0008	0.0010	0.0012	0.0014	0.0015	0.0016

11. 风吹损失水量（吹散水量、飘滴损失水量）

在冷却塔中，由于冷空气借助风机动力或自然风力，部分水量会因风力夹带出冷却塔而损失掉的水量，即为风吹损失水量。计算公式为

$$E_D = KR$$

式中　E_D——风吹损失水量，m^3/h；

　　　K——吹散损失系数，一般可取 0.1%～0.5%，当风筒式冷却塔装有捕水器（即收水器）时，可取 0.1%；无收水器时，可取 0.3%～0.5%。对于机械通风冷却塔，可取 0.2%～0.3%。

12. 循环冷却系统耗水量

风吹损失水量与蒸发损失水量之和，即为循环冷却系统耗水量。计算公式为

$$V_{con} = E_R + E_D$$

13. 排污损失水量

冷却水由于重复循环，水中固体浓度逐渐增加，影响水质和传热性，因此部分排放，并补充新鲜水，这部分排放掉的水量，就是排污损失水量。计算公式为

$$E_B = \frac{E_R + E_D - NE_D}{N-1}$$

$$E_M = E_R + E_D + E_B$$

式中　E_B——排污损失水量，m^3/h；

　　　E_M——补充水量，m^3/h；

　　　N——浓缩倍率。

从上式可以得到，循环水浓缩倍率越大，排污损失水量越小，补充水量就越小。

14. 胶球清洗装置投入率

胶球清洗装置投入率是指胶球清洗装置正常投入次数与该装置应投入次数之比的百分数。即

$$胶球清洗装置投入率 = \frac{正常投入次数}{应投入次数} \times 100$$

15. 胶球清洗装置收球率

胶球清洗装置收球率是指每次胶球投入后实际回收胶球数与投入胶球数之比的百分数。即

$$胶球清洗装置收球率 = \frac{收回胶球数}{投入胶球数} \times 100$$

三十八、直接空冷指标

1. 外界设计风速

对于直接空冷系统，外界设计风速是指空冷凝汽器蒸汽分配管顶 1m 高处无干扰的

环境平均风速；对于间接空冷系统，外界设计风速是指冷却塔顶处无干扰的环境平均风速。该平均风速应根据气温大于或等于 25℃，且 10min 的平均风速每年平均不超过 50 次的对应风速，并且在该平均风速以下，汽轮机出力不受影响。

2. 空气流速

空气流速是指在空冷凝汽器顶端上方约 1m 处未受干扰的环境空气平均风速，单位为 m/s。

3. 迎面风速

迎面风速是指冷空气通过空冷凝汽器或空冷散热器管束有效平面区域内的平均风速，单位为 m/s。设计迎面风速，对于直接空冷系统，单排管采用 1.8～2.3m/s，双排管采用 2.0～2.5m/s，三排管采用 2.5～3.0m/s；对于间接空冷系统，采用 1.6～1.9m/s。

4. 顺逆流比

在直接空冷系统中，顺流管束的数量与逆流管束的数量的比例，即为顺逆流比。对于单排管，顺逆流比不宜大于 17:3；对于双排管和三排管，顺逆流比不宜大于 4:1。间接空冷系统无顺逆流比。

直接空冷系统由排汽管道、空冷凝汽器、凝结水箱、抽真空设备及其管阀系统构成，以环境空气作为冷源，通过空冷凝汽器将汽轮机的排汽引入室外空冷凝汽器内，直接冷凝成水。基于防冻的要求，直接空冷系统一般需设置顺流凝汽器（主凝汽器，可冷凝 75%～80%的蒸汽）和逆流凝汽器（分凝汽器）。直接空冷系统中大部分的蒸汽在顺流凝汽器中被冷凝，剩余的小部分蒸汽再通过逆流凝汽器被冷凝。在逆流凝汽器中，由于蒸汽和凝结水的运动方向相反，凝结水不易冻结。在逆流凝汽器的顶部设有抽真空系统，可将系统内的空气和不凝结气体抽出。

5. 空冷散热器（总）散热面积

空冷散热器（总）散热面积是指空冷散热器冷却元件与冷却水接触的总的外表面积。

空冷散热器是在间接空冷系统中将循环水的热量散发到大气中的换热器。空冷散热器安装在间接空冷系统中的空冷塔上。间接空冷系统以环境空气作为冷源，以密闭的循环水作为中间介质，将汽轮机排汽的热量传给循环水，密闭循环水再通过空冷散热器（空冷塔）将热量传给大气。该系统一般由表面式凝汽器、循环水泵、散热器、自然通风空冷塔、循环水管等组成，散热器在塔外垂直布置，一机一塔。某 1000MW 超超临界间接空冷机组，空冷散热器按 4 排铝质带孔翅片板全铝制热交换器设计，由碳钢短支腿支撑布置在自然通风冷却塔外围一周。散热器管束成对布置组成冷却三角，冷却三角被划分为 12 个冷却扇段，共 214 个冷却三角。每台机组的空冷散热器翅片管总散热面积为 205.5 万 m²，通过散热器的迎面风速为 1.7m/s。

6.（空冷系统）初始温差

初始温差 ITD 是指汽轮机排汽饱和温度与进入空冷凝汽器的空气温度（即环境温度）

之差，即

$$\Delta t = t_c - t_a$$

式中 Δt ——初始温差 ITD，℃；

t_c ——汽轮机排汽饱和温度（根据排汽压力查焓熵图），℃；

t_a ——环境温度（空冷岛入口），℃。

对初始温差 ITD 的取值存在分歧。国外 ITD 取值都高于 30℃；国内取值较低，一般为 27～30℃。根据许多优化计算结果和工程实践经验，在我国三北地区，ITD 设计值的范围均宜在 30～40℃。

7. 对数平均温差

对数平均温差是指蒸汽与冷却空气间温度降的平均值，单位为℃。计算公式为

$$\Delta t_{LMTD} = \frac{(\theta_D - t_1) - (\theta_D - t_2)}{\ln \dfrac{\theta_D - t_1}{\theta_D - t_2}}$$

式中 Δt_{LMTD} ——对数平均温差，℃；

θ_D ——与空冷凝汽器入口蒸汽压力对应的饱和温度，℃；

t_1、t_2 ——空冷凝汽器空气进、出口温度，℃。

θ_D 为与空冷凝汽器入口蒸汽压力对应的饱和温度，不可采用与排汽压力对应的饱和温度 T_{bs} 进行计算。

8. 空冷凝汽器传热系数

空冷凝汽器传热系数是指空冷凝汽器传给空气的总热量与空冷凝汽器换热面积和对数平均温差乘积的比值，计算公式为

$$K = \frac{Q}{A \times \Delta t_{LMTD}}$$

式中 K ——空冷凝汽器传热系数，W/（m²·℃）；

Δt_{LMTD} ——对数平均温差，℃；

Q ——凝汽器散热量，W；

A ——凝汽器传热面积，m²。

9. 凝结水过冷度

按照常规，凝结水过冷度的定义是在凝汽器压力下的饱和温度减去凝结水温度。但是在空冷电厂实际计算过冷度时，一般采用汽轮机排汽压力对应的饱和温度与凝结水箱出口的凝结水温度的差值进行计算。

资料显示，在冬季运行时，如果汽轮机的背压在 9kPa 左右时，蒸汽到达空冷凝汽器总体流动的压降可以达到 2.6kPa。也就是说，在空冷凝汽器的凝结水收集联箱处的压力是 6.4kPa。对应于 9kPa 排汽压力的饱和温度是 43.79℃，而对应 6.4kPa 压力的饱和温度

是 37.09℃。这样，在凝结水收集联箱处的理论凝结水温度应该为 37.09℃左右，过冷度约为 6.7℃。应将凝结水温度控制到空冷凝汽器各排凝结水联箱的测点，对应各排分别进行监视控制。对于直接空冷机组，凝结水过冷度控制是汽轮机低压缸排汽压力对应的饱和温度与各排下联箱的凝结水平均温度的差值。也就是说，在冬季运行期间，同时监视并控制 8 个"过冷度"的参数。另外，对于凝结水过冷度指标，应根据实际安装的系统管道阻力进行确定。

10. 排汽压力

排汽压力是指垂直于排汽流动方向的汽轮机排汽口平面±0.3m 处排汽平均静压力，单位为 Pa。

对于湿冷机组，排汽压力与背压相等。但是对于直接空冷系统，汽轮机的背压与排汽压力不是一个概念。汽轮机的背压是指在两个低压缸排汽出口处的绝对压力；空冷机组的背压则是汽轮机的两根大直径排汽管道水平段处测得的压力（平均比汽轮机低压缸排汽口的压力低 0.06kPa）。另外，由于蒸汽在排汽管道和配汽管道内的流动阻力，到了空冷凝汽器进口处，压力要比汽轮机低压缸排汽口的压力低约 0.55kPa。加上空冷凝汽器蒸汽联箱管顺、逆流凝汽器的管道损失，整体压降有 2.0kPa 左右。

11. 凝结水含氧量（凝结水溶解氧）

凝结水溶解氧是指凝结水箱或凝结水泵吸入口处溶解于凝结水的相对氧量，单位为 μg/L。对于高压以下的湿冷机组，凝结水溶解氧要求在 50μg/L 以下；对于亚临界机组，要求在 30μg/L 以下；对于超临界机组，要求在 20μg/L 以下。

空冷机组凝结水水质特点如下：

（1）凝结水含盐量低。由于采用空气冷却，空冷机组不存在常规水冷式机组凝汽器因泄漏污染凝结水的问题，因此其凝结水含盐量明显低于常规湿冷机组的凝结水，数值大小仅取决于蒸汽品质以及系统产生的腐蚀物。

（2）凝结水温度高。由于空冷机组的背压比湿冷机组高，所以空冷机组凝结水温度比湿冷机组要高，一般可达 60～80℃。因此，凝结水如采用离子交换法进行处理，其所用树脂的耐温性能必须较好。

（3）凝结水系统溶氧超标。根据已投产的直接空冷机组来看，普遍存在凝结水溶氧量偏高的问题。分析认为凝结水溶氧量高可能与机组正常补水、空气进入凝结水系统设备，以及庞大的空冷系统有关。

凝结水存在溶解氧量将威胁机组的经济性和安全性。凝结水溶氧量较大时，会引起凝结水系统、给水系统的管道腐蚀，腐蚀产物在直接影响水质的同时将使系统过冷度增加，降低机组的经济性。因此，从设计、检修、运行维护等方面应给予足够的重视，尽最大努力减少这种泄漏，同时将不凝结气体及时排除。凝结水溶氧量是表征凝结水水质的重要指标之一，它直接影响机组的经济性和安全性。国内目前还没有针对空冷机组的凝结水溶氧指标，暂时只能沿用湿冷机组的控制值。目前我国已投产的直接空冷机组，普遍存在凝结水溶氧量偏大的问题。

造成直接空冷机组凝结水溶解氧超标的主要原因如下：

（1）空气漏入汽轮机负压系统。从汽轮机负压系统漏入空气的部位基本与湿冷机组相近，如汽轮机的低压轴封系统、凝结水泵的机械密封处、负压系统阀门的盘根处的漏气，以及空冷凝汽器设备因振动、变形、膨胀不均等致使焊口产生裂纹从而使空气进入。

（2）补充进入系统的除盐水带入的氧气。进入的氧气会在凝结水中溶解，最终使凝结水溶解氧量增加。根据补水点的位置分三种方式，即补水到汽轮机主排汽管道、补水至空冷凝汽器和补水至主凝结水箱。

1）补水到汽轮机主排汽管道方式。优点是：对于确定的补水量经过喷嘴雾化后，在汽轮机排汽管道可用全部的乏汽进行除氧，距离真空抽气口流程较长，有足够的氧分离时间，不存在防冻问题。缺点是：补入系统的水进入热井，会造成热井水位升高（正常情况下，热井疏水泵的出力能够满足补水量的附加流量）。

2）补水至空冷凝汽器方式。优点是：可利用排至空冷岛的蒸汽对补水进行加热除氧，距真空抽气口距离较近，有利于氧的抽出。缺点是：到空冷散热器的管线较长，虽有保温，冬季仍有冻坏的可能。为维持凝结水箱正常水位，需将部分凝结水排至补充水箱，增加了凝结水泵电耗。为了防冻，需控制最低流量，运行操作要求较高。

3）补水至主凝结水箱方式。优点是：可以依靠凝结水箱的负压，不需要启动凝结水补充水泵即可将水补入系统，补水的管线较短，防冻要求低。缺点是：从目前凝结水溶氧量看，补水点真空除氧效果较差。

要真正解决直接空冷机组凝结水的溶氧问题难度较大，还需要结合国内外情况进一步研究，认真分析症结所在，逐个环节突破。当然，国内目前还没有针对直接空冷机组的凝结水溶氧量指标，考虑到空冷系统庞大，漏点不可避免，建议按湿冷机组限值的1.2倍控制。

12. 满发背压

汽轮机在额定进汽参数条件下，根据电网要求在夏季某一较高气温（对应满发气温）下，保证机组发额定功率时的背压值，即为满发背压。确定最高满发背压的途径有两个：①先定最大进汽量，再计算出最高满发背压；②先定非满发小时数，再按气象资料确定最高满发气温，由优化的ITD推算出最高满发背压。目前我国空冷汽轮机的最高满发背压一般为30、35、46kPa。

13. 阻塞背压

阻塞背压是指空冷汽轮机末级叶片出口处的蒸汽流速接近该处声速的背压值。汽轮机进汽量等于能力工况进汽量（铭牌进汽量），当外界气温下降引起机组背压下降到某一数值时，再降低背压也不能增加机组出力的工况，称为铭牌进汽量下的阻塞背压工况。

"双碳"目标下火电企业全过程节能管理

汽轮机在该工况条件下安全连续运行，此时汽轮机的背压称为铭牌进汽量下阻塞背压。为了规范汽轮机的技术条件，这里特指 TMCR 流量条件下的阻塞背压值，一般为 7.6kPa。阻塞背压工况条件如下：

（1）额定主蒸汽参数及再热蒸汽参数所规定的汽水品质。

（2）补给水率为 0%。

（3）对应该工况的设计给水温度。

（4）全部回热系统正常运行，但不带厂用辅助蒸汽。

（5）发电机效率为 99.0%，额定功率因数为 0.9（滞后），额定氢压。

第四节　除灰、脱硫经济技术指标

一、除灰系统经济技术指标

火电厂除灰方式主要有电除尘和布袋除尘。随着超低排放政策的执行，布袋除尘的应用得到大规模推广，很多电除尘改造为布袋除尘或者电袋复合式除尘。近几年，随着电除尘器和湿式电除尘器的技术升级，其除尘器出口可以控制粉尘含量在 20mg/m³（标况）下，电除尘器和湿式电除尘器也在部分火电厂得到升级和推广应用。

（一）电除尘器相关参数指标

电除尘器是烟气通过电除尘器主体烟道时，使烟尘携带正电荷，然后烟气进入设置多层阴极板的电除尘器通道。由于携带正电荷烟尘与阴极电板的相互吸附作用，使烟气中的颗粒粉尘吸附在阴极上，定时击打阴极板，使具有一定厚度的粉尘在自重和振动的双重作用下跌落在电除尘器下方的灰斗中，从而达到清除烟气中的粉尘的目的。

湿式电除尘器是一种用来处理含微量粉尘和微颗粒的新型除尘设备，主要用来去除含湿气体中的粉尘、酸雾、水滴、气溶胶、$PM_{2.5}$ 等有害物质，是治理大气粉尘污染的理想设备。湿式电除尘器通常简称 WESP，与干式电除尘器的除尘基本原理相同，要经历荷电、收集和清灰三个阶段。干式电除尘器一般采用机械振打或声波清灰等方式清除电极上的积灰，而湿式电除尘器则采用定期冲洗的方式，使粉尘随着冲刷液的流动而清除。

1. 除尘效率

在除尘器设计中一般采用全效率作为考核指标，有时也用分级效率进行表示。

（1）全效率。全效率是指除尘器去除的粉尘量与进入除尘器的粉尘量的百分比。计算公式为

$$\eta = \frac{G_2}{G_1} \times 100$$

式中　η ——除尘器的效率，%；

170

G_1 ——进入除尘器的粉尘量，g/s；

G_2 ——去除的粉尘量，g/s。

由于现场无法直接测量进入除尘器的粉尘量，可以先测出除尘器进出口烟气流量和烟气中的含粉尘浓度，再用以下公式计算，即

$$\eta = \left(1 - \frac{Q_2 \times c_2}{Q_1 \times c_1}\right) \times 100$$

式中 η ——除尘器的效率，%；

Q_1 ——除尘器入口烟气流量，m^3/s；

Q_2 ——除尘器出口烟气流量，m^3/s；

c_1 ——除尘器入口粉尘浓度，mg/m^3；

c_2 ——除尘器出口粉尘浓度，mg/m^3。

（2）总效率。在除尘系统中若有除尘效率分别为 η_1、η_2、$\cdots$、η_n 的多个除尘器串联运行，则除尘系统的总效率计算公式为

$$\eta = \left[1 - \left(1 - \frac{\eta_1}{100}\right)\left(1 - \frac{\eta_2}{100}\right)\cdots\left(1 - \frac{\eta_n}{100}\right)\right] \times 100$$

（3）穿透率。穿透率 ρ 是指电除尘器出口粉尘的排出量与入口粉尘进入量的百分比，其计算公式为

$$\rho = 100 - \eta$$

式中 ρ ——除尘器的穿透率，%；

η ——除尘器的效率，%。

（4）分级效率。按粉尘粒径来标定的除尘效率称为除尘器的分级效率。除尘效率除了与除尘器的结构和运行工况以及尘粒密度等因素有关外，还与处理粉尘的粒径有很大关系。虽然各种除尘器对粗颗粒粉尘（如 150μm）都有较高的除尘效率（94% 以上），但是对微细粉尘（1μm），效率就有明显的差别。例如惯性除尘器的效率仅为 3%，高效旋风除尘器的效率也不过 27%。因此，用除尘效率（平均效率）来说明除尘器的除尘效果是不全面的，要正确评价除尘器的除尘效果，就应采用分级效率。分级效率能够展示出除尘器对不同粒径粉尘，特别是微细粉尘（这种粉尘对大气环境和人体健康的危害更大）的捕集能力。标定除尘器的分级效率，有助于正确进行除尘器的选择。

2. 压力损失

除尘器压力损失又称压力降、压损，是表示除尘器消耗能量大小的技术经济指标，用除尘器进出口处烟气的全压差表示，实质上反映了烟气经过除尘器所消耗的机械能，与引风机所耗功率成正比。压力损失包括沿程压力损失和局部压力损失。

3. 处理烟气量

处理烟气量是指除尘器处理烟气能力的大小，一般用体积流量（m^3/h 或 m^3/s）表示，

也可用质量流量（kg/h 或 kg/s）表示。除尘器处理烟气量选得过大，会导致设备占地面积和投资增加；处理烟气量选得过小，会降低除尘效率，导致出口粉尘含量超标。一般除尘器处理烟气量的选择要参考锅炉设计的烟气量，并保留一定的处理余量，保证锅炉燃烧大幅波动和煤质变化后的除尘效果。

4. 烟气粉尘浓度

烟气粉尘浓度是指单位体积烟气中所含的粉尘质量，常用单位为 mg/m^3。如果烟气粉尘浓度很高，电场内尘粒的空间电荷很高，会使电除尘器的电晕电流急剧下降，严重时可能会趋于零，这种情况称为电晕闭塞。为了防止电晕闭塞的情况发生，处理粉尘浓度较高的烟气时，必须采用一定的措施，如提高工作电压、采用放电强烈的芒刺型电晕线、电除尘器前增设预净化设备等。一般地，当烟气粉尘浓度超过 $30g/m^3$ 时，应装设预净化设备。表 4-9 是某电厂在不同锅炉负荷下的一组电除尘器除尘效率实测数据。

表 4-9　　　　　　　　　　　不同粉尘浓度下电除尘器的除尘效率

入口烟温（℃）	入口粉尘浓度（g/m³）	烟气量（m³/h）	除尘效率（%）
137	14.33	2442599	98.01
136	15.23	2297794	98.53
138	17.66	1982104	98.47
136	21.46	1630789	97.96
138	22.98	1582931	97.88
138	24.90	1505905	97.79
138	27.40	1477279	97.54
137	28.65	1421555	97.48
137	31.45	1412842	97.35

5. 电场风速

电场风速是指电除尘器在单位时间内通过的烟气量与电场截面积的比值，即

$$v = \frac{Q}{S}$$

式中　v ——电场风速，m/s；

　　　Q ——通过的烟气流量，m^3/s；

　　　S ——电场截面积，m^2。

烟气在通过电除尘器时的电场风速与电除尘器规格大小和烟气特性有关，电场风速一般为 0.6～1.5m/s，最佳风速为 0.8～1.2m/s。在烟气量一定的条件下，虽然从多依奇效率公式看，电场风速与除尘器的效率无关，但对于具有一定尺寸的收尘极板面积的电除尘器来说，过高的电场风速不仅使电场长度增加，电除尘器整体也显得细长，占地面积加大，而且会引起收尘极上的粉尘产生二次扬尘，降低除尘效率。反之，过低的电场风速，需要更大的电场截面积，导致烟气沿着截面的分布更难达到均匀，所以电场风速选

择应适中。

6. 收尘极板的间距

根据多依奇效率公式

$$\eta = 1 - e^{-\frac{A}{Q}\omega}$$

式中　　A——总集尘极面积，m^2；

　　　　Q——烟气流量，m^3/s；

　　　　ω——粒子驱进速度，m/s。

若除尘器通过的烟气量为一定值，则当 $A\omega$ 值为最大时，电除尘器具有最高的除尘效率。而对于具有一定收尘空间的除尘器来说，$A\omega$ 是极板间距的函数，所以当 $\frac{d(A\omega)}{db} = 0$ 时，$A\omega$ 有极大值。经过连续推导，可以得到极板间距应为 250mm。根据实践和试验，采用 300～400mm 宽的极板间距，可以增大绝缘距离，抑制电场反电晕，获得较好的除尘效率。

7. 粉尘驱进速度

粉尘驱进速度是指在静止气体中，在电场力的作用下，荷电粉尘向收尘极移动的平均速度。当荷电粉尘所受的电场力和含尘气体相对运动时的流体阻力相平衡时，荷电粉尘具有均匀的驱进速度。根据多依奇效率公式，当通过的烟气量和要求的除尘效率不变时，粉尘驱进速度值越大，则所需的收尘极板面积越小。例如 ω 为 13cm/s 和 6.5cm/s 的电除尘器，在通过相同烟气量和除尘效率的情况下，其除尘器的体积几乎相差 1 倍。对于火电厂的电除尘器，影响 ω 的因素虽然很多，但实际上煤的含硫量和粉尘颗粒的直径是影响 ω 值的主要因素。煤的收到基含硫量越大，颗粒越大，粉尘驱进速度也相应越大。一般情况下 ω=6.0～9.0cm/s，常取 7.5cm/s。

8. 收尘极面积

收尘极面积是指收尘极板的有效投影面积。电除尘器工作时的实际条件（如烟气特性、风量、驱进速度和气流分布等）与设计工况可能存在差异，所以在设计选择电除尘器时，必须考虑一定的冗余能力。一般通过采用增大收尘极面积的方法来保证电除尘器的冗余能力。计算收尘极面积的公式为

$$A = k_b \frac{Q}{\omega} \ln \frac{1}{1 - \frac{\eta}{100}}$$

式中　　A——所需要的收尘极面积，m^2；

　　　　η——除尘器要求的除尘效率，%；

　　　　ω——粉尘驱进速度，m/s；

　　　　Q——通过的烟气量，m^3/s；

　　　　k_b——冗余系数，一般取 1.0～1.3。

9. 电场数

沿着烟气流动方向将各室分为若干段，每一段有完整的收尘极和电晕极，并配备相应的一组高压电源装置，每个独立段称为一个电场。电除尘器一般设有 3 个电场或 4 个电场。

10. 停留时间

停留时间是指烟气流经电场长度所需要的时间，它等于电场长度与电场风速之比。

11. 电源容量

整流器的额定电压 u_2 按除尘器极间距的大小选取 $3\sim3.5\text{kV/cm}$，对于高浓度、宽极距、低比电阻和长芒刺的情况选下限，反之选上限。整流器的额定电流 i_2 按除尘器单区收尘面积的大小选取 $0.2\sim0.4\text{mA/m}^2$，对于高浓度、高比电阻和星型线的情况选下限，反之选上限。参考供电设备的额定电压和电流系列等级，选择最接近的一档上限参数作为电源设备的额定容量。

12. 粉尘比电阻

一种物质的比电阻是指其长度和横截面积各为 1 单位时的电阻，比电阻实际上就是电阻率，如果用 R 表示一种材料在某一温度下的电阻，用 ρ 表示一种材料在某一温度下的比电阻，则两者的关系为

$$R = \rho \frac{L}{A}$$

式中　R——材料在某一温度下的电阻，Ω；

ρ——材料的比电阻，或电阻率，$\Omega \cdot \text{cm}$；

L——材料的长度，cm；

A——材料的横截面积，cm^2。

粉尘的电阻乘以电流流过的横截面积并除以粉尘层厚度称为粉尘比电阻，单位为 $\Omega \cdot \text{cm}$。简言之，面积为 1cm^2、厚度为 1cm 的粉尘层的电阻值称为粉尘比电阻（或电阻率）。

粉尘比电阻对电除尘器的影响主要有两个方面：

（1）由于电晕电流必须通过极板上的粉尘层才能传导电晕放电到收尘极，若粉尘的比电阻超过临界值 $5.0\times10^{10}\Omega \cdot \text{cm}$ 时，则电晕电流通过粉尘层就会受到限制，会影响到粉尘粒子的荷电量、荷电率和电场强度，如不采取措施，会导致除尘效率下降。

（2）粉尘的比电阻对粉尘的黏附力有较大的影响，高比电阻导致粉尘的黏附力增大，电极上的粉尘层不易掉落，需要提高振打强度，这将导致二次飞扬增多，使电除尘器除尘效率下降。

根据现场粉尘的比电阻对电除尘器性能的影响，可将比电阻大致分为三个范围：

（1）$\rho < 5\times10^4\Omega \cdot \text{cm}$，比电阻在这一范围内的粉尘称为低比电阻粉尘。低比电阻粉尘到达收尘极表面不仅会立即释放负电荷，而且会由于静电感应获得与收尘极同极性的正电

荷，若正电荷形成的排斥力大得足以克服粉尘的黏附力，则已经沉积的粉尘将脱离收尘极而重返烟气，重返烟气的粉尘在空间又与离子相碰撞重新获得负电荷再次向收尘极运动，并再次脱离收尘极而重返烟气中，结果形成在收尘极上跳跃现象，从而影响除尘效果。

（2）$5×10^4\Omega \cdot cm < \rho < 5.0×10^{10}\Omega \cdot cm$，比电阻在这一范围内的粉尘称为中比电阻粉尘，比电阻在这一范围内除尘效果最好。

（3）$\rho > 5.0×10^{10}\Omega \cdot cm$，比电阻在这一范围内的粉尘称为高比电阻粉尘。对于高比电阻粉尘，当它们到达阳极形成粉尘层时，所带电荷不易释放，会在阳极粉尘层面上形成一个残余的负离子层，使粉尘层与极板之间出现一个新电场，这个新电场使粉尘牢牢地吸附在收尘极表面，不易振落。一方面，这一负离子层阻碍粉尘向收尘极运动，影响收尘效果；另一方面，随着阳极表面积灰厚度增加，由于残余电荷分布的不均匀性，就会使阳极局部的粉尘层的电流密度与比电阻的乘积超过粉尘层的绝缘强度而局部击穿，发生局部电离。通常将发生在收尘极板上粉尘层的局部电离称为"反电晕"。反电晕发生后，局部电离产生了大量电子和离子，电子进入阳极，而正离子进入电场中和电晕区带负电荷的粒子，使除尘效率大大下降。

为了防止"反电晕"的发生，通常设计时要考虑选取较保守的驱进速度，采用宽极距、脉冲电源等形式，或采用调质处理，采用微机控制最佳火花电压及振打清灰周期等。所谓调质处理就是向烟气中加入导电性较好的物质，如 SO_3 和 NH_3 等合适的化学调质剂，以及向烟气中喷水或水蒸气等，降低比电阻。

13. 比收尘面积

单位流量的烟气所分配到的收尘面积称为比收尘面积，常用单位为 m²/（m³/min）。它等于收尘极面积（m²）与烟气流量的烟气量（m³/min）之比。比收尘面积的大小，对电收尘器的收尘效果影响很大，比收尘面积越大，除尘效率越高，但建筑面积和投资越大。它是电除尘器的重要结构参数之一。

14. 一次电流

电除尘器的一次电流是指输入到整流变压器初级侧的交流电流。电除尘器的电源一般取自发电厂厂用电母线，一次电压较为稳定，一次电流会随着除尘器运行中设置的二次电压变化。

15. 二次电压

电除尘器的整流变压器输出的直流电压就是二次电压。电除尘器需要维持连续放电，使粉尘颗粒携带荷电，才能被收尘极板捕获，达到除尘的目的。只有直流电才能保证电场内维持连续稳定的同极性电荷放电，若是交流电则会因频率的变化，使电场内形成椭环状磁路，使带荷电粉尘杂乱飞舞，影响除尘效率。

16. 二次电流

电除尘器的整流变压器输出的直流电流就是二次电流。

17. 电晕电流

发生电晕放电时，在电极间流过的电流称为电晕电流。

18. 电晕功率

电晕功率是投入到电除尘器的有效功率，它等于电场的平均电压和平均电晕电流的乘积。电晕功率越大，除尘效率越高。

19. 伏安特性

电除尘器的伏安特性反映的是极间电压与电晕电流之间的关系。它是很多变量的函数，伏安特性主要取决于放电极和收尘极的几何形状、距离、烟气温度、压力、化学成分和粉尘性质等。

（二）影响电除尘器效率的因素及解决方案

（1）确定合适的粉尘比电阻。

最适宜静电除尘器脱除的粉尘比电阻的大概范围是 $5\times10^{4}\sim5\times10^{10}\Omega\cdot cm$。粉尘比电阻过低时，粉尘在到达收尘极板后会很容易失去电荷。失去电荷后，粉尘与极板之间的吸引力减弱，导致粉尘在收尘极板脱落，并在气流的夹带下重新进入烟气，导致二次扬尘的发生。粉尘比电阻过高时，粉尘运动至收尘极板后，电荷不容易释放，会在收尘极板上越积越厚，带有相同电荷的粉尘向收尘极板的定向移动会受到抑制，累积到一定厚度，粉尘间会形成较大的电位梯度。在粉尘层电场强度超过其临界值的情况下，粉尘层孔隙间发生局部击穿并产生正离子，正离子向带负电的电晕极移动，中和电晕区带负电的粒子，带负电粒子被中和后会被带出除尘器，发生"反电晕"现象，导致无法有效脱除粉尘。

（2）防止电晕闭塞。

在烟气通过静电除尘器电场的过程中，粉尘粒子会与气体离子发生碰撞而荷电，所以在除尘器的电场中既有气体离子电荷又有粉尘粒子电荷，气体离子和荷电的粉尘粒子运动形成电晕电流。但是由于粉尘粒子的质量和大小都远远大于气体离子，所以气体离子的运动速度远大于荷电的粉尘粒子，气体离子的驱进速度大约是粉尘粒的数百倍，所以由荷电粉尘粒子运动所形成的电晕电流大约只占总的电晕电流的1%～2%。当烟气中的粉尘浓度增加时，粉尘粒子的数量增加，所形成的空间电荷也相应增多，导致气体离子形成的空间电荷减少，电晕电流下降。烟气中的粉尘浓度较高时（一般认为含尘浓度在 $40\sim60g/m^{3}$ 以下不会造成电晕闭塞），电流甚至会趋近于零，这种现象就被称为电晕闭塞，会使除尘器效率降低。

为防止电晕闭塞，可以采取以下措施：

1）燃用灰分较低的煤种，降低除尘器入口粉尘浓度。

2）适当降低烟气的流速，实现粉尘粒子的有效捕获，以降低电场中粉尘离子的数量。

3）使用芒刺电极等放电强度较强的电极形式，提高电晕放电强度。

4）适当增加静电除尘器的工作电压以提高电晕放电强度。

5）在静电除尘器的前端增设预除尘器，降低静电除尘器入口粉尘浓度。

（3）消除电晕线肥大。

在电除尘器运行过程中，电晕线附近会有少量带有正电荷的粉尘粒子，带有正电荷的粉尘粒子在电荷力的作用下会向带有负电荷的电晕线移动，并在电晕线上逐渐积累。如果粉尘的黏附力很强，在电晕线上积累的粉尘会很难振打清除。粉尘在电晕线上越积越多，会导致电晕线变粗，严重影响电晕放电的效果，除尘器的除尘效率也会受到影响。

造成电晕线肥大的原因包括：

1）在机组低负荷运行或者停运期间，静电除尘器中烟气的温度低于露点，酸性气体或者水蒸气容易冷凝并吸附于电晕极表面，在机组负荷升高、烟气温度升高后，部分凝结于电晕极表面的物质会结晶，附着力增强，难于脱落；

2）由于静电作用导致电晕极吸附的粉尘过多；

3）粉尘的性质影响，比如粉尘本身的黏结性较大或者水解导致的黏附；

4）电晕极表面有腐蚀的情况，导致表面粗糙，吸附在其表面的粉尘不容易通过振打而脱落下来。

为消除电晕线肥大的现象，通常可采取的措施包括：

1）适当缩短阴极振打周期，增加阴极的振打力；

2）在停机检修期间及时对电晕电极进行检查、清理，尽量保持电晕电极的洁净，对于已经腐蚀的电晕极进行更换处理；

3）保证机组运行期间静电除尘器内烟气温度控制在合理的范围内，防止烟气温度过低导致酸性气体和水蒸气凝结在电晕极上造成腐蚀。

（4）烟气流场分布不均匀。

由于静电除尘器内部各个区域气流分布不均匀，导致脱除粉尘的效率存在差异，在气流速度过高的区域除尘效率较低，粉尘脱除量会减少。在气流速度低的区域，除尘效率较高，粉尘脱除量增加。但是由于气流速度低而增加的粉尘脱除量不能弥补由于气流速度高而减少的粉尘脱除量；同时静电除尘器内部气流分布不均匀，在气流速度过高的区域由于高速气流的冲刷，会导致已经被收集到收尘极板上或者灰斗内的粉尘被气流夹带重新回到烟气当中，导致二次扬尘现象的发生，降低除尘效率。

流场不均匀可分为除尘器各室流量分配不均匀，以及单个室内部的烟气速度分布不均匀。烟道的结构设计以及烟道内导流板的布置是影响烟气流场均匀性的重要因素。近些年来，数值模拟相关的技术日渐成熟，数值模拟技术可以为除尘器的流场优化改造提供指导。利用数值模拟技术进行建模，分析烟道结构改造、烟道内导流板以及气流分布板布置的最佳方案，并根据模拟得到的方案对除尘器烟道进行相应的优化改造，以提高烟气流场分布的均匀性。

（5）漏风率过高。

电除尘器本体漏风率是衡量电除尘器漏风程度的指标，根据测定的进、出口断面烟气中的含氧量，电除尘器本体漏风率可计算为

$$\Delta \alpha = \frac{O_{2out} - O_{2in}}{K - O_{2out}^2} \times 100$$

式中　　$\Delta \alpha$——电除尘器本体漏风率，%；

　　　　O_{2out}——电除尘器出口断面烟气平均含氧量，%；

　　　　O_{2in}——电除尘器进口断面烟气平均含氧量，%；

　　　　K——海拔对应空气含氧量。

电除尘器运行期间，内部为负压状态。如果除尘器的壳体密封不严密，外部的空气会在除尘器内外压差的作用下被吸入除尘器的烟气中，导致烟气流量、流速增加，烟气温度下降，使烟气流速局部过快，粉尘停留时间缩短，以至于粉尘脱除效率下降，同时可能造成二次扬尘。在除尘器的灰斗和输灰设备出现漏气的情况下，粉尘的二次飞扬现象会更加严重，除尘效率严重下降。由于除尘器外的空气温度较低，外部空气的混入会导致烟气温度下降，烟温降低导致冷凝水生成，从而导致绝缘套管的腐蚀、爬电、电晕线肥大，除尘器的除尘效率下降。

解决静电除尘器本体漏风率过高的问题，需要在停机检修期间对静电除尘器壳体以及烟道的漏风部位，通过漏风试验进行仔细地排查并及时进行处理。运行期间一定要保证除尘器本体漏风率达到设计的标准，避免漏风率过高，导致静电除尘器的效率降低。

（6）电除尘器振打装置参数设置不合理。

电除尘器振打装置参数设置不合理会影响振打效果，影响电除尘器高效、稳定运行。除尘器振打装置的振打周期设置过短，导致极板、极线上还未形成大小适合振打脱除的粉尘团块，在极板、极线上振打脱落后被气流夹带再次进入烟气中发生二次扬尘的现象。振打装置的振打周期设置过长，导致粉尘在极板和极线上积累过厚，以至于较难振打脱除，极板、极线积灰，降低除尘效率。此外，振打的力度过小，也会导致粉尘层在极板和极线上不容易被振打、脱除，导致极板、极线的积灰。所以，要设置合适的振打周期以及振打力度，以保证静电除尘器的高效稳定运行。

（7）异极间距不符合设计标准。

在静电除尘器安装施工期间未把异极间距调整到设计标准范围内，或者在后期设备投入运行过程中，由于振打以及烟气冲刷等原因导致极线和极板发生严重的移位、变形，异极间距不符合设计标准，会对电晕外区的电密度、电场强度以及空间电荷密度产生影响，进而影响除尘效率。对于该问题，需要在机组停机期间，对发生严重的移位或变形的极线、极板进行修护或更换，并调整极板极线之间的距离，使所有的异极间距满足设计标准的要求。

（三）布袋除尘器相关参数指标

布袋除尘器是一种干式滤尘装置。布袋除尘器投入运行后，由于筛滤、碰撞、滞留、扩散、静电等效应，布袋表面积聚了一层粉尘，这层粉尘称为初层。在此以后的运行中，初层成了布袋的主要过滤层，依靠初层的作用，网孔较大的布袋也能获得较高的过滤效率。随着粉尘在布袋表面的积聚，除尘器的效率和阻力都相应地增加，当布袋两侧的差压很大时，会把有些已附着在布袋上的细小尘粒挤压过去，使除尘器效率下降。另外，布袋除尘器的阻力过高会使除尘系统的风量显著下降。因此，布袋除尘器的阻力达到一定数值后，要及时清灰，清灰时不能破坏初层，以免效率下降，布袋除尘器运行中应维持在一定的差压范围。布袋常用纤维滤料纺织而成，主要有棉纤维、毛纤维、合成纤维、玻璃纤维及覆膜滤料等，不同纤维织成的滤料具有不同性能。常用的滤料有 208 或 901 涤纶绒布，使用温度一般不超过 120℃；经过硅碉树脂处理的玻璃纤维滤袋，使用温度一般不超过 250℃；棉毛织物一般适用于没有腐蚀性、温度在 80～90℃ 以下的含尘气体。滤袋的形状主要有扁形袋（梯形及平板形）和圆形袋（圆筒形）。

1. 除尘效率

袋式除尘器的除尘效率与布袋表面的粉尘层有关，布袋表面的粉尘初层与布袋相比起着更重要的捕集作用，以滤料在不同运行状态下的分级除尘效率变化曲线即可得到这个结论。由于过滤过程复杂，难以从理论上求得袋式除尘器的除尘效率计算式。因此，常用袋式除尘器出口烟气含粉尘量与入口总粉尘量的比率来间接计算除尘效率。

2. 过滤风速

单位时间通过每平方米滤袋表面积的空气体积，即为过滤风速，其单位为 m/min。计算式为

$$v_F = L/(60F)$$

式中　　v_F ——过滤风速，m/min；

　　　　L ——除尘器处理风量，m^3/h；

　　　　F ——过滤面积，m^2。

过滤风速对除尘器的性能有很大的影响。过滤风速增大，过滤阻力增大，除尘效率下降，滤袋寿命降低；在低过滤风速的情况下，阻力低，效率高，但需设备尺寸增大。每一个过滤系统根据其清灰方式、滤料、粉尘性质、处理气体温度等因素都有一个最佳的过滤风速。一般要求，细粉尘的过滤风速要比粗粉尘的低，大除尘器的过滤风速要比小除尘器的低（因大除尘器气流分布不均匀）。

3. 布袋除尘器阻力

布袋除尘器阻力与除尘器结构、滤袋布置、粉尘层特性、清灰方式、过滤风速、粉尘浓度等因素有关。布袋除尘器的阻力（Δp）一般由除尘器结构阻力（Δp_g）、滤料阻力（Δp_o）和粉尘层阻力（Δp_c）三部分组成，即

$$\Delta p = \Delta p_g + \Delta p_o + \Delta p_c$$

式中 Δp_g——除尘器结构阻力，Pa；

       Δp_o——滤料阻力，Pa；

       Δp_c——粉尘层阻力，Pa。

（1）除尘器结构阻力。

除尘器结构阻力是指烟气从除尘器入口到除尘器出口产生的阻力，主要由设备进、出口及内部烟道内挡板等造成的流动阻力。设备本体结构阻力与过滤风速有关，通常 $\Delta p_g = 200 \sim 500$Pa。

（2）除尘器布袋的滤料阻力。

除尘器布袋的滤料阻力计算公式为

$$\Delta p_o = \xi_o \mu v_F / 60$$

式中 μ——空气的黏度，Pa·s；

       v_F——过滤风速，即单位时间每平方米滤料表面积所通过的空气量，m/min；

       ξ_o——滤料的阻力系数，m^{-1}（棉布 $\xi_o = 1.0 \times 10^7 m^{-1}$；呢料 $\xi_o = 3.6 \times 10^7 m^{-1}$；涤纶绒布 $\xi_o = 4.8 \times 10^7 m^{-1}$）。

滤料阻力通常为 50～150Pa。

（3）滤袋表面的粉尘层阻力。

滤袋表面的粉尘层阻力，为干净滤袋阻力的 5～10 倍。

（4）过滤阻力计算。

$$\Delta p = (A+B)vM$$

式中 Δp——过滤阻力（包括滤袋阻力和滤袋表面的粉尘层阻力）；

       A——附着粉尘的过滤系数；

       B——滤袋阻力系数；

       M——滤料性能系数；

       v——滤袋过滤速度。

不同材料的滤袋过滤阻力相关系数见表 4-10。

表 4-10   不同材料的滤袋过滤阻力相关系数

滤料名称	粉尘负荷（g/m^2）	B	M	滤料厚度（mm）	单位面积质量（g/m^2）	A
细结构棉毛织物	305～1139	0.24～0.90	1.01	3.75	463	5.03×10^{-2}
半羊毛织斜纹布	117～367	0.23～0.73	1.11	1.6	300	5.34×10^{-2}
粗平纹布	201～301	0.18～0.33	1.17	0.6	171	3.24×10^{-2}
毛织厚绒布	145～603	0.17～0.72	1.10	1.56	255	4.97×10^{-2}
棉织厚绒布	183～330	0.45～0.82	1.14	1.07	362	7.56×10^{-2}

（5）压力损失。

压力损失是指除尘器入口至出口在运行状态下的压力差。袋式除尘器的压力损失通常在 $1000\sim2000Pa$ 之间，脉冲袋式除尘器的压力损失小于 1.5kPa。

4. 过滤面积

过滤面积是指起滤尘作用的滤袋有效面积。根据需要过滤的气体流量和过滤速度即可确定除尘器的过滤面积。计算公式为

$$A=（Q+Q_L）v$$

式中　A ——过滤面积，m^2；

　　　Q——需要过滤的气体流量，m^3/min；

　　　Q_L ——除尘器的漏风量（一般按需要过滤气体流量的 15%～30%选取），m^3/min；

　　　v——过滤速度，m/min。

二、脱硫系统经济技术指标

（一）石灰石-石膏湿法烟气脱硫

1. 脱硫效率

脱硫效率是指脱硫设备脱除的二氧化硫（SO_2）浓度与未经脱硫前烟气中所含二氧化硫（SO_2）浓度的百分比。其计算公式为

$$\eta_{SO_2}=（C_1-C_2）/C_1\times100$$

式中　η_{SO_2} ——脱硫效率，%；

　　　C_1 ——脱硫设备进口二氧化硫（SO_2）的折算浓度（空气过量系数 1.4，标准工况，干基），mg/m^3；

　　　C_2 ——脱硫设备出口二氧化硫（SO_2）的折算浓度（空气过量系数 1.4，标准工况，干基），mg/m^3。

湿法石灰石-石膏烟气脱硫工艺涉及一系列的物理和化学过程,脱硫效率取决于多种因素。主要因素包括：吸收塔入口烟气参数，如烟气温度、SO_2 浓度、氧量；石灰石粉的品质、消溶特性、纯度和粒度分布等；运行因素，如浆液浓度、浆液的 pH 值、吸收塔的过饱和度、液气比等。

（1）烟气温度的影响。

烟气温度对脱硫效率的影响如图 4-5 所示。

脱硫效率随吸收塔进口烟气温度的降低而增加，这是因为脱硫反应是放热反应，温度升高不利于脱除 SO_2 化学反应的进行。实际的石灰石湿法烟气脱硫系统中，通常采用 GGH 装置，或烟气余热利用装置等，降低吸收塔入口的烟气温度，以提高脱硫效率。

（2）烟气中 SO_2 浓度的影响。

一般认为，当烟气中 SO_2 浓度增加时，有利于 SO_2 通过浆液表面向浆液内部扩散，

加快反应速度，脱硫效率随之提高。事实上，在不同浓度范围内烟气中 SO_2 浓度的增加对脱硫效率的影响是不同的。在钙硫摩尔比一定的条件下，当烟气中 SO_2 浓度较低时，根据化学反应动力学，其吸收速率较低，吸收塔出口 SO_2 浓度和入口 SO_2 浓度相比降低幅度不大。由于吸收过程是可逆的，各组分浓度受平衡浓度制约，当烟气中 SO_2 浓度很低时，由于吸收塔出口 SO_2 浓度不会低于其平衡浓度，所以不可能获得很高的脱硫效率。因此，工程上普遍认为，烟气中 SO_2 浓度低时不易获得很高的脱硫效率，浓度较高时容易获得较高的脱硫效率。实际上，按某一入口 SO_2 浓度设计的脱硫装置，当烟气中 SO_2 浓度很高时，脱硫效率会有所下降。

图 4-6 所示为实验室条件下烟气中 SO_2 浓度对脱硫效率影响的试验结果。当烟气中 SO_2 浓度低于 $4500mg/m^3$ 时，脱硫效率随 SO_2 浓度的增加而增加；超过此值时，脱硫效率随 SO_2 浓度的增加而减小。

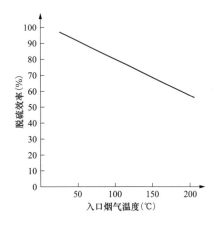

图 4-5 烟气温度对脱硫效率的影响

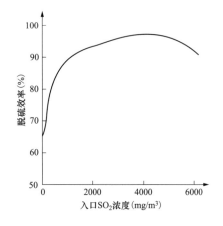

图 4-6 烟气中 SO_2 浓度对脱硫效率的影响

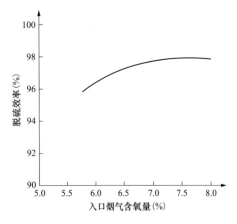

图 4-7 含氧量对脱硫效率的影响

（3）烟气中 O_2 浓度的影响。

在吸收剂与 SO_2 反应过程中，O_2 参与其化学反应过程，使 HSO_3^- 氧化成 SO_4^{2-}。

在烟气量、SO_2 浓度、烟气温度等参数一定的条件下，烟气中 O_2 浓度对脱硫效率的影响如图 4-7 所示。随着烟气中 O_2 含量的增加，脱硫效率有增大的趋势；当烟气中 O_2 含量增加到一定浓度后，脱硫效率的增加逐渐减缓。随着 O_2 含量的增加，吸收塔浆液中 O_2 含量增大，有利于 SO_2 的吸收和氧化，脱硫效率呈上升趋势。但是，烟气中 O_2 含量过高则意味着系统漏风严重，进入吸收塔的烟气量大幅度增加，烟气在塔内停留时间减少，导致脱硫效率降低。

（4）烟气含尘浓度的影响。

锅炉烟气经过高效除尘器后，烟气中飞灰浓度仍然较高，一般为 $100\sim300mg/m^3$（标准状态）。经过吸收塔洗涤后，烟气中绝大部分飞灰留在了浆液中。浆液中的飞灰在一定程度上阻碍了石灰石的消溶，降低了石灰石的消溶速率，导致浆液 pH 值降低，脱硫效率下降。同时，飞灰中溶出的一些重金属（如 Hg、Mg、Cd、Zn 等）离子会抑制钙离子与亚硫酸氢根离子的反应，从而影响脱硫效果。此外，飞灰还会降低副产品石膏的白度和纯度，增加脱水系统管路堵塞、结垢的可能性。

（5）液气比的影响。

液气比是指单位时间内吸收塔循环浆液量（单位为 L）与吸收塔出口烟气量（单位为 m^3）的体积比，是衡量整个系统脱硫能力的一个重要指标，随着超低排放政策的执行，多数吸收塔液气比设计值达到 28 以上。

运行中液气比越高，即浆液循环泵运行台数越多，脱硫能力越强，其能耗也越高。在满足超低排放标准的情况下，液气比越低，运行能耗越低。在维持同样的脱硫效率下，液气比越低，相应的钙硫比会明显升高，即运行中的 pH 值高，石灰石耗量增加。

（6）钙硫比的影响。

钙硫比是指脱硫系统中的脱硫剂钙基与脱除的 SO_2 摩尔数之比，即 Ca/S。理论上一个钙基可以吸收一个 SO_2 分子，即脱除 1mol 的硫需要 1mol 的钙，但在实际生产中，吸收反应过程并不是理想状态的，需要增加脱硫剂的量来保证吸收反应过程的连续进行。

运行中钙硫比一般为 $1.03\sim1.05$，其与 pH 值有一定的比例关系，可以通过 pH 值来估算钙硫比。pH 值与钙硫比的关系对照见表 4-11。

表 4-11   **pH 值与钙硫比的关系对照**

pH 值	5	5.1	5.2	5.3	5.4	5.5	5.6	5.7
钙硫比	1.023	1.025	1.03	1.035	1.04	1.045	1.05	1.055

钙硫比越高，说明钙基利用率越低，更多的石灰石会随着石膏排出系统外，导致石灰石使用量增加。

（7）pH 值的影响。

吸收塔浆液池的 pH 值是石灰石-石膏法脱硫的一个重要的运行参数，直接影响脱硫效率和脱硫耗电率。一方面，pH 值影响 SO_2 的吸收过程，pH 值升高，传质系数增加，SO_2 吸收速度加快，但不利于石灰石的溶解，且系统设备结垢严重；pH 值降低，虽有利于石灰石的溶解，但是 SO_2 吸收速度又会下降，当 pH 值下降到 4 时，几乎不能吸收 SO_2 了。

另一方面，pH 值还影响石灰石、$CaSO_4 \cdot 2H_2O$ 和 $CaSO_3 \cdot 1/2H_2O$ 的溶解度。随着 pH 值的升高，$CaSO_3$ 的溶解度明显下降，而 $CaSO_4$ 的溶解度则变化不大。因此，随着

SO_2 的吸收，溶液 pH 值降低，溶液中 $CaSO_3$ 的量增加，并在石灰石颗粒表面形成一层液膜，而液膜内部 $CaCO_3$ 的溶解又使 pH 值上升，溶解度的变化使得液膜中的 $CaSO_3$ 析出，并沉积在石灰石颗粒表面，形成一层外壳，使颗粒表面钝化。钝化的外壳阻碍了 $CaCO_3$ 的继续溶解，抑制了 SO_2 吸收反应的进行。因此，选择合适的 pH 值是保证系统良好运行的关键因素之一。一般认为，吸收塔的浆液 pH 值选择在 5.5～6.0 为宜。

2. 装置可用率

装置可用率是指脱硫设备每年正常运行时间与主体工程每年总运行时间的百分比，其计算公式为

$$\eta=（A-B）/A×100$$

式中　η——设备可用率，%；

　　　A——主体工程每年可运行的总时间，h；

　　　B——脱硫设备每年因脱硫系统故障导致的停运时间，h。

3. 烟气脱硫年运行成本

烟气脱硫装置运行一年中所发生的所有费用的总和包括生产成本和财务费用两部分。其中，生产成本包括脱硫剂费用、电耗费用、用水费、工资及福利费、修理费、材料费、折旧费、摊销费、保险费、排污费用和其他费用；财务费用是指企业为筹集债务资金所发生的费用，主要包括长期借款利息、流动资金借款利息和短期借款利息等。

4. 脱除 SO_2 单位成本

脱除 SO_2 单位成本是指烟气脱硫年运行成本与年脱除 SO_2 总量之比，其计算公式为

脱除 SO_2 单位成本=烟气脱硫年运行成本/年脱除 SO_2 总量

5. 单位售电脱硫成本

单位售电脱硫成本是指因烟气脱硫装置投用而增加的单位售电成本，其计算公式为

纯凝发电机组单位售电脱硫成本=（烟气脱硫年运行成本-脱硫副产物收益）/年售电量

热电联产机组单位售电脱硫成本=（烟气脱硫年运行成本-脱硫副产物收益）×
发电成本分摊比/年售电量

发电成本分摊比（%）=发电用标准煤量/（发电用标准煤量+供热用标准煤量）×100

发电用标准煤量=（年发电量-供热厂用电量）×发电标准煤耗

供热用标准煤量=年供热量×供热标准煤耗+供热厂用电量×发电标准煤耗

6. 单位供热脱硫成本

单位供热脱硫成本是指热电联产项目因烟气脱硫装置投用而增加的单位供热成本，其计算公式为

热电联产项目单位供热脱硫成本=（烟气脱硫年运行成本-脱硫副产物收益）×
供热成本分摊比/年供热量

供热成本分摊比（%）=供热用标准煤量/（发电用标准煤量+供热用标准煤量）×100

（二）干法/半干法烟气脱硫工艺

吸收剂是以干态进入吸收塔与二氧化硫反应，脱硫终产物呈"干态"的称为干法烟气脱硫工艺；吸收剂是以增湿状态进入吸收塔与二氧化硫反应，脱硫终产物呈"干态"的称为半干法烟气脱硫工艺。

1. 脱硫效率

脱硫效率是指脱硫设备脱除的二氧化硫（SO_2）浓度与未经脱硫前烟气中所含二氧化硫（SO_2）浓度的百分比。其计算公式为

$$\eta_{SO_2} = （C_1 - C_2） / C_1 \times 100$$

式中　η_{SO_2}——脱硫效率，%；

　　　C_1——脱硫设备进口二氧化硫（SO_2）的折算浓度（空气过量系数 1.4，标准工况，干基），mg/m^3；

　　　C_2——脱硫设备出口二氧化硫（SO_2）的折算浓度（空气过量系数 1.4，标准工况，干基），mg/m^3。

2. 摩尔比

摩尔比是指消耗的吸收剂中钙（Ca）的摩尔数与去除的二氧化硫中硫（S）的摩尔数之比。

3. 装置可用率

干法/半干法烟气脱硫装置可用率的计算方法与湿法脱硫的计算方法相同。

第五节　燃料、汽水经济技术指标

一、燃料经济技术指标

1. 收入燃料量

收入燃料量是指火力发电厂在统计期内实际收到供方所供应的燃料（燃煤、燃油、燃气等）数量。

（1）货票统计法：用货票数量相加所得；统计时按规定计算运损和盈亏吨。

（2）实际计量法：用轨道衡、皮带秤等计量设备实际计量的燃料，按计量的结果进账。使用计量法时应按下式折算成含规定水分的到厂质量，即

$$B_{gd} = B_{gh} \times \frac{100 - M_{ar}^{sj}}{100 - M_{ar}^{gd}}$$

式中　B_{gd}——燃料含规定水分的到厂质量，t；

　　　B_{gh}——燃料过衡质量，t；

　　　M_{ar}^{sj}——到厂实际燃料收到基水分，%；

M_{ar}^{gd}——规定燃料收到基水分上限，%。

2. 燃料耗用量

燃料耗用量是指火力发电厂在统计期内生产和非生产实际消耗的燃料（燃煤、燃油、燃气等）量，即

$$B_{hy}=B_{fd}+B_{gr}+B_{fs}+B_{th}$$

式中　B_{hy}——燃料耗用量，t；

B_{fd}——发电燃料耗用量，t；

B_{gr}——供热燃料耗用量，t；

B_{fs}——非生产燃料耗用量，t；

B_{th}——其他燃料耗用量，t。

3. 燃料库存量

燃料库存量是指火力发电厂在统计期初或期末实际结存的燃料（燃煤、燃油、燃气等）数量，即

$$B_{kc}=B_{sr}-B_{hy}-B_{ys}-B_{cs}-B_{tc}+B_{qc}$$

式中　B_{kc}——燃料库存量，t；

B_{sr}——收入燃料量，t；

B_{hy}——燃料耗用量，t；

B_{ys}——燃料运损量，t；

B_{cs}——燃料存损量，t；

B_{tc}——燃料调出量，t；

B_{qc}——期初存煤量，t。

4. 燃料检斤量

燃料检斤量是指对收入燃料量进行过衡和检尺验收的数量，即

$$B_{jj}=B_{gh}+B_{jc}$$

式中　B_{jj}——燃料检斤量，t；

B_{gh}——燃料过衡质量，t；

B_{jc}——燃料检尺量，t。

5. 燃料检斤率

燃料检斤率是指燃料检斤量与收入燃料量的百分比，即

$$L_{jj}=\frac{B_{jj}}{B_{sr}}\times100$$

式中　L_{jj}——燃料检斤率，%。

6. 燃料过衡率

燃料过衡率是指燃料过衡量与收入燃料量的百分比，即

$$L_{gh} = \frac{B_{gh}}{B_{sr}} \times 100$$

式中 L_{gh}——燃料过衡率，%。

7. 燃料运损率

燃料运损率是指燃料在运输过程中实际损失数量与燃料货票量的百分比，即

$$L_{ys} = \frac{B_{ys}}{B_{hp}} \times 100$$

式中 L_{ys} ——燃料运损率，%；

B_{ys} ——燃料运损量，t；

B_{hp} ——燃料货票量，t。

一般情况下，燃料运损率按如下定额值选取：铁路运输为1.2%；公路运输为1.0%；水路运输为1.5%；水陆联合运输为1.5%；中转换装一次增加1.0%。

火力发电厂也可根据燃料品种、运输距离、运输方式、中转情况以及季节的不同，实际测定各种燃料的运损率，报上级主管单位批准后作为运损定额。

8. 燃料盈吨量

燃料盈吨量是指燃料检斤量大于燃料货票记载数量的部分，即

$$B_{yd} = B_{jj} - B_{hp}$$

式中 B_{yd}——燃料盈吨量，t。

9. 燃料盈吨率

燃料盈吨率是指燃料盈吨量与实际燃料检斤量的百分比，即

$$L_{yd} = \frac{B_{yd}}{B_{jj}} \times 100$$

式中 L_{yd}——燃料盈吨率，%。

10. 燃料亏吨量

燃料亏吨量是指燃料检斤量小于燃料货票记载数量，且超过合理运损量的部分。合理运损量按燃料运损率中规定的定额值选取，其计算式为

$$B_{kd} = B_{jj} - B_{hp}\left(1 - \frac{L_{ys}}{100}\right)$$

式中 B_{kd}——燃料亏吨量，t。

11. 燃料亏吨率

燃料亏吨率是指燃料亏吨量与实际燃料检斤量的百分比，即

$$L_{kd} = \frac{B_{kd}}{B_{jj}} \times 100$$

式中 L_{kd}——燃料亏吨率，%。

12. 煤场存损率

煤场存损率是指统计期内燃煤储存损失的数量与实际日平均库存燃煤量的百分比，即

$$L_{cs} = \frac{B_{cs}}{B_{kc}} \times 100$$

式中　L_{cs}——煤场存损率，%。

一般情况下，煤场存损率按不大于每月的日平均煤量的 0.5%计算，火力发电厂也可以根据具体情况实际测定煤场存损率，报上级主管单位批准后作为存损计算依据。

13. 燃料盘点库存量

燃料盘点库存量是指对燃料库存进行实际测量盘点的量，一般要通过人工盘点或通过仪器检测得出。盘点包括测量体积、测量堆积密度、计算收入量、计入库存量、调整水分差等工作。

14. 燃料盘点盈亏量

燃料盘点盈亏量是指燃料实际盘点库存量与账面库存量之差。当燃料实际盘点库存量大于账面库存量即为盈，当燃料实际盘点库存量小于账面库存量即为亏。其计算式为

$$B_{yk} = B_{pd} - B_{kc}$$

式中　B_{yk}——燃料盘点盈亏量，t；

　　　B_{pd}——燃料盘点库存量，t。

15. 燃料检质率

燃料检质率是指对收到的燃料进行质量检验的数量与收入量的百分比，即

$$L_{jz} = \frac{B_{jz}}{B_{sr}} \times 100$$

式中　L_{jz}——燃料检质率，%；

　　　B_{jz}——燃料检质量，t；

　　　B_{sr}——燃料收入量，t。

16. 煤炭质级不符率

煤炭质级不符率是指入厂煤检验质级不符部分的煤量与燃料检质量的百分比，即

$$L_{bf} = \frac{B_{bf}}{B_{jz}} \times 100$$

式中　L_{bf}——煤炭质级不符率，%；

　　　B_{bf}——质级不符部分的煤量，t。

17. 煤质合格率

煤质合格率是指到厂煤检质煤质合格部分的数量与燃料检质量的百分比，即

$$L_{hg} = \frac{B_{hg}}{B_{jz}} \times 100$$

式中　L_{hg} ——煤质合格率，%；

　　　B_{hg} ——煤质合格煤量，t。

18. 入炉煤配煤合格率

入炉煤配煤合格率是指达到入炉煤质要求的煤量与入炉煤总量的百分比，即

$$L_{pm} = \frac{B_{pm}}{\sum B_{rl}} \times 100$$

式中　L_{pm} ——配煤合格率，%；

　　　B_{pm} ——配煤合格煤量，t；

　　　B_{rl} ——入炉煤量，t。

19. 燃料亏吨索赔率

燃料亏吨索赔率是指火力发电厂向供方实际索回的亏吨数量与全部亏吨量的百分比，即

$$L_{ds} = \frac{B_{ds}}{B_{kd}} \times 100$$

式中　L_{ds} ——燃料亏吨索赔率，%；

　　　B_{ds} ——燃料亏吨索赔煤量，t；

　　　B_{kd} ——燃料亏吨量，t。

20. 燃料亏卡索赔率

燃料亏卡索赔率是指火力发电厂向供方实际索回的质价不符金额与应索回的质价不符金额的百分比，即

$$L_{ks} = \frac{实际索回的质价不符金额}{应索回的质价不符金额} \times 100$$

式中　L_{ks} ——燃料亏卡索赔率，%。

21. 入厂标准煤单价

入厂标准煤单价是指燃料到厂总费用（煤价、运费及各种运杂费的总和）与对应的标准煤量的比值。入厂标准煤单价包括含税和不含税两种。计算公式为

$$R_{rc} = \frac{K_{rc}}{B_b} = \frac{K_m + K_y + K_z}{B_b}$$

式中　R_{rc} ——入厂标准煤单价，元/t；

　　　K_{rc} ——燃料到厂总费用，元；

　　　K_m ——燃料费用，元；

　　　K_y ——燃料运输费用，元；

　　　K_z ——燃料运杂费，元；

　　　B_b ——入厂标准煤量，t。

189

22. 入厂煤与入炉煤热量差

入厂煤与入炉煤热量差是指入厂煤收到基低位发热量（加权平均值）与入炉煤收到基低位发热量（加权平均值）之差。计算入厂煤与入炉煤热量差应考虑燃料收到基外水分变化的影响，并修正到同一外水的状态下进行计算。计算公式为

$$\delta Q = Q_{net,ar}^{rc} - Q_{net,ar}$$

式中　δQ——入厂煤与入炉煤热量差，kJ/kg；

　　　$Q_{net,ar}^{rc}$——入厂煤收到基低位发热量，kJ/kg；

　　　$Q_{net,ar}$——入炉煤收到基低位发热量，kJ/kg。

23. 入厂煤与入炉煤水分差

入厂煤与入炉煤水分差是指入厂煤收到基全水分（加权平均值）与入炉煤收到基全水分（加权平均值）之差，即

$$\delta M = M_{ar}^{rc} - M_{ar}^{rl}$$

式中　δM——入厂煤与入炉煤水分差，%；

　　　M_{ar}^{rc}——入厂煤收到基全水分，%；

　　　M_{ar}^{rl}——入炉煤收到基全水分，%。

24. 燃煤机械采样装置投入率

燃煤机械采样装置投入率是指在统计期内燃煤机械采样装置投入的时间与含故障时间在内的机械采样装置运行小时的百分比，即

$$L_{jc} = \frac{燃煤机械采样装置投入时间}{含故障时间在内的机械采样装置运行小时} \times 100$$

式中　L_{jc}——燃煤机械采样装置投入率，%。

25. 皮带秤校验合格率

皮带秤校验合格率是指皮带秤校验合格次数与皮带秤校验总次数的百分比，即

$$L_{xy} = \frac{皮带秤校验合格次数}{皮带秤校验总次数} \times 100$$

式中　L_{xy}——皮带秤校验合格率，%。

26. 低位发热量

低位发热量是指燃料完全燃烧后，燃烧物中的水蒸气仍以气态存在时的反应热。低位发热量就是从高位发热量中扣除了水蒸气的汽化热后的发热量。因为燃料在锅炉中燃烧后，其排烟温度一般为110~160℃，烟气中水蒸气的分压力很低，仍处于蒸汽状态，不可能凝结成水而放出汽化热，这部分汽化热不能被锅炉所利用，所以我国规定锅炉技术经济指标计算时燃料的热值统一按低位发热量计算。

由于水蒸气的凝结热等于汽化热，所以低位发热量 $Q_{net,ar}$ 与高位发热量 $Q_{gr,ar}$ 存在如下关系，即

$$Q_{gr,ar} = Q_{net,ar} + 206H_{ar} + 23M_{ar} \quad (kJ/kg)$$

27. 高位发热量

高位发热量是指燃料完全燃烧后所放出的全部热量。包括燃料中的原有水分和燃料中的氢燃烧后生成的水蒸气凝结成水时放出的汽化热。

28. 燃煤灰分

在一定温度（815℃±10℃）下，煤中可燃物完全燃尽，同时煤中矿物质发生一系列分解、化合等复杂反应后遗留下的残留物，这些残留物称为灰分产率，简称灰分。收到基灰分 A_{ar} 与干燥基灰分 A_d 之间的转换公式为

$$A_d = \frac{100}{100 - 煤的全水分} \times A_{ar}$$

29. 燃煤挥发分

将煤样在 900℃±10℃ 的温度下，隔绝空气加热 7min，待其中的有机物和部分矿物质受热分解成气体逸出，以失去的质量占煤样质量的百分比，减去煤样的水分后即为挥发物产率，逸出的气体（主要是 H_2、C_mH_n、CO、CO_2 等可燃气体）产物质量占煤样质量的百分数称为煤的挥发分产率，简称挥发分。简单地说，就是煤在规定的条件下，隔绝空气加热所逸出的除分析水分以外的挥发物质量与试样质量的百分比。

火力发电厂锅炉设计和热力计算一般用无灰干燥基挥发分指标。假想无水、无灰状态的煤为基准，将煤样在规定的条件下隔绝空气加热并进行水分和灰分校正后的质量损失，称为无灰干燥基挥发分。无灰干燥基挥发分 V_{daf} 与空气干燥基挥发分 V_{ad} 的换算关系为

$$V_{daf} = V_{ad} \times \frac{100}{100 - M_{ad} - A_{ad}}$$

式中　　V_{ad} ——空气干燥基挥发分，%；

　　　　M_{ad} ——空气干燥基水分，%；

　　　　A_{ad} ——空气干燥基灰分，%。

30. 折算灰分、折算水分

煤中所含灰分、水分、硫分等杂质，对锅炉工作有直接的负面影响。由于煤的发热量不同，仅从百分含量上很难分析它们对锅炉的危害程度，为此引入折算灰分、折算水分、折算硫分的概念。

折算成分是指在低位发热量中每 4186.8kJ（1000kcal）热量所对应煤的成分。分别以 A_{zs}、M_{zs}、S_{zs} 代表折算灰分、折算水分、折算硫分。它们的计算式为

$$A_{zs} = \frac{A_{ar}}{\dfrac{Q_{net,ar}}{4186.8}} = 4186.8 \times \frac{A_{ar}}{Q_{net,ar}}$$

$$M_{zs} = \frac{M_{ar}}{\dfrac{Q_{net,ar}}{4186.8}} = 4186.8 \times \frac{M_{ar}}{Q_{net,ar}}$$

$$S_{zs} = \frac{S_{ar}}{\dfrac{Q_{net,ar}}{4186.8}} = 4186.8 \times \frac{S_{ar}}{Q_{net,ar}}$$

式中 A_{zs}、M_{zs}、S_{zs} ——收到基折算灰分、折算水分、折算硫分，%；

A_{ar}、M_{ar}、S_{ar} ——收到基灰分、水分、硫分，%；

$Q_{net,ar}$ ——煤的收到基低位发热量，kJ/kg。

注：当煤中的 M_{ar}>20%时，称为高水分煤；当煤中的 A_{ar}>30%时，称为高灰分煤；当煤中的 S_{ar}>3.0%时，称为高硫分煤。

31. 煤的可磨性

煤的可磨性是表征燃煤磨制难易程度的特性指标。

煤的可磨性指数是指在风干状态下，将同一重量的标准煤和试验煤由相同的粒度磨碎到相同的细度时所消耗的能量之比。可磨性指数小于 1.2 的煤为难磨的煤，可磨性指数大于 1.5 的煤为易磨的煤。

世界上普遍采用哈德格罗夫法（简称哈氏法）作为可磨性的标准测定方法。哈氏可磨性指数（HGI）是哈德格罗夫在 1930 年根据雷廷吉尔定律（燃煤破碎时所做的功与其产生的新表面积成正比）提出的。哈氏可磨性指数计算公式为

$$HGI = 6.93W + 13$$

式中 W——根据 GB/T 2565—2014《煤的可磨性指数测定方法 哈德格罗夫法》，50g 煤样研磨后通过 200 号筛的煤样质量，g。

32. 点火用油量

锅炉点火期间（自锅炉点火开始直到汽轮发电机组并列全撤油枪）所消耗的油量，叫作点火用油量。

33. 助燃用油量

助燃用油量是指锅炉设备带负荷运行中处于负荷过低或燃烧不稳定的状态时，为了维持锅炉稳定燃烧而使用的燃油量。

二、汽水经济技术指标

1. 全厂补水率

全厂补水率是指统计期内补入锅炉、汽轮机设备及其热力循环系统的除盐水量与锅炉实际总蒸发量的百分比，即

$$L_{qc} = \frac{D_{qc}}{\sum D_L} \times 100$$

或

$$L_{qc} = L_{sc} + L_{sc}^f = L_{fd} + L_{gr} + L_{fd}^f + L_{sc}^f$$

式中 L_{qc} ——全厂补水率，%；

D_{qc} ——统计期内全厂补水总量，t；

$\sum D_\mathrm{L}$ ——统计期内全厂锅炉实际总蒸发量，t；

L_sc ——生产补水率，%；

L_fd ——发电补水率，%；

L_gr ——供热补水率，%；

L_fd^f ——非发电补水率，%；

L_sc^f ——非生产补水率，%。

全厂补水量包括生产补水量和非生产补水量，具体见表 4-12。

表 4-12 全厂补水量的组成

			汽水损失量
全厂补水量	生产补水量	发电补水量 （含主系统供热）	锅炉排污量
			空冷塔补水量
			事故放水损失量
			机炉启停用水损失量
			电厂自用汽水量
		供热（汽）补水量	
		非直接发电补水量	凝汽器灌水查漏用除盐水量
			锅炉酸洗后清洗用除盐水量
			发电设备检修用除盐水量且用后直排水量
	非生产补水量	非发电生产直接供热量，如生活区供热等	
		食堂、辅助制冷站、公寓采暖、公寓热水等用汽量	

2. 生产补水率

生产补水率是指统计期内补入锅炉、汽轮机及其热力循环系统用作发电、供热等的除盐水量占锅炉实际蒸发量的比例，即

$$L_\mathrm{sc} = L_\mathrm{fd} + L_\mathrm{gr} + L_\mathrm{fd}^\mathrm{f}$$

式中 L_sc ——生产补水率，%；

L_fd ——发电补水率，%；

L_gr ——供热补水率，%；

L_fd^f ——非发电补水率，%。

3. 发电补水率

发电补水率是指统计期内汽、水损失水量，锅炉排污量，空冷塔补水量、事故放水（汽）损失量，机、炉启动用水损失量，电厂自用汽（水）量等总计占锅炉实际总蒸发量的比例，即

$$L_\mathrm{fd} = \frac{D_\mathrm{fd}}{\sum D_\mathrm{L}} \times 100$$

式中 D_fd ——发电补水量，t。

4. 汽水损失率

汽水损失率是指统计期内锅炉、汽轮机及其热力循环系统由于泄漏引起的汽、水损失量占锅炉实际总蒸发量的百分比，即

$$L_{qs} = \frac{D_{qs}}{\sum D_L} \times 100$$

$$D_{qs} = D_{fd} - (D_{wq} + D_{zy} + D_{ws} + D_{ch} + D_{pw}) + D_{hs}$$

式中　　L_{qs}——汽水损失率，%；

　　　　D_{qs}——汽水损失量，t；

　　　　D_{wq}——对外供汽量，t；

　　　　D_{zy}——热力设备及其系统自用汽（水）量，t；

　　　　D_{ws}——对外供水量，t；

　　　　D_{ch}——锅炉吹灰用汽量，t；

　　　　D_{pw}——锅炉排污水量，t；

　　　　D_{hs}——外部回到热力系统的水量，t。

各火力发电厂常用的降低汽水损失的措施有：

（1）提高检修质量，减少阀门内漏，加强跑冒滴漏等消缺工作，压力管道的连接尽量采用焊接工艺，减少泄漏的可能；

（2）采用更完善的疏水系统，按疏水品质分级回收利用；

（3）减少主机、辅机的启停次数，减少启停过程中的汽水损失量；

（4）降低排污量，减少凝汽器的泄漏。

5. 电厂自用汽水量

电厂自用汽水量是指统计期内不能回收的锅炉吹灰、燃料雾化、仪表伴热、生产厂房采暖、厂区办公楼采暖、燃料解冻、油区用汽，以及机组闭式冷却水及发电机定子冷却水的补充水或换水用除盐水等。

6. 供热补水率

供热补水率是指统计期内热电厂向外供热时，没有回收到的水（汽）量（除盐水）占锅炉总蒸发量的百分比，即

$$L_{gr} = \frac{D_{gr}}{\sum D_L} \times 100$$

式中　　D_{gr}——供热时凝结水损失量，t。

7. 非发电补水率

非发电补水率是指统计期内不参加热力循环的用后直接排掉的除盐水占锅炉实际总蒸发量的百分比。如凝汽器灌水查漏用水、锅炉酸洗后清洗用水、发电设备检修用除盐水、备用期间因水质不合格时放掉的除盐水等。其计算式为

$$L_{fd}^{f} = \frac{D_{fd}^{f}}{\sum D_{L}} \times 100$$

式中　L_{fd}^{f} ——非发电用水率，%；

　　　D_{fd}^{f} ——非发电用水量，t。

8. 非生产补水率

非生产补水率是指统计期内因厂区外非发电生产直接供热（如电厂生活区供热、厂区外食堂、浴室用汽等），需要补充的除盐水占锅炉实际总蒸发量的百分比，即

$$L_{sc}^{f} = \frac{D_{sc}^{f}}{\sum D_{L}} \times 100$$

式中　L_{sc}^{f} ——非生产补水率，%；

　　　D_{sc}^{f} ——非生产补水量，t。

9. 水的重复利用率

水的重复利用率是指统计期内生产过程中使用的重复利用水量占电厂总用水量的百分比，即

$$L_{cf} = \frac{D_{cf}}{D_{zs}} \times 100$$

式中　L_{cf} ——水的重复利用率，%；

　　　D_{cf} ——水的重复利用量，t；

　　　D_{zs} ——电厂总用水量，电厂总用水量=新鲜水耗用量+水的重复利用量，t。

10. 化学总自用水率

化学总自用水率是指进入化学预处理的生水量与供给机组及系统的水量之差同生水量的百分比。供给机组及系统的水量包括除盐水和供给公用系统（如消防水系统、工业水系统、除尘水系统等）的清水量。

$$化学总自用水率(\%) = \frac{生水量 - 供给机组及系统的水量}{生水量} \times 100$$

化学总自用水量包括化学预处理自用水量和化学除盐自用水量。

降低化学总自用水率的常用方法有：

（1）减少超滤设备的运行时间，控制反冲洗次数，达到减少反冲洗水量的目的；

（2）反渗透系统减少浓排水量，缩短停运冲洗时间；

（3）减少除盐设备投停次数，在水质合格的情况下，缩短冲洗时间。

11. 供热管道补水率

供热管道补水率是指由于对外供热管道损失造成供、回水量不平衡，补充水量占供水量的百分比。计算式为

$$L_{rgd} = \frac{D_{rgd}}{\sum D_{i}} \times 100$$

式中　L_{rgd}——供热管道补水率，%；

　　$\sum D_i$——供热管道供水量，t；

　　D_{rgd}——供热管道补水量，t。

12. 水蒸气品质合格率

水蒸气品质合格率是指水蒸气检查品质的合格次数和其全部取样所测定的次数的百分比。

为了能够切实预防锅炉及相应热力系统产生腐蚀、积盐以及结垢的情况，就要求其内部水汽质量必须达到相应的标准水平，而针对其水、汽质量进行监督的指标主要还是其品质的合格率，因为水蒸气的品质本身就是指其水汽当中盐和硅量的具体含量。一般，在蒸汽中所富含的盐类具体是指钠盐，这种钠盐都会直接沉积在过热器当中，甚至直接由锅炉带出融入蒸汽机的内沉积中；而在蒸汽中的硅酸元素，则将直接在汽轮机中进行沉积，由此最终形成不具备溶水性的二氧化硅附着物。通常，过热器管内存在盐类沉积物时，则其管子本身的流通截面积将会减小，从而直接导致相应蒸汽流动阻力的增加，最终促使其流经管子的蒸汽量减少，而金属管壁则无法充分冷却；而当盐类物质直接在汽轮机的通流部分进行沉积时，则很容易直接促使其叶片和喷嘴产生形线的改变，由此导致汽轮机本身的效率明显降低。因此，水汽品质对于汽轮机的运行安全性及经济性的影响较为明显。

第六节　辅机单耗、耗电率指标

火力发电厂除机、炉、电主要设备以外，还有化学、燃料系统和设备，以及引风机、送风机、磨煤机、电动给水泵等大量的主要辅机，它们设备本身的水平都对机组的安全经济性运行有一定的影响。通常使用单耗和耗电率对主要辅机运行状况进行评价。

一、锅炉侧辅机单耗、耗电率指标

1. 引风机耗电率

将锅炉燃烧产物从锅炉内吸出并经烟囱排入大气的风机为引风机。引风机耗电率是指统计期内引风机消耗的电量与机组发电量的百分比，即

$$w_{yf} = \frac{W_{yf}}{W_f} \times 100$$

式中　w_{yf}——引风机耗电率，%；

　　W_{yf}——统计期内引风机消耗的电量，kW·h；

　　W_f——统计期内机组发电量，kW·h。

由于静叶可调轴流式风机在运行效率、投资、维护成本等方面都介于离心式风机和

动叶可调轴流式风机之间，而且除尘器出口烟气含尘量一般在 150g/m³ 左右，考虑到燃烧煤质的多变性，因此电厂锅炉优先选用静叶可调轴流式引风机。随着我国烟尘超低排放技术的应用，除尘器出口烟气含尘量小于 50g/m³，这种情况下，建议选择动叶可调轴流式引风机。300MW 级锅炉引风机驱动电动机功率一般为 2000kW，600MW 级锅炉引风机驱动电动机功率一般为 5500kW。要求引增合一引风机耗电率小于或等于 1.0%，独立引风机耗电率小于或等于 0.9%。

引风机耗电率高的原因如下：

（1）锅炉烟风道、尾部受热面以及除尘器积灰，特别是空气预热器积灰，造成烟风道阻力增加。

（2）锅炉烟道、尾部受热面（空气预热器）、除尘器漏风。

（3）除尘器效率低。

（4）炉内过量空气系数过大。

（5）机组负荷变化，炉膛压力自动调节失灵，运行调整不及时。

（6）机组负荷率低或频繁启停、调峰。

（7）入炉煤质变差或掺烧褐煤，造成烟气量增加。例如某电厂 300MW 锅炉掺烧褐煤比例达总煤量的 25%时，2 台引风机电流共增加 10.1A，影响功率增加 84kW，不仅使厂用电率增加 0.03%，而且使锅炉效率降低约 0.83%。

（8）引风机叶片磨损严重，引风机运行效率低。

（9）风机壳体、风道漏风。

（10）引风机电动机变频器故障，未投运。

（11）引风机压头、风量设计富裕较多，风机运行效率低。

（12）引风机进、出口挡板开关不到位。

（13）布袋除尘器投运时间较长，布袋阻力增大。

（14）有的电厂简单地取消了脱硫增压风机，由引风机替代增压风机运行，导致引风机工况点变化，低风量时并列运行的风机频繁发生失速。为避免失速造成风机叶片损坏，在锅炉低负荷时不得不加大风量，导致氧量升高。

降低引风机耗电率的对策如下：

（1）降低烟气系统阻力，特别是空气预热器等，引风机前后隔离挡板保持全开位置。

（2）减少锅炉本体及系统漏风，及时消除风道漏风，对伸缩节定期更换。及时消除空气预热器和除尘器漏风。

（3）进行锅炉优化燃烧调整试验，根据试验结果，控制适当的炉内过量空气系数及炉膛压力，减少炉膛压力及烟道漏风。

（4）检修时清理风道内积灰，及时对空气预热器进行高压水冲洗和吹灰。

（5）检修时进行风机进、出口挡板校验。

（6）引风机变频调速改造。对于锅炉引风机配置为静叶调节轴流式风机或离心式风机，往往在低负荷下风机运行效率较低。尤其是风机选型过大时，低负荷的运行效率更低，风机耗电率更大。因此，对其进行变频调速改造可取得显著的节电效果。如 300MW 亚临界机组，引风机变频改造后，引风机耗电率可以从 1.2%下降低到 0.8%；600MW 超临界机组，引风机变频改造后，耗电率可以从 0.95%下降低到 0.65%。

（7）消除除尘器缺陷，或进行除尘器提效改造，提高除尘效率。

（8）优化辅机运行方式，尝试低负荷下引风机的经济运行方式，如单侧风机运行等。启动过程采用单侧送、引风机运行，并网前启动另一侧送、引风机并入运行。采用单侧风机启动，在保证相同送风量的情况下，可降低送、引风机电流。

（9）启、停炉时，按照锅炉说明书要求，控制锅炉升、降温速率，避免因炉体膨胀不均而引起漏风。

（10）对于 600MW 及以上超（超）临界锅炉的引风机，其耗电率一般为 0.6%～0.9%。随着环保要求的提高，脱硫系统的旁路烟道将被取消，引风机与增压风机合并成为必然。实践证明，采用引风机与增压风机合并可降低厂用电率约 0.2 个百分点。但引风机与脱硫增压风机合并后，引风机耗电率将达 1%左右，所需电动机的容量进一步增大，投资增大，为此可采用给水泵汽轮机拖动引风机。采用汽动引风机降低厂用电率的同时，还可实现引风机的变转速调节，提高引风机的运行效率。因而，汽动引风机已被多家新建 1000MW 机组的电厂采用，如华能某电厂 1000MW 超超临界机组将增压风机和引风机合并采用给水泵汽轮机拖动，节约厂用电率 1.2 个百分点。

采用汽动引风机，主要是增加了给水泵汽轮机，比电动引风机复杂得多，设备较多，故障点也多，其长期运行的安全可靠性低于电动引风机。采用汽动引风机可显著降低机组厂用电率，但要增加发电煤耗，且引风机启动前还需进行暖管、暖机，需增加能耗。当一台风机故障停运修复后再投运时，与电动引风机相比，其启动时间长，既要消耗能量，又要减少发电量；由于设备多、系统复杂，维护费用也比电动引风机高。因此，汽动引风机是否可降低机组供电煤耗率，还有待试验确定。

（11）把固定式暖风器改造成旋转式暖风器。该暖风器可以在退出运行时，将暖风器蓄热片旋转成与风向成水平角度，从而使暖风器压损降低为零；在暖风器投运时，将暖风器蓄热片旋转成与风向成垂直角度，原加热蒸汽及疏水系统等功能不变。暖风器改造后保守估算单台暖风器阻力降低 400Pa。

（12）依据 DL/T 1195—2012《火电厂高压变频器运行与维护规范》、DL/T 994—2006《火电厂风机水泵用高压变频器》的相关规定，制定并执行电厂变频器运行维护管理制度，明确、细化运行巡检和定期检修维护应开展的项目；运行中增加对重要辅机变频器的巡检次数，重点关注冷却介质、控制柜、环境等温度的变化趋势、通风设备运行状况及变频器工作是否存在异常噪声、放电火花等。定期（如每周）对变频器柜风道入口滤网进行清理，确保畅通无堵塞；检修停机时，应对变频器进行全面、认真、细致检查和试验，如内部清扫、一次二次回路检查、UPS 检查、保护传动试验、控制回路双电源切换试验等，加强变频器通风、防尘的检查和治理；根据变频器运行时间及元件运行状况，及时联系厂家更换、维修模块，若条件允许，应对变频器功率单元做好备品备件，以保证变频器故障排除后及时恢复变频运行。

2. 引风机单耗

引风机单耗是指锅炉产生每吨蒸汽引风机消耗的电量，即

$$b_{\text{yf}} = \frac{W_{\text{yf}}}{D_{\text{L}}}$$

$$D_{\text{L}} = D \times t$$

式中　b_{yf}——引风机单耗，kW·h/t；

　　　D_{L}——统计期内主蒸汽流量累计值，辅机单耗计算中涉及的 D_{L} 均为此计算方法，不再赘述，t；

　　　D——取自锅炉主蒸汽流量，t/h；

　　　t——机组运行时间，h；

　　　W_{yf}——统计期内引风机消耗的电量，kW·h。

变频引风机单耗一般为 1.5～2kW·h/t，非变频引风机单耗一般为 2～2.5kW·h/t。对引风机单耗进行监督时，必须提供引风机厂用电记录或台账，检查设计说明书，引风机效率应不低于 75%，否则应对效率低的引风机进行节能改造。

3. 送风机耗电率

送风机耗电率是指统计期内送风机消耗的电量与机组发电量的百分比，即

$$w_{\text{sf}} = \frac{W_{\text{sf}}}{W_{\text{f}}} \times 100$$

式中　w_{sf}——送风机耗电率，%。

300MW 级锅炉送风机，驱动电动机功率一般为 1000kW；600MW 级锅炉送风机，驱动电动机功率一般为 1400kW。要求仓储式制粉系统送风机耗电率小于或等于 0.38%，直吹式制粉系统送风机耗电率小于或等于 0.25%。送风机耗电率高的原因如下：

（1）锅炉风道、空气预热器漏风大。

（2）炉内过量空气系数过大。

（3）入炉煤质变差，偏离设计煤种，机组相同负荷下的燃煤量、风量增加。

（4）风道阻力增加。

（5）送风机选型过大，风机运行效率低。

（6）机组负荷率低或频繁启停、调峰。

（7）机组负荷变化，风量自动调节失灵，运行调整不及时。

（8）空气预热器漏风率大。

（9）空气预热器堵塞。

（10）引风机进、出口挡板开关不到位。

（11）送风机电动机变频器未投运。

（12）早期 100、200MW 锅炉送风机为离心式风机，无变频调节装置，仅靠入口挡板调节。送风机入口挡板开度偏小，如某电厂 200MW 锅炉蒸发量为 530t/h 时，2 台送风机入口挡板开度仅为 30%左右。

降低送风机耗电率的对策如下：

（1）进行锅炉优化燃烧调整试验，根据试验结果控制适当的炉内过量空气系数。尤其是低负荷期间，控制氧量不要过高，减少风机单耗。

（2）加强空气预热器吹灰，减少风道阻力。

（3）正常运行中，送风机控制投入自动。进行手动调整时，要根据磨煤机风门开度及二次风箱风压进行调整，严禁高风压运行。

（4）检修时对送风机入口消声器进行清理，对送风机出口暖风器进行表面清理。

（5）检修时对空气预热器扇形板密封间隙进行调整。

（6）检修时对空气预热器蓄热元件进行高压水冲洗。

（7）检修时进行风机出口挡板校验。

（8）离心式送风机变频改造。离心式送风机电动机变频改造后，送风机耗电率降低50%以上。例如某厂 150MW 锅炉离心式送风机耗电率为 0.40%，变频改造后耗电率降低到 0.20%。

（9）动叶可调式送风机变频改造。一般情况下，采用动叶调节的风机，在运行工况点与设计高效点两者偏离 20%时，效率下降 20%左右；而偏离 30%时，效率则下降 30%以上。一般在锅炉风机容量设计时，单侧风机运行时具备带 75%负荷运行的能力，这主要是从机组运行的安全性出发考虑的。因此，当双侧风机运行，机组带满负荷时，送引风机的设计余量为 20%～30%，这就使风机的变频调速节能改造拥有巨大的潜力。

（10）送风机双速改造。大型锅炉送风机选用动叶调节轴流式风机。该类型风机与离心式和静叶调节轴流式风机相比，其最大优点是调节性能好；其次，风机在较大流量变化范围内效率基本不变，只有在低负荷时效率才显著降低。在已投运的机组中，若送风机选型过大，则送风机只能在小开度低效率区运行。为提高送风机运行效率，降低耗电率，可考虑降一级转速（增加电动机极对数）运行。若送风机电动机降一级转速后又不能完全保证机组满负荷运行的需要，则可将电动机改为双速电动机，风机在大部分负荷下处于低速挡运行。对已投运的电动机进行降速或双速改造，只有在 6 极及以上极数（1000r/min 以下）的电动机才可实施。因由 4 极（1500r/min）改 6 级（1000r/min）时，转速下降太多，改造难度和费用较大，且功率因数下降也较多，往往难以满足风机和电动机的总节能量要求。例如某电厂 600MW 超临界机组配套送风机由沈阳鼓风机厂生产，为 ASN-2790/1800 动叶调节轴流式风机，TB 工况风机入口体积流量为 230.8m/s，轴功率为 1655kW，转速为 990r/min，电动机功率为 1900kW。机组投运后一直存在送风机运行效率低、耗电率高的问题。因此，提出了对电动机进行降速的节能改造方案，电动机转速由 990r/min 降至 747r/min，功率由 1900kW 降至 1100kW。改造后风机的运行开度增加了 10%~20%，运行效率提高了 6%~10%，年节电量约为 154.7 万 kW·h，耗电率降低 0.048 个百分点。

（11）合理进行二次风的配风调整，控制炉膛/风箱差压不高于 1.0kPa，以降低送风单耗。

（12）每班按照巡回检查要求进行锅炉本体漏风检查，保证看火孔、门关闭严密，发现漏风联系检修封堵。

4. 送风机单耗

送风机单耗是指锅炉产生每吨蒸汽送风机消耗的电量，与送风机效率、空气预热器漏风、各送风调整门开度和风道、系统阻力等有关，计算公式为

$$b_{sf} = \frac{W_{sf}}{D_L}$$

式中　b_{sf}——送风机单耗，kW·h/t；

　　　W_{sf}——统计期内送风机消耗的电量，kW·h。

5. 磨煤机耗电率

磨煤机耗电率是指统计期内磨煤机消耗的电量与机组发电量的百分比，即

$$w_{mm} = \frac{W_{mm}}{W_f} \times 100$$

式中　w_{mm}——磨煤机耗电率，%。

　　　W_{mm}——统计期内磨煤机消耗的电量，kW·h；

　　　W_f——统计期内机组发电量，kW·h。

烟煤、贫煤钢球磨煤机耗电率小于或等于 0.75%，无烟煤钢球磨煤机耗电率小于或等于 1.1%，亚临界机组中速磨煤机耗电率小于或等于 0.50%，超临界机组中速磨煤机耗电率小于或等于 0.4%。磨煤机耗电率高的原因如下：

（1）煤粉细度过细，分离器调整挡板开度过小。

（2）调整不当，磨煤机煤量过大或过小。

（3）煤质差，煤质过硬、过湿等，偏离设计值。

（4）磨辊和磨碗间隙过小或弹簧加载力过大。

（5）一次风压及风量不合适。一次风压及风量增大，管道磨损和电耗增大；反之，若风量过小，不仅使磨煤机出力下降，还会使干燥出力下降，单耗增加。

（6）磨煤机通风量不足，煤粉过细。

（7）磨煤机内有杂物，大块（煤）、石块、铁块、木块（即"四块"）多。

（8）磨煤机轴承损坏。

（9）磨煤机运行方式不合理。

（10）磨煤机钢球、衬板配备不合理。

降低磨煤机耗电率的对策如下：

（1）根据负荷及煤质变化情况及时调整磨煤机运行方式。钢球磨煤机和风扇磨煤机均有很大的空载损失，因此应尽量使其满负荷运行。从磨煤机满负荷运行的观点来看，储仓式制粉系统最为理想。钢球磨煤机的电耗总体上较高，且基本不随负荷变化，应尽量使其在满出力运行，在煤质满足要求的情况下，减少运行台数是降低电耗的重要措施。但由于调度原因、磨煤机运行可靠性原因、启停时间较长的原因，存在着运行台数偏多的情况，特别是夜间低负荷期间。为降低制粉电耗，应努力提高制粉系统的可靠性，在此基础上进行低负荷期间减少磨煤机运行台数的试验。一些配置 6 台制粉系统的锅炉，低负荷期间 3～4 台磨煤机运行在安全性上是有保证的，过度强调安全则经济性要降低。

（2）按照优化后的制粉系统风煤比曲线运行。

（3）磨煤机的耗电量随着煤粉细度的增加而增加，所以应通过试验确定最佳的煤粉细度，并严格执行。

（4）煤中"四块"对中速磨煤机出力影响很大，应加强输煤设备检查维护，采取措施清除燃煤"四块"，防止"四块"入仓，减少耗电量。

（5）根据磨煤机进、出口差压来控制给煤量（如 600MW 机组的磨煤机差压大于 6kPa 才允许启动下一台磨煤机），以保证磨煤机最佳出力。

（6）加强磨煤机轴瓦、排粉机轴承及冷却水室的检修和清理工作，避免夏季因转动设备轴承、轴瓦温度高，造成系统频繁启停。

（7）检修及时消除入口一次风道堆积石子煤。

（8）及时检查磨煤机出口折向叶是否有松动现象，如有应及时调整固定。

（9）中速磨煤机磨辊压紧力应通过试验确定，并在运行中加强监视。在碾磨件磨损中后期，应及时调整加载压力，以保证制粉系统出力。

（10）按照设计煤种进煤，煤的可磨性指数不应太低。煤质太硬和灰分过多会导致金属磨损加剧，影响中速磨煤机的出力，使耗电量增加。因此，煤质越差，磨煤单耗越大。

（11）对于钢球磨煤机，要注意衬板更换和改造。钢球磨煤机随着运行时间的延长，其衬板的磨损越来越严重，到一定程度将影响其带球能力，使磨煤机出力降低。因此，需在机组检修时对衬板厚度等进行测量，摸索其磨损规律，根据机组检修周期、费用等情况制定更换计划，并按计划及时更换，使磨煤机的出力不因衬板原因受到太大影响，确保制粉耗电率在合理范围。

（12）钢球磨煤机衬板的型式对磨煤机的出力有较大影响，不同型式的衬板，其带球能力不同，适应的钢球规格不同。对于运行实践证明其带球能力差的衬板，应择机对其进行换型改造，以提高磨煤机的出力。如进行小钢球改造的，一般需同时更换合适的节能型衬板，以确保其节电效果。

（13）确定最合适的钢球装载量，定期添加钢球。在钢球磨煤机运行 2500～3000h 后要清理一次，将小于 15mm 的钢球及其杂物除掉。可考虑加装钢球自动筛选装置。

（14）选择合适的钢球尺寸和配比。例如某电厂通过制粉系统优化试验，确定钢球规格为 30/40mm，配比为 35%/65%。

（15）进入磨煤机的煤块越小，耗电量越低，但破碎机（也称碎煤机）的耗电量增加。试验证明碎煤机比磨煤机省电，因此应尽量利用碎煤机破碎煤块，进入磨煤机的煤质粒度不应大于 300mm。

（16）煤的水分过多会使燃煤的细粒黏在钢球表面上，或者被中速磨煤机压成煤饼，以致磨煤机出力大为降低，用电量增加，因此应限制煤的水分在 12%以下。

（17）作为干燥剂用的烟气温度高、煤的可磨性系数高，均可降低风扇磨煤机的耗电量。

（18）提高绞龙投运率，充分利用绞龙平衡粉仓粉位，减少制粉系统的启停次数。

（19）由于风扇磨煤机的打击板磨损，会降低磨煤机出力 30%～40%，致使耗电量增加。打击板的使用寿命一般可达 1000h 左右，因此应经常检查、监视磨煤机打击板的磨损情况。

（20）磨煤机系统的漏风会降低磨煤机出力，从而使单位耗电量增加，因此，在运行中应确保各风门能够关闭严密、方向正确；及时消除制粉系统管道、人孔门等漏风缺陷。

（21）定期进行木块分离器的清理，提高制粉出力。

（22）采用耐磨性高的小钢球。过去钢球磨煤机的磨球一般是以铸钢的、直径在 30mm 以上的磨球为主，这类磨球耐磨性较差，导致 30mm 以上直径的磨球很快就磨损到 20mm 以下，失去磨煤效果，会造成停机清理废球过于频繁，严重降低球磨机的运转率，加大清理废球的工作量。如果磨球以直径 30mm 以下的为主，则在钢球磨煤机装球总重量相同的条件下，磨球的平均直径减小，则磨球的个数或表面积就增多或增大，磨煤的作用点或作用面积随之增多或增大，在一定的条件下磨制煤粉的效率也就更高。

随着冶炼技术的提高，生产出了铬锰钨抗磨铸铁的小钢球，其表层及心部的洛氏硬度大于 60HRC，耐磨性均匀，铬锰钨抗磨铸铁磨球具有极好的级配稳定性和耐磨性。这样就给钢球磨煤机采用耐磨性高的小钢球奠定了基础，华能某电厂 300MW 锅炉原设计装球直径分别为 30、40、50、60mm 四种钢球，其中直径为 40～60mm 的磨球占 70%，直径为 30mm 的占 30%。使用铬锰钨抗磨铸铁的小钢球，调整磨球级配后，新装球的直径分别为 25、30、40、50、60mm 五种规格按一定比例进行装球，其中直径 30mm 及以下的磨球占 65%，装球总量减少 20%～35%。

6. 磨煤机单耗

磨煤机单耗是指制粉系统每磨制 1t 煤磨煤机消耗的电量，即

$$b_{mm} = \frac{W_{mm}}{B_m}$$

式中　b_{mm}——磨煤机单耗，kW·h/t；

　　　W_{mm}——统计期内磨煤机消耗的电量，kW·h；

　　　B_m——统计期内煤量，t。

中速磨煤机单耗保证值一般为 7～8kW·h/t，实际运行磨煤机单耗一般为 8～12kW·h/t。仓储式钢球磨煤机实际运行单耗一般为 15～20kW·h/t（排粉机单耗一般为 8～12kW·h/t）。双进双出钢球磨煤机实际运行单耗一般为 20～23kW·h/t。

7. 给煤机耗电率

给煤机耗电率是指统计期内给煤机消耗的电量与机组发电量的百分比，即

$$w_{gm} = \frac{W_{gm}}{W_f} \times 100$$

式中　w_{gm}——给煤机耗电率，%；

　　　W_{gm}——统计期内给煤机消耗的电量，kW·h；

　　　W_f——统计期内机组发电量，kW·h。

8. 给煤机单耗

给煤机单耗是指制粉系统每磨制 1t 煤给煤机消耗的电量，即

$$b_{gm} = \frac{W_{gm}}{B_m}$$

式中　b_{gm}——给煤机单耗，kW·h/t；

　　　W_{gm}——统计期内给煤机消耗的电量，kW·h。

9. 密封风机耗电率

在统计期内，中速磨煤机的密封风机消耗的电量与机组发电量的百分比。计算公式为

$$w_{mf} = \frac{W_{mf}}{W_f} \times 100$$

式中　w_{mf}——密封风机耗电率，%；

　　　W_{mf}——统计期内密封风机消耗的电量，kW·h；

　　　W_f——统计期内机组发电量，kW·h。

10. 密封风机单耗

密封风机单耗是指制粉系统每磨制 1t 煤密封风机消耗的电量，即

$$b_{mf} = \frac{W_{mf}}{B_m}$$

式中　b_{mf}——密封风机单耗，kW·h/t；

　　　W_{mf}——统计期内密封风机消耗的电量（密封风机电量之和），kW·h。

11. 制粉系统耗电率

制粉系统耗电率是指统计期内制粉系统消耗的电量与机组发电量的百分比，计算公式为

$$w_{zf} = \frac{W_{zf}}{W_f} \times 100$$

式中　w_{zf}——制粉系统耗电率，%；

　　　W_{zf}——统计期内制粉系统消耗的电量，kW·h；

　　　W_f——统计期内机组发电量，kW·h。

要求亚临界机组中速磨煤机制粉系统耗电率小于或等于0.9%，超临界机组中速磨煤机制粉系统耗电率小于或等于1.1%，钢球磨煤机制粉系统耗电率小于或等于1.5%。

制粉系统耗电率高的原因如下：

（1）磨煤机出力不足。

（2）煤粉细度过细，分离器调整挡板开度过小。

（3）分离器转速调整不当，煤粉过粗或过细。对于动态分离器，可以通过调整分离器变频器开度来调整分离器转速。一般来说，分离器转速越低，系统阻力越小，磨煤机出力越大。但是，过粗的煤粉会造成锅炉飞灰含碳量上升，锅炉机械不完全燃烧损失增大，燃烧经济性会降低。因此，需要将分离器转速调整在一个合适的位置，以兼顾磨煤机出力和飞灰含碳量这两个因素。

（4）煤质差，水分、煤的可磨性系数、灰分等偏离设计值。燃煤中的水分对磨煤机出力、煤粉流动性和燃烧经济性都有很大的影响。原煤中水分增加，将使干燥出力下降，磨煤机出口温度降低。为了恢复干燥出力和磨煤机出口温度，可适当增加热风风量。如果热风门大开仍然无法满足干燥所需要的热风量，则只能减少给煤量，降低磨煤出力，同时会增大一次风机的电耗。

（5）磨辊和磨碗间隙不合适或弹簧预紧力不合适。对于钢球磨煤机，可能是添加的钢球质量差，或装载量不够。

（6）一次风压及风量不合适。

（7）磨煤机通风量过大。中速磨煤机环形风道中气流速度高时，出力大而煤粉粗；气流速度低时，出力小而煤粉细。但气流速度不能太低，以免煤粒从磨盘边缘滑落下来堵住石子煤箱，影响磨煤机出力。当然，气流速度也不能太高，以免煤粉太粗影响燃烧，同时增加通风电耗。

（8）磨煤机出口温度不足。相对于磨煤出力，通风出力和干燥出力均拥有一定的调节余量。制粉系统的运行调节中，加强对磨煤机出口温度的控制是很重要的，磨煤机出口温度越高，磨煤机的通风出力和干燥出力都能得到较好的保证，对制粉系统出力能起到有益的作用。所以在相同风量的情况下，应尽可能增加热风的比例，提高热风开度。但是需要指出的是，过高的出口温度同时会影响到制粉系统运行的安全性。

（9）磨煤机轴承或其他部件损坏。

（10）一次风机故障停运。

（11）机组负荷率偏低，深度调峰时间增加。

（12）长期掺烧经济煤种，入炉煤热值较低。

（13）制粉系统漏风。随着设备运行时间的增加，以及长期掺烧低热值高硬度煤种，制粉系统的磨损情况加剧，一次风粉管道的活节、弯头、转向、风门挡板的轴封、总风管道挡板门附近出现漏点。大量的漏点使得一次风损失越来越大。另外，长时间运行造成煤粉分离器锥形体的磨损严重，使得大量一次风不经分离器折向流出，造成分离器效率下降，煤粉细度不均匀，分离器出口温度达不到设计温度，为维持分离器出口温度，会造成旁路风量大幅增加。

（14）对于中间储仓乏气送粉制粉系统，如果细粉分离器分离效果差，将导致乏气携带粉量多，造成排粉机电流过大；或者细粉分离器的内筒过长，风粉流程长，系统阻力大。

（15）空气预热器堵灰。空气预热器堵灰引起压差增加，将导致一次风机需要耗费更多的电能。

降低制粉系统耗电率的对策如下：

（1）根据煤质情况，合理调度机组负荷或根据 AGC 调度负荷情况，进行磨煤机启停工作，避免因负荷变化原因导致磨煤机频繁启停。

（2）在保证燃烧器运行安全及煤粉管道不积粉的前提下，根据燃煤煤质特性，调整合适风煤比。

（3）降低制粉系统阻力，及时清理煤中"四块"，控制磨煤机出口温度在合适范围内。

（4）根据磨煤机进、出口差压来控制给煤量，以保证磨煤机最佳出力。对中速磨煤机，为降低制粉系统电耗，应根据机组负荷变化及时调整磨煤机运行台数。正常运行情况下，单台磨煤机出力应调整到该磨煤机最大出力的80%以上运行，最低出力不低于最大出力的65%。如对 660MW 机组来说，当运行磨煤量高于48t/h 时，方可允许启动备用磨煤机；运行磨煤量小于40t/h，应及时停运一台磨备用。

（5）开展制粉系统优化调整试验，根据负荷情况及锅炉燃烧状况，及时调整磨煤机运行台数，降低制粉系统耗电率。严格按照优化试验要求的煤量、风量、分离器转速进行调整控制。

（6）为保证锅炉燃烧经济性，磨煤机首先应按照经济煤粉细度值进行调整，在此基础上，再适当控制磨煤机耗电率。对于钢球磨煤机，应及时加装钢球，保持在最佳钢球装载量的情况下运行。在干燥出力、磨煤机差压允许范围内，磨煤机应尽量在大出力下运行。有条件时，可考虑进行小球试验，确定磨煤机更换小球方案。

（7）检修时及时消除入口一次风道堆积的积粉。

（8）及时检查磨煤机出口折向叶是否有松动现象，如有应及时调整固定。检修时，应将磨煤机内螺栓点焊死。

（9）详细统计各磨煤机运行时间，根据磨煤机磨损情况及时通知检修进行磨煤机磨辊、磨盘瓦的焊补工作，以提高磨煤机效率。

（10）正常运行中，对磨煤机电流重点监视，当磨煤机电流低于正常波动范围时，应及时联系有关部门补充钢球。充分利用大小修机会，对制粉系统进行彻底检查维护，筛选掉多余或碎小的钢球。

（11）检修时定期解体检查磨辊和变速箱轴承，防止轴承损坏。

（12）加强煤质管理，提高入炉煤热值。

（13）磨煤机停运后，吹扫 5～10min 后要及时停磨煤机，避免延长停磨煤机时间。

（14）加强磨煤机的巡视工作，及时发现磨煤机缺陷，以减少因消缺导致的磨煤机切换及启停次数。

（15）配合检修调整制粉系统密封风门开度，保证高负荷运行时一台密封风机运行满足运行要求。建议检修对密封风机进行改造或对系统风门进行消缺，以能够实现运行中对密封风机进行滤网清理工作。

（16）若高负荷两台密封风机运行，在负荷降低、密封风压满足的情况下，及时停运 1 台密封风机运行。磨煤机备用期间，停止其润滑、液压油站运行。

（17）根据机组负荷或者湿煤需要，增加热风量，即增加制粉系统的干燥出力。磨煤机出口温度应根据不同的煤种控制在不同的区域，《火电厂煤粉锅炉炉膛防爆规程》和《磨煤机选型导则》中对 RP 型、HP 型中速磨煤机直吹式制粉系统分离器后温度规定如下：高热值烟煤应小于或等于 82℃，低热值烟煤应小于或等于 77℃，次烟煤、褐煤应小于或等于 66℃。

（18）严格执行巡回检查制度，每班要求值班人员对制粉设备认真检查一次。对几个容易出现漏风的部位，如一次风粉管道、磨煤机筒体、密封风软管部位、燃烧器壳体、风门挡板部位，进行重点排查，发现漏风及时联系检修处理。

（19）对细粉分离器增加二次分离新型设备。如在排气管入口处安装百叶窗和旋转导流器，其作用是乏气进入排气管前，先经过导流器导向，从而减少流动阻力损失，导向的结果还使气流以一定的旋转强度在百叶窗中把进入排气管的部分煤粒子再次分离出来形成二次分离。在细粉外锥体末端安装反射屏，其作用是减少落入集粉斗中的合格煤粉被旋转气流重新吸卷上来，提高分离效率。切割细粉分离器内筒的一部分，减少系统阻力。

（20）消除分离器的锥形体磨损问题，提高分离器效率，提高磨煤机的最大出力。维持同样的煤粉细度，分离器转速可以降低。

（21）根据一次风机电流和压升情况，对空气预热器进行吹灰，提高吹灰质量，减小空气预热器压差，可以有效降低一次风机电耗和制粉电耗。

（22）通过制粉系统优化调整试验数据确定一次风母管压力目标值。运行人员根据不同的负荷调整不同的一次风母管压力，从而避免在低负荷下一次风机电流过大，既影响安全性又影响经济性，有效地降低了一次风机的电耗。一次风母管压力每降低 10%，制粉系统单耗降低 5%。一般来说，应将一次风机母管压力控制在 7.0～8.0kPa。

12. 制粉系统单耗

制粉系统单耗是指每磨制 1t 煤所消耗的电量。制粉电耗包括磨煤机单耗，通风单耗，给煤机、密封风机等辅助设备的电耗。其计算公式为

$$b_{zf} = b_{mm} + b_{pf} + b_{mf} + b_{gm}$$

式中　b_{zf}——制粉系统单耗，kW·h/t；

　　　b_{mm}——磨煤机单耗，kW·h/t；

　　　b_{pf}——一次风机（排粉机）单耗，kW·h/t；

　　　b_{mf}——密封风机单耗，kW·h/t；

　　　b_{gm}——给煤机单耗，kW·h/t。

由于给煤机、密封风机等辅助设备的电耗占制粉电耗的比例很小，所以在实际工作中往往只统计磨煤机和一次风机（排粉机）的电耗。

制粉系统漏风会降低磨煤机出力，使单位耗电量增加，因此在运行中应注意加强漏风治理，控制制粉系统漏风在规定范围。

一般情况下，钢球磨煤机制粉系统的用电单耗为 35kW·h/t，中速磨煤机制粉系统的用电单耗为 20kW·h/t，风扇磨煤机制粉系统的用电单耗约为 15kW·h/t。

降低制粉系统单耗的主要措施如下：

（1）利用大修期筛选钢球，定期添加钢球，降低制粉电耗。

（2）制粉系统采用料位自动监控、仿真等技术，实现制粉系统优化运行，提高制粉系统出力。

（3）做好制粉系统维护工作，减少制粉系统漏风。

（4）通过试验核实和确定磨煤机最佳通风量。

（5）通过试验核实和确定最佳煤粉细度。

（6）降低制粉系统阻力，及时清理木块分离器、粗粉分离器，确保回粉管畅通。

（7）控制磨煤机进、出口温度。

（8）中速磨煤机的上盘压紧弹簧，应通过出力试验确定，并在运行中加强监视。

（9）加强制粉系统的运行管理与维护，例如对吸潮阀、绞龙下粉插板、锁气器、木块分离器等的管理与维护均应形成制度。

（10）对制粉系统的运行方式进行全面优化调整，选择合理的排粉机运行方式和磨煤机运行方式等。

（11）中间仓储式热风送粉制粉系统改为中速磨煤机正压直吹式制粉系统。磨煤机耗电率可从 0.7% 降低至 0.4%；一次风机（排粉机）耗电率可从 0.75% 降低到 0.5%。制粉单耗从 35kW·h/t 降低至 20kW·h/t。

13. 一次风机（排粉机）耗电率

一次风机（排粉机）耗电率是指统计期内一次风机（排粉机）消耗的电量与机组发电量的百分比，计算公式为

$$w_{pf} = \frac{W_{pf}}{W_f} \times 100$$

式中　　w_{pf}——一次风机（排粉机）耗电率，%；

　　　　W_f——统计期内机组发电量，kW·h。

一次风机是供给锅炉燃料燃烧所需一次风（空气）的风机。按其在系统中的安装位置分类，布置在空气预热器前的一次风机称为冷一次风机，布置在空气预热器后的一次风机称为热一次风机。300MW 级锅炉一次风机驱动电动机功率一般为 1400kW，一次风机耗电率小于或等于 0.55%。600MW 级锅炉一次风机驱动电动机功率一般为 1800~2500kW，超（超）临界机组一次风机耗电率小于或等于 0.5%，排粉机耗电率小于或等于 0.70%。

一次风机（排粉机）耗电率高的原因如下：

（1）锅炉一次风道、空气预热器漏风、制粉系统漏风大。

（2）备用磨煤机一次风挡板未关闭或关闭不严密漏风。

（3）入炉煤质变差，偏离设计煤种，机组相同负荷下的燃煤量、一次风量增加。

（4）空气预热器传热元件积灰严重，风道阻力增加。

（5）排粉机、一次风机叶轮磨损后，运行效率低。

（6）机组负荷率低或频繁启停、调峰。

（7）一次风调整不合理，风压过高、风量过大。

（8）机组负荷变化，一次风压自动调节失灵，运行调整不及时。

（9）一次风道阻力大。

（10）风机进、出口挡板开关不到位。

（11）电动机变频未投运。

（12）机组负荷低。

（13）空气预热器出口一次风温较设计值偏低，为满足干燥出力要求，采取增大一次风量的运行方式。

（14）一次风机型式问题。离心式风机运行耗电率高于动叶可调轴流式风机，一般情况下 600MW 级机组动叶可调轴流式一次风机运行耗电率在 0.34%～0.5%的范围内，而离心式一次风机运行耗电率在 0.6%～0.8%的范围内。

（15）一次风机选型过大。

降低一次风机（排粉机）耗电率的对策如下：

（1）进行制粉系统优化燃烧调整试验，根据试验结果，及时调整一次风压及风量，控制一次风及风量在最佳范围内运行。

（2）磨煤机停运后检查其冷热风挡板关闭是否严密。

（3）加强空气预热器吹灰，减少风道阻力，提高空气预热器换热效果。

（4）机组负荷变化、一次风压自动调节失灵时，及时切手动调整。

（5）排粉机叶轮切割。

（6）消声器的阻力一般在 200Pa 左右，若大于 400Pa，则应对一次风机入口消声器进行检查；暖风器的阻力一般在 300Pa 左右，若大于 500Pa，则应对一次风机出口暖风器进行吹灰控制，检修时进行表面清理。

（7）及时消除风道漏风，对伸缩节定期更换。

（8）离心式一次风机进行变频改造，加强设备维护检修，确保变频器可靠投入运行。

（9）空气预热器密封改造。

（10）一次风机本体节能改造。由于风机设计选型不当导致实际运行效率低，经试验论证，通过改变电动机转速又不能获得较佳节能效果，则应进行风机提效改造。

14. 一次风机（排粉机）单耗

一次风机（排粉机）单耗是指制粉系统每磨制 1t 煤一次风机（排粉机）消耗的电量，即

$$b_{pf} = \frac{W_{pf}}{B_m}$$

式中 b_{pf} ——一次风机（排粉机）单耗，kW·h/t；

     W_{pf} ——统计期内一次风机（排粉机）消耗的电量，kW·h；

     B_m ——统计期内煤量，t。

二、汽轮机侧辅机单耗、耗电率指标

1. 凝结水泵耗电率

凝结水泵耗电率是指统计期内凝结水泵消耗的电量与机组发电量的百分比。计算公式为

$$L_{nb} = \frac{W_{nb}}{W_f} \times 100$$

式中　　L_{nb}——凝结水泵耗电率，%；

　　　　W_{nb}——凝结水泵和凝结水升压泵消耗的电量之和，kW·h；

　　　　W_f——统计期内机组发电量，kW·h。

凝结水耗电率高的原因如下：

（1）凝结水泵运行或调节效率低。

（2）凝结水泵再循环阀内漏。

（3）机组负荷率低或频繁启停、调峰。

（4）除氧器高水位溢流阀误开或内漏。

（5）备用泵出口阀、止回阀不严。

（6）疏水到凝汽器量增加，从而使凝结水泵耗电率增加。

（7）凝结水泵母管阀门关闭不严。

（8）凝结水系统各放气阀、放水阀、安全阀关闭不严。

（9）凝结水泵选型裕量大，除氧器水位调节阀节流损失大。

（10）系统中部分设备对凝结水压力有最低要求，若凝结水压力太低会影响这些设备和系统的安全，如低压旁路减温水、低压缸后缸喷水、给水泵（前置泵）密封水，都要求凝结水压力不能低于相应数值，因此正常运行中，为保证系统安全，凝结水泵转速和出口压力均要维持在最低要求之上。

（11）凝结水泵泵组在低频区间与基础发生共振，导致低频工况下凝结水泵振动大，影响设备安全。凝结水泵变频被迫调整到偏离该振动的频率范围，因此变频器运行频率较高。

（12）变频设备存在质量问题，特别是夏季温度较高时有的凝结水泵变频器功率单元发热导致变频器退出运行，凝结水泵被迫工频运行。

（13）凝结水泵变频后，相关的热工逻辑没有进行优化。比如除氧器水位与除氧器上水调门的逻辑关系没有及时优化调整，上水主调门和旁路副调门可能还存在节流，除氧器水位没有完全通过凝结水泵变频器转速来调节，这也是凝结水泵变频后耗电率偏高的一个原因。

（14）凝结水经过化学精处理装置，阻力大。

降低凝结水泵耗电率的对策如下：

（1）加强运行监视，保证凝结水泵变频运行正常，降低节流损失。

（2）检查处理备用泵出口阀、止回阀不严缺陷。定期对凝结水系统的放水门、再循环门进行检查，消除内漏。

（3）清理凝结水泵进口滤网，消除水管附着物，减少阻力。

（4）调整好凝结水泵内部动静间隙，提高凝结水泵效率。

（5）及时修复或更换损坏的凝结水泵叶片等。

（6）调整凝结水泵盘根松紧度。

（7）凝结水泵电动机宜加装变频调节装置，以降低部分负荷下凝结水泵耗电率。凝结水泵电动机变频改造后，耗电率一般可降低 0.2 个百分点。

（8）在凝结水泵电动机加装变频调节装置后，宜根据机组实际状况，在保证凝结水母管压力的条件下，修改除氧器进水控制逻辑。机组在运行中保持除氧器进水门全开，通过调节凝结水泵、凝结水升压泵的转速控制除氧器水位。此外，及时调整低压旁路减温水压力低保护定值、给水泵密封水差压低保护定值、凝结水压力低开启备用泵定值。

（9）对于新设计机组，优先选择 3×50%容量凝结水泵，也可选择 2×100%容量凝结水泵。凝结水泵扬程选择宜根据凝结水系统设计特点进行仔细核算，防止凝结水泵扬程选取过大。

（10）凝结水泵增效改造。凝结水泵变频运行，相对于定速运行，其运行效率得到一定的改善，但凝结水泵本身的效率有一定的下降，造成凝结水泵功耗增大。通过凝结水泵性能诊断试验，确认将凝结水泵运行效率（一般情况下效率应达到 80%以上）作为凝结水泵增效改造的依据。将凝结水泵叶轮改造为高效叶轮，可提高凝结水泵的运行效率，从而达到节能降耗的目的，但是不能减小除氧器水位调整门的压损。也可对凝结水泵扬程进行调整，去掉一级叶轮，降低凝结水泵扬程，流量和效率不变，减少运行时凝结水系统的节流损失。凝结水泵或凝结水升压泵的改造方式主要有以下几种：①泵整体更换；②更换一级叶轮；③更换整个转子；④去掉一级叶轮。例如某 300MW 机组汽轮机配备 2 台 NLT350-400X-6-D 型凝结水泵，流量为 970t/h，功率为 1000kW。因设计选型时凝结水泵的裕量较大，机组满负荷运行时除氧器上水调门的开度只有不到 30%，节流损失较大。因此在机组小修时安排了 A 凝结水泵叶轮取消一级。改造后，通过试运行，A 凝结水泵电流降低 10～15A，实现了投资不大但节能明显的效果。

（11）杂项用水治理。通过凝结水杂项用水的治理，进一步降低凝结水泵出口流量，达到节电的效果。根据机组运行需要，通过安装高质量可调节阀门，合理控制杂用水用量，能有效降低凝结水泵的出口流量和厂用电消耗。凝结水杂用水用户中如有压力要求，可通过对该系统增设升压泵或者将这些杂用水取水点移到精处理之前。

（12）低频率存在共振的机组，可以通过对凝结水泵电动机进行动平衡试验来解决。

（13）针对变频器质量不佳或运行不稳定的情况，建议在凝结水泵变频器改造前充分调研，了解和选用质量好的变频器。

（14）加强凝结水泵变频器滤网的清理和通风散热，防止运行中出现功率单元发热被迫退出变频器而采用工频运行的方式。

（15）如果凝结水水质合格，可以走旁路，不需要经过化学精处理装置中的两台高速混床。

（16）对于凝结水泵、凝结水升压泵串联运行的凝结水系统，机组低负荷时可考虑试行停运凝结水升压泵的运行方式。

（17）对于设计 3 台 50%额定容量凝结水泵的凝结水系统，机组低负荷时可考虑采用单台凝结水泵的运行方式。

（18）通常汽动给水泵采用迷宫式密封，密封水取自凝结水精处理后，为保证给水泵密封效果，对凝结水母管压力有一定的要求。优先选取给水泵轴端密封为机械密封方式，避免由于密封水压力低保护而限制凝结水泵调速运行的经济性。

2. 凝结水泵单耗

凝结水泵单耗是指输送单位凝结水量的耗电量。计算公式为

$$b_{nb} = \frac{W_{nb}}{D_L}$$

式中　　b_{nb} ——凝结水泵单耗，kW·h/t；

　　　　W_{nb} ——统计期内凝结水泵耗电量，kW·h；

　　　　D_L ——统计期内主蒸汽流量累计值，t。

3. 电动给水泵耗电率

电动给水泵耗电率是指统计期内电动给水泵消耗的电量与机组发电量的百分比。计算公式为

$$L_{db} = \frac{W_{db}}{W_f} \times 100$$

式中　　L_{db} ——电动给水泵耗电率，%；

　　　　W_{db} ——电动给水泵消耗的电量，kW·h；

　　　　W_f ——统计期内机组发电量，kW·h。

电动给水泵耗电率高的原因如下：

（1）电动给水泵设计配置容量大，运行效率低。

（2）电动给水泵再循环阀内漏。

（3）电动给水泵密封方式不合理。

（4）汽动给水泵故障率高，备用的电动给水泵运行频繁。

（5）机组负荷率低或频繁启停、调峰。

（6）电动给水泵运行或调节效率低。

（7）机组运行 AGC 投入，负荷波动较大，电动给水泵启停次数增加。

（8）减温水流量增加。

（9）电动给水泵减速器效率低，造成输出效率低，给水泵耗电量偏高。

（10）耦合器勺管卡涩，耦合器齿轮损坏。

（11）管路布置阻力大。

降低电动给水泵耗电率的对策如下：

（1）采用汽动给水泵，减少电动给水泵的使用。新设计机组优先选用 100%BMCR 容量的汽动给水泵，不设备用电动给水泵。300MW 及以上湿冷机组和部分 600MW 及以上空冷机组均采用汽动给水泵。按照 GB 50660—2011《大中型火力发电厂设计规范》的设计要求，300MW 机组配置 2×50%汽动给水泵，再配置 1×50%电动给水泵，电动给水泵为调速泵，以满足机组启停或作为机组运行中的备用泵；600MW 机组配置 2×50%汽动给水泵，再配置 1 台 20%～30%定速泵，以满足机组启停。通常，给水泵汽轮机容量越大，效率越高，给水泵汽轮机消耗蒸汽量越小，机组经济性越好。因此，采用 1×100%汽动给水泵有利于机组节能。在国外很多百万千瓦机组采用单台 100%汽动给水泵，在国内却很稀少。

传统的给水泵配置为 2×50%汽动给水泵+1×50%启动电动给水泵，在机组的启动阶段，采用电动给水泵进行锅炉进水、冷态和热态水冲洗，以及锅炉启动等。而在锅炉点火后所产生的蒸汽，却通过旁路系统直接送入凝汽器而白白浪费。采用 100%汽动给水泵，自配独立凝汽器，可单独启动，不设电动给水泵。其启动汽源取自相邻机组（或二期）的冷再热蒸汽。如此配置，可大大降低给水泵在机组启停阶段的能耗。采用 100%汽动给水泵后，机组启动阶段给水泵所耗能源为邻近汽轮机已做过功的高压缸排汽而非高价值的电力。而一旦锅炉产汽后，给水泵汽轮机的汽源即可适时切回本机（冷再热蒸汽），这将大大降低机组启动阶段的给水泵能耗。

在机组启停期间，采用 1×100%汽动给水泵时，需要邻炉蒸汽或启动锅炉向给水泵汽轮机供汽，系统简单、投资省。采用 1×100%汽动给水泵时，当给水泵或给水泵汽轮机出现故障，必须停运给水泵时，机组必须同时停运。因此，对汽动给水泵组的可靠性要求较高。采用 2×50%汽动给水泵时，当某一台给水泵组发生故障，机组仅降低负荷时，不必停运，机组运行的可靠性较高。

（2）尽量减少电动给水泵与锅炉之间给水管道中的弯头、阀门和异型部件的数量，减少给水流动阻力损失。

（3）启动期间，尽量采用前置泵上水。从锅炉汽包上水至机组并网，需要 10h 以上。合理安排设备的启动，可有效地降低厂用电量，同时还能大大减少外购电量。在每次启动中均采用前置泵向锅炉汽包上水，合理关闭炉侧疏水，提高除氧器的压力。

（4）积极与调度联系，提高机组负荷率，尽量保持负荷平稳，合理安排机组运行方式。

（5）对锅炉进行燃烧调整，合理优化燃烧方式，降低减温水量。

（6）机组负荷低时，采用单台电动给水泵向锅炉汽包上水。

（7）利用检修机会对电动给水泵减速器进行检查处理，提高减速器工作效率。

（8）加强对电动给水泵最小流量阀（再循环阀）的维护，减少电动给水泵最小流量阀内漏。国产机组电动给水泵再循环阀内漏是一个普遍现象。再循环阀由于前后压差很大，且给水温度接近饱和温度，在小开度运行时极易引起汽蚀冲击而造成泄漏。在防治上，一是尽量避免调节阀频繁开启或在小流量状态长时间运行；二是利用检修机会对调节阀通流部件进行研磨修复，并确保调节阀关闭严密；三是采用先进技术对调节阀进行换型改造。部分电厂在电动给水泵再循环阀前加装电动隔离阀，正常运行时保持电动隔离阀在关闭状态，通过逻辑设计，在给水流量降低至再循环调节阀开启前，先行开启电动隔离阀，有效降低了运行中再循环阀门的内漏。

（9）检修时应调整好电动给水泵的内部间隙，以提高电动给水泵的效率。通常电动给水泵的内部间隙若增大 0.4～0.6mm，电动给水泵的效率将降低 3%～4%。

（10）电动给水泵出口压力应符合将给水打入汽包所需的压力，不应使富裕压力过大。

（11）母管制给水系统采用第三代高效给水泵。电动给水泵应采用液力耦合器调节或变频器调节。

（12）变速调节电动给水泵应全程参与给水流量的调节，以减少给水调门节流损失或取消给水调门。

（13）检查处理液力耦合器故障引起调速性能差的缺陷。

（14）300MW 及以上机组的给水泵采用专用给水泵汽轮机拖动。300MW 及以上机组电动给水泵耗电量约占全部厂用电量的 50%，采用汽动给水泵后，可以减少厂用电，使整个机组向外多供 2%的电量。电动给水泵改为汽动给水泵后，可大幅度降低厂用电率（为 2.3～2.5 个百分点），增加上网电量。

（15）机组启动时，优先启动汽动给水泵运行，无特殊原因，不应启动电动给水泵运行。

（16）电动给水泵入口滤网应定期清理，保持清洁。

（17）进行给水系统改造。给水系统常见问题及处理途径：①电动给水泵电机额定功率远大于给水泵的轴功率，形成大马拉小车情况，致使给水泵运行工况点偏离设计工况点，运行效率下降。对给水泵电机实施改造，可以考虑变频调速，或者更换电机。②配套的给水泵设计扬程偏高。解决途径是可以考虑去掉一级叶轮，或者更换为采用引进技术生产的新一代调速泵组。

（18）液力耦合调速电动给水泵变频改造。我国 200MW 和 300MW 等级火电机组的液力耦合调速电动给水泵耗电量通常占单元机组发电量的 1.5%～2.5%，相当于厂用电率的 20%～33%，是机组辅机中的耗电大户。330MW 亚临界火电机组一般配有 3×50%液力耦合器调速给水泵，单台泵电动机功率为 5500kW。机组正常运行时，投入 2 台给水泵运行，另外 1 台给水泵备用。机组满负荷时，2 台给水泵总的静态功耗约 8500kW，满负荷时耗用电率为 2.5%左右，直接影响到全厂的能耗指标。

根据给水泵组的实际运行情况，给水泵组选型综合建议如下：

（1）原则上采用汽动给水泵，350MW 等级超临界空冷机组可采用电动给水泵。

（2）按照 GB 50660—2011《大中型火力发电厂设计规范》，给水泵的设计容量和扬程裕量非常充足（汽包炉容量最大流量的 110%，扬程计算值增加 20%；直流炉容量 105%，扬程加 10%），导致给水泵实际运行工况点远低于设计点。建议在保证给水泵出力安全的前提下，降低给水泵的设计扬程到 90%。

（3）目前多数汽动给水泵组的前置泵扬程选型偏高约 50%，造成实际运行中前置泵厂用电率高，导致给水泵入口有效汽蚀余量远高于必需汽蚀余量。因此，在设计时任何工况下，前置泵只要能满足给水泵必需汽蚀余量的 2 倍即可。目前，多数机组给水泵前置泵设计扬程偏高。已投产前置泵可通过叶轮改造（叶轮切削）降低前置泵扬程，通过降低扬程改造后，可降低耗电率 0.03～0.05 个百分点。

（4）优先选取机械密封方式作为给水泵密封方式，避免由于密封水压力低保护而限制凝结水泵调速运行的经济性。

4. 电动给水泵单耗

电动给水泵单耗是指统计期内电动给水泵消耗的电量与电动给水泵出口的流量累计值的比值。计算公式为

$$b_{db} = \frac{W_{db}}{D_L}$$

式中　　b_{db}——电动给水泵单耗，kW·h/t；

W_{db}——统计期内电动给水泵耗电量，kW·h；

D_L——统计期内主蒸汽流量累计值，t。

影响电动给水泵单耗的因素如下：

（1）机组负荷过低或过高都会使电动给水泵单耗增大。

当机组负荷率发生变化时，汽轮机给水流量发生相应变化，电动给水泵的工作点发生改变，单耗也就发生变化。一般情况下，机组负荷率降低时，由于电动给水泵效率曲线与其管路特性曲线的变化会使电动给水泵工作点向低效率区域转移，单耗随之升高。

当机组负荷变化时，如果主蒸汽、再热蒸汽参数调整不及时，汽温、汽压低于设计值，则会造成汽耗量增加，电动给水泵单耗升高；反之，汽轮机运行经济性优良，汽耗率少，则电动给水泵单耗降低。

电动给水泵电流与主蒸汽压力成正比例关系，电动给水泵的出口压力应不低于将给水送入汽包的压力，且不应有过大的富裕，否则会造成单耗升高。同理，主蒸汽压力越高，电动给水泵的出口压力越高，其电流和耗电量也越大。尤其在机组定压运行时，对单耗的影响十分明显。而采用滑压运行方式，电动给水泵耗电率则降低。

（2）高压加热器管束、锅炉受热面等汽水系统管束泄漏。

当机组稳定运行时，如果汽水系统无泄漏情况，电动给水泵处于自动工作状态，电动给水泵转速、电流与负荷是相对应的，转速波动幅度在±50r/min 范围内，电动给水泵

电流波动在±10A 范围内。高压加热器管束、锅炉受热面等汽水管束发生泄漏时,电动给水泵就需要增加上水量来弥补泄漏的水量,以保证锅炉的正常供水。电动给水泵出力增加后,转速和电流会随泄漏量的增大而增大,增加了电动给水泵的单耗。

（3）给水系统阀门泄漏。

给水系统阀门内漏也是影响电动给水泵单耗的一个主要因素。①电动给水泵最小流量和旁路门的两侧压差很大,高速流动的给水会在阀体接触面上冲出沟来,因此常常关不严,使泄漏量增大。这部分内漏的流量没有参与做功,一直在进行内循环,泄漏量大时会使电动给水泵的电流明显升高。②备用电动给水泵中间抽头止回阀不严,使运行泵中间抽头的水漏入备用泵内,产生损失,增加了电动给水泵单耗。③电动给水泵倒暖门开度过大,使倒暖流量过大,相当于进行再循环,也增加了电动给水泵功耗。④给水系统疏放水门关闭不严,造成跑、冒、滴、漏等现象,使得经过软化水的汽水白白流失,也会影响电动给水泵单耗。这些内漏一般可以通过红外测温仪监测出来,只要运行人员认真做好巡检,及时关好阀门,联系检修适时处理内漏缺陷,就会使电动给水泵的电流有所下降,电动给水泵的单耗也会明显改善。

（4）电动给水泵运行状况恶化。

①电动给水泵入口滤网堵塞会导致给水流量下降,尤其是前置泵泵体会产生或轻或重的汽蚀冲刷,使泵长期处于低效率状态,降低泵的出力,使单耗上升。②润滑油和工作油的油质不合格,会导致液力耦合器的传动效率和传动稳定性下降,直接影响电动给水泵的工作效率,引起单耗升高。润滑油油质不合格的主要原因是油中带水,要注意监视电动给水泵耦合器油箱的油位,防止冷油器铜管泄漏、机械密封水串入油中等缺陷。因此,运行人员需要加强对电动给水泵的维护、保养、监测,尤其要严格监控润滑油油质的各项技术指标。

（5）电动给水泵启停频繁、切换时间过长。

机组启停期间,会使电动给水泵无负荷或低负荷运行时间过长,而电动给水泵定期切换时,因操作人员水平存在差异,也会使两台电动给水泵同时运行的时间过长,这都会引起电动给水泵单耗升高。

（6）机组排污量大、对外供汽量大。

机组凝结水、除氧器品质不合格,以及锅炉水质不合格,会使得锅炉排污量异常增大,则电动给水泵上水量随之增大,影响单耗。机组供母管或母管对外供汽量大,也直接影响电动给水泵单耗。

（7）锅炉过热器、再热器减温水量大。

锅炉过热器减温水来自电动给水泵出口的高压给水母管,再热器减温水来自电动给水泵中间抽头,这两部分减温水都直接来源于电动给水泵的内部,与电动给水泵耗电量有直接关系。入炉煤质发生变化时,燃烧状况和汽温会随之波动。当煤质变差,严重结焦时，炉膛出口温度升高，造成锅炉汽温升高，过热器和再热器的减温水量变大，导致电动给水泵单耗略有上升。

降低电动给水泵单耗的措施如下：

（1）避免机组超负荷运行，严格按定-滑-定运行曲线接带负荷，加强对主蒸汽和再热蒸汽参数的监控，一旦偏离额定值时，应及时做出调整。

（2）运行中注意监视高压加热器管束、锅炉受热面等汽水管束是否泄漏，避免汽水系统跑、冒、滴、漏等现象的发生。

（3）注意电动给水泵最小流量阀的工作情况和严密性，运行中按照设计流量及时切换最小流量阀的开关状态。加强巡检，及时发现给水系统阀门是否存在泄漏缺陷。检查备用电动给水泵中间抽头止回阀的严密性，电动给水泵倒暖时流量不应过大，达到暖泵效果就好。

（4）保持除氧器正常水位运行，定期清理电动给水泵入口滤网，加强运行调整和维护，防止前置泵发生汽蚀。

（5）合理安排电动给水泵的启停时间，尽量减少无负荷状态下的运行时间。电动给水泵切换时，及时将负荷倒到备用泵，停止原运行泵，减少两泵同时运行的时间；尽量使用变频泵，减少工频泵运行时间，确保电动给水泵在变频工况下的自动响应率和投入率。

（6）严格控制凝结水和除氧水的品质。水质不合格时，及时检查凝结水泵密封水、低压加热器疏水泵盘根密封水、低压加热器疏水泵空气门、除氧器排氧门开度等，采取除氧器适时再沸腾，勤排、少排、均衡排污等措施，减少锅炉排污量和补水率。根据机组负荷和对外供汽参数的要求，及时调整高压缸排汽调节阀，保证对外供汽品质的同时，减少机组对外供汽量。加强对外供汽管路的维护，减少泄漏损失。

（7）调整锅炉燃烧参数，定期吹灰，尽可能减少减温水量。尤其当入炉煤质发生变化时，锅炉运行人员应对挥发分、灰分、发热量等参数充分掌握，落实专项掺烧方案，确保机组正常运行。

5. 循环水泵耗电率

循环水泵耗电率是指统计期内循环水泵耗电量与机组发电量的百分比。对于母管制循环水系统，机组发电量为共用该母管制循环水系统的机组总发电量。其计算公式为

$$w_{xb} = \frac{W_{xb}}{W_f} \times 100$$

式中　w_{xb}——循环水泵耗电率，%；

　　　W_{xb}——循环水泵耗电量，kW·h；

　　　W_f——统计期内相关机组发电量，kW·h。

循环水泵耗电率高的原因如下：

（1）循环水泵运行效率低。

（2）循环水泵性能与循环水系统阻力不匹配。循环水泵的流量扬程特性与循环水系统阻力特性相匹配是循环水系统甚至是整个冷端系统节能运行的关键。在设计流量工作点，当循环水泵配套的扬程高于系统阻力时，会导致循环水泵实际运行在低扬程大流量区域。在冬季水温度较低时，凝汽器冷却水流量偏大，机组真空高于极限真空，同时过高的流速可能会冲刷铜管的胀口，造成安全性问题。当循环水泵配套的扬程小于系统阻力时，会导致循环水泵实际运行在高扬程小流量区域，凝汽器冷却水流量偏小，直接影响机组运行经济性。无论流量偏大或偏小，循环水泵都偏离设计工作点，导致循环水泵的运行效率偏低。

（3）循环水泵运行方式不合理。

（4）机组负荷率低或频繁启停、调峰。

（5）备用循环水泵出口蝶阀不严。

（6）循环水泵进口旋转滤网工作不正常或脏污。

（7）凝汽器循环水二次滤网差压大或工作不正常。

（8）循环水泵电动机高速运行。

（9）吸水口被淤泥或其他杂物堵塞。

（10）潮位低。

（11）循环水管路阻力大。

（12）水泵水室存有空气，破坏了循环水虹吸。

（13）凝汽器钛管被污染。

降低循环水泵耗电率的对策如下：

（1）循环水泵运行方式优化。循环水泵供水量大对提高真空、降低煤耗有利，但供水量过多会造成凝结水过冷却度增加，同时多开泵会多用电。从节能降耗的角度出发，循环水泵的运行方式越灵活（流量调节范围越大），机组的运行经济性就越好。对于循环水系统宜采用扩大单元制供水系统，每台机组设 2 台循环水泵，循环水母管之间需设联络门，实现不同季节、不同负荷下循环水泵优化运行。如夏季 1 台机组 2 台循环水泵（1 高 1 低）运行或 2 台机组 3 台循环水泵（2 高 1 低）；春、秋季 2 台机组 3 台循环水泵（1 高 2 低）运行；冬季 1 台机组 1 台低速循环水泵运行。

（2）胶球清洗装置正常投运，维持凝汽器冷却水管清洁。

（3）加强循环水泵入口旋转滤网的监视和调整，及时进行旋转滤网冲洗。

（4）加强循环水入口滤网清理，清除循环水滤网淤泥附着物，减少系统阻力。

（5）检查相关阀门，保证阀门严密性。

（6）调整好循环水泵内部动静间隙，提高循环水泵效率。如循环水泵运行效率低于76%，建议进行循环水泵增效改造。首先对循环水系统的阻力特性和循环水泵进行性能诊断试验，确定循环水系统的阻力特性曲线，测试循环水泵的运行效率和性能。对循环水泵叶轮进行改进，重新设计叶轮，采用高效叶片型线，同时使设计工况点与泵的运行工况一致，达到提高泵运行效率的目的，从而降低泵运行轴功率，减少电动机输出功率。

（7）采用双速循环水泵，根据季节调节流量。可选用双速电动机驱动水泵，根据各季节气象条件的改变选择驱动转速，调节供水量，达到节能的目的。对于配置两台循环水泵的机组，原则上推荐一台循环水泵双速改造，这样单台机组循环水泵的运行方式有一机一泵（低速）、一机一泵（高速）、一机两泵（一高速、一低速）、一机两泵（两台高速）四种。可通过冷端系统运行优化试验，寻求在机组不同负荷、不同循环水温度条件下的机组最佳真空和循环水泵的最佳运行方式，真正实现汽轮机冷端系统的节电和节能。循环水泵电动机降速改造后，耗电率一般可降低 0.1 个百分点。

（8）采用高压变频技术，对循环水泵转速进行无级调速，根据机组不同负荷的最佳真空，调节泵的运行转速，调节循环水泵流量。改为变频运行的控制要点是要准确地确定机组不同环境温度、不同负荷下的最佳真空。

（9）提高循环水泵效率。经试验证明，循环水泵内部铸造表面研磨打光后，水泵的效率将能提高 6%～7%。目前 50% 以上的现有在运机组的循环水泵实际运行效率约为 70%，有的泵效率甚至低于 60%。最常见的循环水泵改造是更换高效叶轮改造，改造后泵的效率一般能提高约 10 个百分点，达到 80% 左右。但是由于泵的效率并不全部取决于叶轮，其他过流部件（含静止部分）对效率的影响不容忽视（尤其是立式蜗壳泵）。因此，建议对循环水泵进行整体提效改造，即在保留原有泵安装基础、泵进出口尺寸和方位、电动机不变、满足凝汽器设计冷却水流量的条件下，更换一台与原有循环水系统阻力匹配的采用高效水力模型设计制造的全新高效混流循环水泵。

（10）海水脱硫机组增设循环水旁路。对于使用海水脱硫的机组，应增设凝汽器冷却水旁路，当水温较低时部分冷却水走旁路，既保证了海水脱硫的水量，也降低了凝汽器冷却水流量，从而降低了凝结水过冷度。同时绝大部分海水走旁路，降低了循环水系统阻力和循环水泵功耗。

（11）去掉循环水系统中多余的阀门，改善管道形状，尽可能减少管道阻力损失。

（12）排净凝汽器水室内空气，以维持稳定的循环水虹吸作用。

（13）夏季采用向循环水中加氯的方式来保证水质；加强旋转滤网的冲洗；利用大小修采用高压水对凝汽器管子进行清洗。

（14）机组停运后立即切换一台高速循环水泵至低速，保持一高一低两台循环水泵母管制运行，同时调整凝汽器回水门进行节流。机组启动时如需启动循环水泵，首先启动低速泵，正常保持一高一低运行，根据负荷及环境温度情况，再考虑切换至两高速泵运行。

（15）新建机组循环水泵按照 2×50% 容量配置，至少一台循环水泵能双速运行。如经济条件许可，可以考虑加装变频器实现循环水泵连续调速运行。循环水泵电动机双速运行在一定程度上实现了循环水泵运行方式和运行流量的多样化，通过运行方式优化试验，结合机组负荷、冷却水温度，可以得到机组最佳运行真空对应的最佳循环水泵运行方式。

（16）做好循环水泵的选型。

1）设计时，可只考虑最大阻力，不用另外再增加 20% 的余量。因为设计循环水系统阻力计算结果不准确，裕量过大，会导致循环水泵设计扬程偏高（标准最大阻力加 20% 余量，流量为最大冷却水量的 1.1 倍）。实际运行中泵运行在低扬程、大流量区域，若扬程设计偏差过大，将会导致循环水泵电动机过电流。

2）循环水泵的电动机容量容余系数以不超过 1.2 为宜。

6. 循环水泵单耗

辅机循环水泵单耗是指统计期内辅机循环水泵消耗的电量与其出口的流量累计值的比值，即

$$b_{xb} = \frac{W_{xb}}{D_L}$$

式中　b_{xb}——辅机循环水泵单耗，kW·h/t；

　　　W_{xb}——统计期内辅机循环水泵耗电量，kW·h；

　　　D_L——统计期内主蒸汽流量累计值，t。

降低循环水泵单耗的措施如下：

（1）采用旋转刮板式一次滤网。

（2）减少循环水系统管路阻力损失。

（3）保持良好的虹吸作用。

（4）水泵流道涂刷防磨涂料。

（5）循环水泵节能改造及运行中的经济调度，根据不同季节和机组负荷变化，在保持最有利的冷却水量的情况下，合理搭配不同流量的循环水泵参与运行，以减少循环水泵单耗。

7. 闭式（冷水）泵耗电率

闭式（冷水）泵耗电率是指统计期内闭式泵消耗的电量之和与机组总发电量的百分比。计算公式为

$$L_{bs} = \frac{W_{bs}}{W_f} \times 100$$

式中　L_{bs}——闭式泵耗电率，%；

　　　W_{bs}——闭式泵消耗的电量，kW·h；

　　　W_f——统计期内机组发电量，kW·h。

有的机组闭式泵配备裕量过大。如某 300MW 机组，配备闭式泵型号为 20sh-9，流量为 2016m³/h，扬程为 59m，电动机功率为 560kW；配备开式泵型号为 24sh-19，流量为 3168m³/h，扬程为 32m，电动机功率为 400kW。而某 660MW 机组，配备闭式泵型号为 SLOW350-520B，流量为 2500m³/h，扬程为 44m，电动机功率为 450kW；配备开式泵型号为 SLOW500-650B，流量为 3900m³/h，扬程为 24m，电动机功率为 400kW。因此，闭式泵耗电率相差很大，总的要求是 300MW 亚临界机组闭式泵耗电率小于或等于 0.18%，660MW 超（超）临界机组闭式泵耗电率小于或等于 0.15%。

8. 空冷系统耗电率

空冷系统耗电率是指统计期内单元机组空冷塔（包括空冷系统水泵、空冷风机等）耗电量与机组发电量的百分比。计算公式为

$$w_{kl} = \frac{W_{kl}}{W_f} \times 100$$

式中　w_{kl}——空冷系统耗电率，%；

W_{kl}——空冷系统耗电量，kW·h；

W_f——统计期内机组发电量，kW·h。

9. 空冷系统单耗

空冷系统单耗是指统计期内空冷系统消耗的电量与主蒸汽流量累计值的比值。计算公式为

$$b_{kl} = \frac{W_{kl}}{D_L}$$

式中　b_{kl}——空冷系统单耗，kW·h/t；

W_{kl}——统计期内空冷系统耗电量，kW·h；

D_L——统计期内主蒸汽流量累计值，t。

三、辅助系统设备单耗、耗电率指标

1. 化学制水系统耗电率

化学制水系统耗电率是指统计期内制水系统耗电量与相关机组发电量的百分比。即

$$w_{zs} = \frac{W_{zs}}{W_f} \times 100$$

式中　w_{zs}——化学制水系统耗电率，%；

W_{zs}——化学制水系统耗电量，kW·h；

W_f——统计期内相关机组发电量，kW·h。

2. 化学制水系统单耗

化学制水系统单耗是指化学每制 1t 除盐水消耗的电量，即

$$b_{zs} = \frac{W_{zs}}{D_{cy}}$$

式中　b_{zs}——化学制水系统单耗，$kW \cdot h/t$；

$\quad\quad W_{zs}$——统计期内化学制水系统消耗的电量，$kW \cdot h$；

$\quad\quad D_{cy}$——统计期内除盐水量，t。

3. 除灰系统耗电率

除灰系统耗电率是指统计期内除灰系统消耗的电量与机组发电量的百分比，即

$$w_{ch} = \frac{W_{ch}}{W_f} \times 100$$

式中　w_{ch}——除灰系统耗电率，%；

$\quad\quad W_{ch}$——除灰系统耗电量，$kW \cdot h$；

$\quad\quad W_f$——统计期内相关机组发电量，$kW \cdot h$。

4. 除灰系统单耗

除灰系统单耗是指锅炉每燃烧 1t 原煤除灰系统消耗的电量，即

$$b_{ch} = \frac{W_{ch}}{B_L}$$

式中　b_{ch}——除灰系统单耗，$kW \cdot h/t$；

$\quad\quad W_{ch}$——统计期内除灰系统消耗的电量，$kW \cdot h$；

$\quad\quad B_L$——统计期内燃烧原煤量，t。

5. 脱硫系统耗电率

脱硫系统耗电率是指脱硫设备总耗电量（包括浆液循环泵、氧化风机、湿式球磨机、脱硫真空泵等）与相关机组总发电量的百分比，即

$$w_{tl} = \frac{W_{tl}}{W_f} \times 100$$

式中　w_{tl}——脱硫耗电率，%；

$\quad\quad W_{tl}$——统计期内脱硫设备总耗电量，$kW \cdot h$；

$\quad\quad W_f$——统计期内相关机组发电量，$kW \cdot h$。

6. 脱硫系统单耗

脱硫系统单耗是指锅炉每燃烧 1t 原煤脱硫系统消耗的电量，即

$$b_{tl} = \frac{W_{tl}}{B_L}$$

式中　b_{tl}——脱硫系统单耗，$kW \cdot h/t$；

$\quad\quad W_{tl}$——统计期内脱硫设备总耗电量，$kW \cdot h$；

$\quad\quad B_L$——统计期内燃烧原煤量，t。

7. 浆液循环泵耗电率

浆液循环泵耗电率是指浆液循环泵总耗电量与相关机组发电量的百分比，即

$$w_{jy} = \frac{W_{jy}}{W_f} \times 100$$

式中　　w_{jy}——浆液循环泵耗电率，%；

　　　　W_{jy}——统计期内浆液循环泵总耗电量，kW·h；

　　　　W_f——统计期内相关机组发电量，kW·h。

浆液循环泵耗电率的影响因素主要有：

（1）入口烟气量。入口烟气量的多少主要由锅炉负荷决定，烟气量越多，需脱除的硫量也越多，为保证脱硫效率需要提高液气比，即增加浆液循环泵运行台数。

（2）入口硫分。入炉煤的硫分决定了入口烟气的含硫量，硫分增高，需提高液气比。

（3）吸收塔浆液密度。浆液密度大小影响浆液循环泵电流，浆液密度与浆液循环泵电流大小成正比，浆液密度越大，电流越大，反之，则越小。

（4）吸收塔液位。液位高低影响浆液循环泵电流，浆液循环泵电流与浆液循环泵入口压力是成正比的，吸收塔液位越高，浆液循环泵电流越大。

（5）浆液起泡程度。浆液内的起泡程度严重情况，不仅对浆液循环泵电流产生影响，也会对泵体、叶轮产生气蚀，使浆液循环泵出力降低，脱硫效率降低，浆液循环泵运行的台数增加，脱硫系统耗电率增加。

（6）叶轮、喷嘴磨损严重。蜗壳与叶轮磨损严重，会导致叶轮与蜗壳之间的容积损失增加，导致泵的出力减小，浆液循环量减少，脱硫效率降低。

（7）喷头堵塞或损坏。浆液循环泵喷淋层喷头堵塞或损坏会造成浆液喷淋流量减少或喷淋半径减小，会造成脱硫效率降低，从而导致浆液循环泵运行台数增加。

8. 氧化风机耗电率

氧化风机耗电率是指氧化风机总耗电量与相关机组发电量的百分比，即

$$w_{yh} = \frac{W_{yh}}{W_f} \times 100$$

式中　　w_{yh}——氧化风机耗电率，%；

　　　　W_{yh}——统计期内氧化风机总耗电量，kW·h；

　　　　W_f——统计期内相关机组发电量，kW·h。

氧化风机的作用主要是向浆液池内鼓入空气，使吸收塔浆液池中的亚硫酸钙强制氧化成石膏。虽然氧化风机电流与吸收塔液位和浆液密度成正比，但其电流波动范围仅有±3A左右，依靠调整浆液进行节能的意义不大。目前最主要的节能方式是在低负荷或低硫分运行工况时，减少鼓风量，如果是罗茨风机的二运一备的运行方式，可以单台罗茨风机运行；如果是高速离心风机，可以调整挡板，减少风量，可以明显降低运行电流。

9. 脱硫真空泵耗电率

脱硫真空泵耗电率是指脱硫真空泵耗电量与相关机组发电量的百分比，即

$$w_{zk} = \frac{W_{zk}}{W_f} \times 100$$

式中　w_{zk}——脱硫真空泵耗电率，%；

W_{zk}——统计期内脱硫真空泵耗电量，kW·h；

W_f——统计期内相关机组发电量，kW·h。

10. 湿式球磨机耗电率

湿式球磨机耗电率是指湿式球磨机耗电量与相关机组发电量的百分比，即

$$w_{sm} = \frac{W_{sm}}{W_f} \times 100$$

式中　w_{sm}——湿式球磨机耗电率，%；

W_{sm}——湿式球磨机耗电量，kW·h；

W_f——统计期内相关机组发电量，kW·h。

湿式球磨机是制浆系统耗电量的主要设备，湿式球磨机耗电量与石料品质、钢球数量和制浆量的多少有关。湿式球磨机的作用是将粒径小于 20mm 的石料送至湿式球磨机进行研磨，工艺水按与送入石灰石成定比的量而加入湿式球磨机的入口，最后得到细度粒径不大于 0.044mm（90%通过 325 目）的新鲜石灰石浆液。因此，湿式球磨机耗电率的控制方式主要有三个方面：

（1）合理的石灰石与工艺水配比。若石灰石含量过高，则系统磨损增加，运行电流增加；若石灰石含量低，则脱硫有效成分降低，所需石灰石浆液量增加，导致制浆系统运行时间延长。

（2）石灰石品质。若石灰石中的氧化钙含量低，泥土多，二氧化硅、氧化镁、酸不溶物、结合物等杂质过多，直接影响石灰石浆液品质，增加了石灰石浆液量的补给，导致制浆系统运行时间长且运行电流大。

（3）钢球数量。钢球的主要作用就是在湿式球磨机中与石灰石碰撞摩擦，使石灰石达到浆液使用标准，钢球过多，会导致湿式球磨机运行电流高；钢球过少，会导致石灰石磨制效率降低，湿式球磨机运行时间增加。因此，在节能监督中，要严格控制石灰石粒径，减少钢球损耗，并根据石灰石的消耗量定期添加钢球，维持湿式球磨机的正常运行电流。

11. 输煤系统耗电率

输煤系统耗电率是指输煤系统耗电量与相关机组发电量的百分比，即

$$w_{sm} = \frac{W_{sm}}{W_f} \times 100$$

式中 w_{sm} ——输煤系统耗电率，%；

        W_{sm} ——输煤系统耗电量，kW·h；

        W_f ——统计期内相关机组发电量，kW·h。

12. 输煤系统单耗

输煤系统单耗是指输煤系统每输送 1t 原煤消耗的电量，即

$$b_{sm} = \frac{W_{sm}}{B_{sm}}$$

式中 b_{sm} ——输煤系统单耗，kW·h/t；

        W_{sm} ——输煤系统耗电量，kW·h；

        B_{sm} ——统计期内输煤系统上煤量，t。

第五章 耗差分析

第一节 耗差分析概况

一、耗差分析的概念

耗差分析，又称能损分析，是对运行指标偏差逐级分解的分析方法。基本思路是将机组供电煤耗的总偏差分解为各个指标偏差的影响项之和；然后针对每项偏差的影响因素，进一步将各分指标的运行偏差分解为各种运行偏差因素的影响项之和；最终得出运行能损产生的具体原因、场所及其规模。

二、耗差分析的意义

2020 年 9 月，习近平主席在第七十五届联合国大会一般性辩论上宣布中国将提高国家自主贡献力度，采取更加有力的政策和措施，二氧化碳排放力争于 2030 年前达到峰值，努力争取 2060 年前实现碳中和。碳达峰、碳中和即"双碳"目标正式提出。进一步推进煤电机组节能降耗是提高能源利用效率的有效手段，对实现电力行业碳排放达峰，乃至全国碳达峰、碳中和目标具有重要意义。因此，提高机组经济性水平，降低发电成本和减少污染物排放量的要求越来越高。而传统的小指标管理方法由于没有考虑指标之间的相互耦合关系使得运行人员很难确定最佳运行方式。对设备状态的了解多是依靠机组的性能试验，但由于性能试验的时效性较为局限，不能动态反映机组的性能情况，削弱了它的指导效果。

基于现代信息技术和热力学理论发展起来的耗差分析方法能够实时定量计算机组能量损失的分布，是指导运行人员及时消除可控煤耗偏差提高运行经济性的核心技术，是火电机组节能技术从粗放型向精细型转变的根本方法。

三、耗差分析的目的

为了做好机组的节能降耗工作，就必须摸清是热力系统中哪些环节影响了机组的运行经济性，以及各环节对运行煤耗影响的具体量值，这样才能使节能措施有针对性。

耗差分析要达到以下几个最基本的目标：

（1）使专业人员能够清楚掌握当前机组运行经济性水平，并通过历史数据的比较得到热力循环中各环节性能变化趋势，及早发现问题、解决问题。

（2）在线分析出机组各影响因素偏离目标值引起的煤耗偏差值及相应工况下能够达到的供电煤耗最好水平，为专业技术人员指出机组热经济性存在的差距及努力方向。

（3）为生产管理人员提供实时的机组运行经济性信息，便于决策层及时掌握机组运行情况，同时辅助电厂进行机组运行指标、各项小指标竞赛，搞好经济运行工作。

四、耗差分析的原理

耗差是指当某一运行参数偏离运行基准值时，对机组运行经济性影响的大小，其单位为 $g/(kW \cdot h)$。

耗差分析方法可以从数学分析的角度来考虑，如果假定某负荷各参数条件下的运行煤耗率为 y，该负荷下影响机组经济性的各个参数或因素分别为 x_1，x_2，$\cdots$，x_i，$\cdots$，x_n（包括非运行因素如煤质、进风温度、循环水温度，以及运行因素如氧量、主蒸汽压力等），则可以把运行煤耗率表示成多元函数，即

$$y=f(x_1, x_2, \cdots, x_i, \cdots, x_n)$$

假定各参数间相互独立，线性无关，且函数连续可导，则煤耗率的全增量可表示为

$$\Delta y = y_1 - y_0 = f(x_{11}, x_{21}, \cdots, x_{i1}, \cdots, x_{n1}) - f(x_{10}, x_{20}, \cdots, x_{i0}, \cdots, x_{n0})$$

或者

$$\Delta y = \frac{\partial f}{\partial x_1}\Delta x_1 + \frac{\partial f}{\partial x_2}\Delta x_2 + \cdots + \frac{\partial f}{\partial x_i}\Delta x_i + \cdots + \frac{\partial f}{\partial x_n}\Delta x_n$$

式中　x_{i1}、x_{i0} ——第 i 项因素或参数的运行值和基准值；

$\dfrac{\partial f}{\partial x_i}$ ——函数 f 沿 x_i 方向的偏导数；

Δx_i ——第 i 项因素或参数的增量，$\Delta x_i = x_{i1} - x_{i0}$。

在各项参数不相关的前提下，各参数单独变化所造成的煤耗偏差等于煤耗率总偏差。在实际应用中，只需确定不同负荷下各运行参数的基准值及相应的基准煤耗，即

$$y_0 = f(x_{10}, x_{20}, \cdots, x_{i0}, \cdots, x_{n0})$$

当参数发生变化时，变化后的煤耗 $y_1 = y_0 + \Delta y$。

五、耗差分析的方法

耗差分析的关键是建立各参数对机组煤耗影响关系式。针对不同的情况和参数，主要有以下几种方法：

（1）利用基本公式法，适用于锅炉热效率、排烟温度、氧量、飞灰含碳量等影响

参数。

（2）常规热力计算方法（包括根据热力特性曲线查取影响热耗的方法，一般汽轮机制造商提供这方面的热力影响曲线），适用于主蒸汽压力、主蒸汽温度、再热蒸汽温度、排汽压力等。

（3）等效焓降法，也叫等效热降法，此法适用于热力系统局部分析。等效焓降法是基于热力学的热功转换原理，考虑到热力系统参数、热力系统结构的特点，经过严密的理论推导，求出热力参数焓降 h 和装置效率 η 等，定量研究系统内部参量改变引起的经济性变化量，即用简捷的局部运算代替整个系统的繁杂计算，分析热力系统中节能技术改造的效果，为小指标的定量计算提供简单实用的方法。

（4）试验法，有些参数对煤耗的影响可通过试验确定，例如排汽压力、煤粉细度等。

（5）小偏差方法，各汽轮机制造厂、上海发电设备研究所和西安热工研究院等单位，通过研究汽轮机各缸效率对热耗率的影响，结合实际试验数据，得到很多半经验计算公式，便于应用。

六、运行基准值的确定

运行基准值也叫运行应达值，是对应机组某个负荷工况下，各运行参数的最经济或最合理的值。基准值可以是设计值、试验值或运行统计最佳值。一般地，新机组或缺少试验资料时，往往以设计值作为运行的基准值。而经过大小修以后的机组，总是以优化试验结果作为基准值，必要时也可以用运行统计最佳值作为基准值。比如滑压运行机组的滑压曲线，就是主蒸汽压力的基准曲线。曲线上对应某个负荷的主蒸汽压力，就是主蒸汽压力在该负荷时的基准值。

运行基准值通过如下三种方法确定：①采用机组热力特性试验数据；②制造厂家提供的热力特性曲线；③理论分析和变工况计算。

在实际使用中，应将热力特性试验数据和热力特性曲线拟合成数学公式，以方便使用。考虑到机组设备通常采用定-滑-定运行方式，推荐在定压运行状态主蒸汽温度、主蒸汽压力、再热蒸汽温度取用制造厂提供的设计值，当机组设备滑压运行时，主蒸汽压力根据变工况热力计算确定。

七、运行可控耗差

运行可控耗差是指运行操作人员能够调整（增加或减少）的耗差。运行可控耗差应在主监视画面上突出显示，以便于运行人员监视和调整。影响运行可控耗差的主要指标有主蒸汽压力、主蒸汽温度、再热蒸汽温度、排烟温度、烟气含氧量、飞灰含碳量、厂用电率、真空、最终给水温度、各加热器端差、过热器减温水流量、再热器减温水流量。

八、运行不可控耗差

运行不可控耗差是指运行操作人员不能够调整（增加或减少）的耗差。运行不可控耗差监视画面应与运行可控耗差统筹考虑，供运行人员参考，主要用于指导设备节能工作，影响不可控耗差的主要指标有再热器压损、燃料发热量、高压缸内效率、中压缸内效率、辅汽用汽量、机组补水率、凝结水过冷度、轴封漏汽量。

第二节 耗差分析指标体系的建立

一、供电煤耗计算方法

发电煤耗是统计期内机组或电站每发出 1kW·h 电能平均耗用的标准煤量。

供电煤耗是指统计期内汽轮发电机组每供出 1kW·h 电能平均耗用的标准煤量。供电煤耗是火力发电厂发电设备、系统运行经济性能的总指标。

根据 DL/T 904—2015《火力发电厂技术经济指标计算方法》，反平衡发电煤耗计算公式为

$$b_{fd} = \frac{3600}{29308 \times \eta_{qj} \times \eta_{gl} \times \eta_{gd}} \times 10^9$$

式中　b_{fd} ——发电煤耗，g/（kW·h）；

η_{qj} ——汽轮机效率，%；

η_{gl} ——锅炉效率，%；

η_{gd} ——管道效率，%。

供电煤耗计算公式为

$$b_{gd} = \frac{b_{fd}}{1 - \dfrac{L_{fd}}{100}}$$

式中　b_{gd} ——供电煤耗，g/（kW·h）；

L_{fd} ——发电厂用电率，%。

把发电煤耗计算公式代入供电煤耗计算公式得到

$$b_{gd} = \frac{3600}{29308 \times \eta_{qj} \times \eta_{gl} \times \eta_{gd} \times \left(1 - \dfrac{L_{fd}}{100}\right)} \times 10^9 \tag{5-1}$$

二、影响供电煤耗的因素

从式（5-1）可以看出，供电煤耗的大小取决于汽轮机效率、锅炉效率、管道效率及

发电厂用电率四个指标的数值。在火电厂整个热力系统中，影响机组热经济性的因素有很多，但都是通过影响以上四个指标来影响机组供电煤耗。

根据 DL/T 904—2015《火力发电厂技术经济指标计算方法》中锅炉效率计算公式得到，燃料收到基低位发热量偏离基准值将引起排烟热损失、固体未完全燃烧热损失与灰渣物理热损失的变化；空气预热器出口氧量、收到基氢、收到基水分偏离基准值均将引起排烟热损失的变化；排烟温度与送风机入口风温偏离基准值均将引起排烟热损失与灰渣物理热损失的变化；收到基灰分、飞灰含碳量、炉渣含碳量偏离基准值均将引起固体未完全燃烧热损失与灰渣物理热损失的变化；锅炉蒸发量偏离基准值将引起散热损失的变化。

根据汽轮机效率的计算公式得到，主蒸汽温度、主蒸汽压力、再热蒸汽温度、再热蒸气压损、排汽压力这些基础参数，以及补水率、过热器减温水量、再热器减温水量这些运行调节参数，高压加热器端差、高压缸内效率、中压缸内效率、低压缸内效率这些需检修改进的参数，以及高压加热器切除运行方式的改变，均会引起汽轮机效率的变化。

管道效率是指汽轮机从锅炉得到的热量与锅炉输出的热量的百分比。包括主蒸汽管道效率、再热蒸汽管道效率、给水管道效率等。机组在正常生产过程中管道效率很难测量计算出准确值，因此在进行耗差分析时将管道效率设为定值。

发电厂用电率是指统计期内发电用的厂用电量与发电量的百分比。发电用的厂用电量主要包括锅炉侧各辅机设备耗电量、汽轮机侧各辅机设备耗电量以及外围脱硫除灰脱硝等系统的耗电量等。

三、耗差分析指标体系

火电厂影响供电煤耗的指标可分为四级，如表 5-1 所示。

（1）一级指标：供电煤耗。

（2）二级指标：影响一级指标的直接指标，如发电煤耗、发电厂用电率。

（3）三级指标：影响二级指标的直接指标，如锅炉效率、汽轮机效率、管道效率。

（4）四级指标：影响三级指标的直接指标，如影响锅炉效率的指标、影响发电厂用电率的指标、影响汽轮机效率的指标、影响管道效率的指标。

表 5-1   耗 差 分 析 指 标 体 系

序号	指标分级	分类	指标名称	单位
1	一级指标	综合	供电煤耗	g/（kW·h）
2	二级指标	综合	发电煤耗	g/（kW·h）
3	二级指标	厂用电	发电厂用电率	%
4	三级指标	汽轮机	汽轮机效率	%
5	三级指标	汽轮机	热耗率	kJ/（kW·h）

序号	指标分级	分类	指标名称	单位
6	三级指标	汽轮机	汽耗率	kg/（kW·h）
7	三级指标	锅炉	锅炉效率	%
8	三级指标	综合	管道效率	%
9	三级指标	综合	负荷率	%
10	锅炉专业四级指标	锅炉	低位发热量	kJ/kg
11	锅炉专业四级指标	锅炉	空气预热器出口氧量	%
12	锅炉专业四级指标	锅炉	排烟温度	℃
13	锅炉专业四级指标	锅炉	入口风温	℃
14	锅炉专业四级指标	锅炉	收到基氢	%
15	锅炉专业四级指标	锅炉	收到基水分	%
16	锅炉专业四级指标	锅炉	收到基灰分	%
17	锅炉专业四级指标	锅炉	飞灰可燃物	%
18	锅炉专业四级指标	锅炉	炉渣可燃物	%
19	锅炉专业四级指标	锅炉	锅炉蒸发量	t/h
20	汽轮机专业四级指标	蒸汽参数	主蒸汽温度	℃
21	汽轮机专业四级指标	蒸汽参数	主蒸汽压力	MPa
22	汽轮机专业四级指标	蒸汽参数	再热蒸汽压损率	%
23	汽轮机专业四级指标	蒸汽参数	再热蒸汽温度	℃
24	汽轮机专业四级指标	蒸汽参数	补水率	%
25	汽轮机专业四级指标	真空度	背压	kPa
26	汽轮机专业四级指标	汽轮机	给水泵焓升	kJ/kg
27	汽轮机专业四级指标	蒸汽参数	过热减温水量	t/h
28	汽轮机专业四级指标	蒸汽参数	再热减温水量	t/h
29	汽轮机专业四级指标	汽轮机	高压加热器端差	℃
30	汽轮机专业四级指标	本体效率	高压缸内效率	%
31	汽轮机专业四级指标	本体效率	中压缸内效率	%
32	汽轮机专业四级指标	本体效率	低压缸内效率	%
33	汽轮机专业四级指标	汽轮机	高压加热器切除	

第三节　二级指标对供电煤耗的影响系数

影响供电煤耗的二级指标有发电煤耗和发电厂用电率。

一、发电煤耗变化对供电煤耗的影响系数

发电煤耗变化对供电煤耗的影响系数是指，在发电厂用电率保持不变的条件下，发电煤耗变化 1g/（kW·h），对供电煤耗的影响值。

利用反平衡供电煤耗计算公式得出发电煤耗变化对供电煤耗的影响值的计算公式，即

$$\Delta b_{gdfd} = b_{gd}^{fd} - b_{gd} = \frac{b'_{fd}}{1 - \dfrac{L_{fd}}{100}} - \frac{b_{fd}}{1 - \dfrac{L_{fd}}{100}} = \frac{b'_{fd} - b_{fd}}{1 - \dfrac{L_{fd}}{100}} \tag{5-2}$$

式中　Δb_{gdfd}——发电煤耗变化对供电煤耗的影响值，g/（kW·h）；

$\quad\quad b_{gd}^{fd}$——发电煤耗变化后代入反平衡供电煤耗计算公式所得的供电煤耗，g/（kW·h）；

$\quad\quad b'_{fd}$——发电煤耗变化后的数值，g/（kW·h）。

将机组设计值设定为基准值。发电煤耗变化 1g/（kW·h）对供电煤耗的影响值的计算公式为

$$\Delta b'_{gdfd} = \frac{\Delta b_{gdfd}}{b'_{fd} - b_{fd}} = \frac{1}{1 - \dfrac{L_{fd}}{100}} \tag{5-3}$$

式中　$\Delta b'_{gdfd}$——发电煤耗变化 1g/（kW·h）对供电煤耗的影响值，g/（kW·h）。

从式（5-3）可以得到，发电煤耗变化对供电煤耗的影响系数与发电煤耗的大小没有关系，只与机组发电厂用电率有关。发电厂用电率越低，发电煤耗变化对供电煤耗的影响系数越低。例如，发电厂用电率为 10%时，发电煤耗变化 1g/（kW·h）对供电煤耗的影响值为 1.11g/（kW·h）；发电厂用电率为 8%时，发电煤耗变化 1g/（kW·h）对供电煤耗的影响值为 1.087g/（kW·h）。

二、发电厂用电率变化对供电煤耗的影响系数

发电厂用电率变化对供电煤耗的影响系数是指，在发电煤耗保持不变的条件下，发电厂用电率变化 1 个百分点对供电煤耗的影响值。

发电厂用电率变化对供电煤耗的影响值的计算公式为

$$\Delta b_{gdcy} = b_{gd}^{cy} - b_{gd} = \frac{b_{fd}}{1 - \dfrac{L'_{fd}}{100}} - \frac{b_{fd}}{1 - \dfrac{L_{fd}}{100}} \tag{5-4}$$

式中　Δb_{gdcy}——发电厂用电率变化对供电煤耗的影响值，g/（kW·h）；

$\quad\quad b_{gd}^{cy}$——发电厂用电率变化后代入反平衡供电煤耗计算公式所得的供电煤耗，g/（kW·h）；

$\quad\quad L'_{fd}$——发电厂用电率变化后的数值，%。

发电厂用电率变化对供电煤耗的影响系数的计算公式为

$$\Delta b'_{gdcy} = \frac{\Delta b_{gdcy}}{\dfrac{L'_{fd}}{100} - \dfrac{L_{fd}}{100}} \tag{5-5}$$

式中　　$\Delta b'_{gdcy}$——发电厂用电率变化 1 个百分点对供电煤耗的影响值，g/（kW·h）。

利用式（5-5）计算发电煤耗为定值时不同发电厂用电率下的供电煤耗如表 5-2 所示。

表 5-2　　　　　　　　发电煤耗为定值时不同发电厂用电率下的供电煤耗　　　　g/（kW·h）

发电煤耗 [g/（kW·h）]	发电厂用电率					
	5%	6%	7%	8%	9%	10%
270	284.21	287.23	290.32	293.48	296.70	300.00
280	294.74	297.87	301.08	304.35	307.69	311.11
290	305.26	308.51	311.83	315.22	318.68	322.22
300	315.79	319.15	322.58	326.09	329.67	333.33
310	326.32	329.79	333.33	336.96	340.66	344.44

利用表 5-2 中的数据及发电厂用电率变化 1 个百分点对供电煤耗的影响值计算公式，得到发电厂用电率在不同范围内变化 1 个百分点对供电煤耗的影响值如表 5-3 所示。

表 5-3　　　发电煤耗为定值时发电厂用电率变化 1 个百分点对供电煤耗的影响值　g/（kW·h）

发电煤耗 [g/（kW·h）]	发电厂用电率					
	5%→6%	6%→7%	7%→8%	8%→9%	9%→10%	10%→11%
270	3.02*	3.09	3.16	3.23	3.30	3.37
280	3.14	3.20	3.27	3.34	3.42	3.50
290	3.25	3.32	3.39	3.46	3.54	3.62
300	3.36	3.43	3.51	3.58	3.66	3.75
310	3.47	3.55	3.62	3.70	3.79	3.87

* 3.02 表示发电煤耗为 270g/（kW·h）、发电厂用电率取值从 5%变化到 6%时，发电厂用电率变化 1 个百分点对供电煤耗的影响值为 3.02g/（kW·h）。其他数据以此类推。

发电煤耗为定值，发电厂用电率基准值越高，发电厂用电率变化对供电煤耗的影响系数越大。发电煤耗为定值时，供电煤耗与发电厂用电率的关系为非线性关系。对于基准值不同的电厂，表 5-3 没有参考价值，需要确定本厂的基准值，利用发电厂用电率变化对供电煤耗的影响系数的耗差计算公式进行计算。

对 $b_{gd} = \dfrac{b_{fd}}{1 - \dfrac{L_{fd}}{100}}$ 求关于 L_{fd} 的导数，例如某发电厂发电煤耗为 270g/（kW·h），对

$b_{gd} = \dfrac{270}{1 - \dfrac{L_{fd}}{100}}$ 求关于 L_{fd} 的导数得到发电厂用电率变化对供电煤耗影响系数的方程为

$b'_{gdcy} = \dfrac{2700}{(100 - L_{fd})^2}$，例如某电厂发电厂用电率的基准值为 8%，实际运行时发电厂用电率

为 8.5%，此时将 8.5%代入得到 3.22g/（kW·h）（考虑计算误差，和表 5-3 中的数据是吻合的），3.22g/（kW·h）即为发电煤耗为 270g/（kW·h），发电厂用电率从 8%变化到8.5%对供电煤耗的影响系数。

发电煤耗不同时，发电厂用电率变化对供电煤耗的影响系数计算公式为

$$b'_{gdcy} = \frac{b_{fd} \times 100}{(100 - L_{fd})^2} \tag{5-6}$$

式（5-5）与式（5-6）的区别：

（1）式（5-5）将发电厂用电率的变化分成几个区间，在区间内可以认为发电厂用电率与供电煤耗的关系为线性关系，式（5-6）通过微分求导直接得出发电厂用电率与供电煤耗变化系数的非线性关系。

（2）式（5-5）需要计算发电厂用电率变化的各区间的区间端点处的供电煤耗，然后供电煤耗的变化值除以发电厂用电率变化值，式（5-6）直接代入发电厂用电率运行值即可求得发电厂用电率变化对供电煤耗的影响系数。

（3）式（5-5）需要发电厂用电率的基准值与运行值，式（5-6）只需发电厂用电率的运行值。

发电煤耗不同时，发电厂用电率变化对供电煤耗的影响系数如图 5-1 所示。

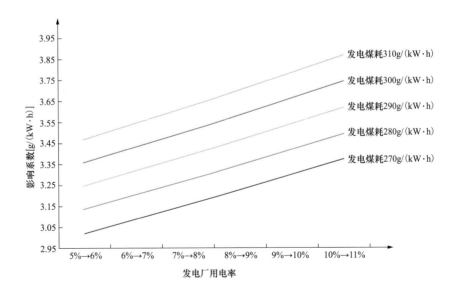

图 5-1　不同发电煤耗下，发电厂用电率变化对供电煤耗的影响系数

第四节　三级指标对供电煤耗的影响系数

影响供电煤耗的三级指标主要有汽轮机效率、热耗率、汽耗率、锅炉效率、管道效率和负荷率。

一、汽轮机效率变化对供电煤耗的影响系数

汽轮机效率变化对供电煤耗的影响系数是指，在锅炉效率、管道效率、发电厂用电率保持不变的条件下，汽轮机效率变化 1 个百分点对供电煤耗的影响值。

反平衡供电煤耗计算公式为

$$b_{\text{gd}} = \frac{3600}{29308 \times \eta_{\text{qj}} \times \eta_{\text{gl}} \times \eta_{\text{gd}} \times \left(1 - \dfrac{L_{\text{fd}}}{100}\right)} \times 10^9 \tag{5-7}$$

汽轮机效率变为 η'_{qj}，锅炉效率、管道效率、发电厂用电率保持不变，供电煤耗计算公式为

$$b'_{\text{gd}} = \frac{3600}{29308 \times \eta'_{\text{qj}} \times \eta_{\text{gl}} \times \eta_{\text{gd}} \times \left(1 - \dfrac{L_{\text{fd}}}{100}\right)} \times 10^9 \tag{5-8}$$

汽轮机效率变化 $\eta'_{\text{qj}} - \eta_{\text{qj}}$，供电煤耗的变化值为

$$\Delta b_{\text{gdqj}} = b'_{\text{gd}} - b_{\text{gd}} = \frac{3600}{29308 \times \eta'_{\text{qj}} \times \eta_{\text{gl}} \times \eta_{\text{gd}} \times \left(1 - \dfrac{L_{\text{fd}}}{100}\right)} \times 10^9 - \frac{3600}{29308 \times \eta_{\text{qj}} \times \eta_{\text{gl}} \times \eta_{\text{gd}} \times \left(1 - \dfrac{L_{\text{fd}}}{100}\right)} \times 10^9$$

$$\Delta b_{\text{gdqj}} = \frac{3600}{29308 \times \eta_{\text{gl}} \times \eta_{\text{gd}} \times \left(1 - \dfrac{L_{\text{fd}}}{100}\right)} \times 10^9 \times \left(\frac{1}{\eta'_{\text{qj}}} - \frac{1}{\eta_{\text{qj}}}\right) \tag{5-9}$$

式中　Δb_{gdqj}——汽轮机效率变化对供电煤耗的影响值，g/（kW·h）；

b'_{gd}——236 汽轮机效率变化后代入反平衡供电煤耗计算公式所得的供电煤耗，g/（kW·h）。

汽轮机效率变化 1 个百分点对供电煤耗的影响值的计算公式为

$$\Delta b'_{\text{gdqj}} = \frac{\Delta b_{\text{gdqj}}}{\eta'_{\text{qj}} - \eta_{\text{qj}}} \tag{5-10}$$

式中　$\Delta b'_{\text{gdqj}}$——汽轮机效率变化 1 个百分点对供电煤耗的影响值，g/（kW·h）。

【例】计算：汽轮机效率为 44.33%，锅炉效率为 92.49%，管道效率为 99%，发电厂用电率为 8%，求供电煤耗。

利用供电煤耗的计算公式，得到

$$b_{gd} = \frac{3600}{29308 \times 44.33 \times 92.49 \times 99 \times \left(1 - \frac{8}{100}\right)} \times 10^9 = 328.93\,g/(kW \cdot h)$$

【例】计算：汽轮机效率为 44.33%，锅炉效率为 92.49%，管道效率为 99%，发电厂用电率为 8%，求汽轮机效率升高 1 个百分点对供电煤耗的影响值。

$$\Delta b_{gdqj} = \frac{3600}{29308 \times 45.33 \times 92.49 \times 99 \times \left(1 - \frac{8}{100}\right)} \times 10^9 - \frac{3600}{29308 \times 44.33 \times 92.49 \times 99 \times \left(1 - \frac{8}{100}\right)} \times 10^9$$

$$=321.67 - 328.93 = -7.26\,g/(kW \cdot h)$$

$\Delta b'_{gdqj} = \Delta b_{gdqj} = -7.26\,g/(kW \cdot h)$，负号表示供电煤耗的变化方向与汽轮机效率变化方向相反，汽轮机效率升高导致供电煤耗降低。

即锅炉效率为 92.49%、管道效率为 99%、发电厂用电率为 8%，汽轮机效率从 44.33% 升高到 45.33% 变化 1 个百分点时，影响供电煤耗降低 7.26g/(kW·h)。

管道效率为 99%，不同锅炉效率、汽轮机效率下的发电煤耗如表 5-4 所示，作为基准值。

表 5-4 管道效率为 99%，不同锅炉效率、汽轮机效率下的发电煤耗 g/(kW·h)

锅炉效率	汽轮机效率					
	42%	43%	44%	45%	46%	47%
95%	311.0	303.7	296.8	290.2	283.9	277.9
94%	314.3	307.0	300.0	293.3	286.9	280.8
93%	317.7	310.3	303.2	296.5	290.0	283.9
92%	321.1	313.6	306.5	299.7	293.2	286.9
91%	324.6	317.1	309.9	303.0	296.4	290.1

发电厂用电率为 8%，表 5-4 中发电煤耗对应的供电煤耗如表 5-5 所示。

表 5-5 发电厂用电率为 8%、管道效率为 99%，不同锅炉效率、汽轮机效率下的供电煤耗 g/(kW·h)

锅炉效率	汽轮机效率					
	42%	43%	44%	45%	46%	47%
95%	338.0	330.1	322.6	315.5	308.6	302.0
94%	341.6	333.7	326.1	318.8	311.9	305.3
93%	345.3	337.2	329.6	322.3	315.2	308.5
92%	349.0	340.9	333.2	325.8	318.7	311.9
91%	352.9	344.7	336.8	329.3	322.2	315.3

发电厂用电率为 8%、管道效率为 99%，不同锅炉效率下，汽轮机效率变化 1 个百分点对供电煤耗的影响值如表 5-6 和图 5-2 所示。

表 5-6　　　　　发电厂用电率为 8%、管道效率为 99%，不同锅炉效率下，

汽轮机效率变化对供电煤耗的影响系数　　　　g/（kW·h）

锅炉效率	汽轮机效率					
	42%→43%	43%→44%	44%→45%	45%→46%	46%→47%	47%→48%
95%	−7.86*	−7.50	−7.17	−6.86	−6.57	−6.29
94%	−7.94	−7.58	−7.25	−6.93	−6.64	−6.36
93%	−8.03	−7.66	−7.32	−7.01	−6.71	−6.43
92%	−8.12	−7.75	−7.40	−7.08	−6.78	−6.50
91%	−8.21	−7.83	−7.48	−7.16	−6.85	−6.57

*　−7.86 表示发电厂用电率为 8%、管道效率为 99%、锅炉效率为 95%，汽轮机效率从 42%升高到 43%，对供电煤耗的影响值为 7.86g/（kW·h）。负号表示汽轮机效率变化方向与供电煤耗的变化方向相反，汽轮机效率升高导致供电煤耗降低。其他数据以此类推。

发电厂用电率与锅炉效率保持不变，汽轮机效率越低，变化 1 个百分点对供电煤耗的影响值越大。表 5-6 只适用于机组参数与表中所列参数相同的机组进行参考使用。参数不同的机组需要依据机组的参数进行计算所得数据用于指导生产。

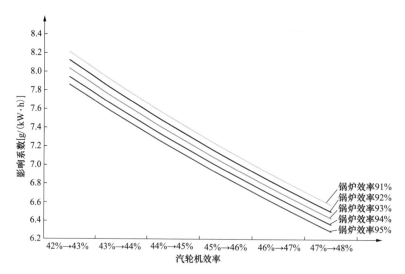

图 5-2　发电厂用电率为 8%、管道效率为 99%，不同锅炉效率下，

汽轮机效率变化对供电煤耗的影响系数

对公式 $b_{gd} = \dfrac{3600}{29308 \times \eta_{qj} \times \eta_{gl} \times \eta_{gd} \times \left(1 - \dfrac{L_{fd}}{100}\right)} \times 10^9$ 求关于汽轮机效率 η_{qj} 的导数，即为

汽轮机效率变化对供电煤耗的影响系数。

汽轮机效率变化对供电煤耗的影响系数与汽轮机效率的关系方程为

$$b'_{gd} = -\frac{3600}{29308 \times \eta_{qj}^2 \times \eta_{gl} \times \eta_{gd} \times \left(1 - \dfrac{L_{fd}}{100}\right)} \times 10^9 \qquad (5-11)$$

锅炉效率为 92%、管道效率为 99%、发电厂用电率为 8%，汽轮机效率变化对供电煤耗的影响系数与汽轮机效率的关系为

$$b'_{gd} = -\frac{3600}{29308 \times \eta_{qj}^2 \times 92 \times 99 \times \left(1 - \dfrac{8}{100}\right)} \times 10^9 = -\frac{14659.04}{\eta_{qj}^2} \qquad (5-12)$$

负号表示汽轮机效率变化方向与供电煤耗的变化方向相反。汽轮机效率为 43.5% 时，代入式（5-12）得 –7.75g/（kW·h），即为锅炉效率为 92%、管道效率为 99%、发电厂用电率为 8% 的条件下，汽轮机效率为 43.5% 时，对供电煤耗的影响系数为 7.75g/（kW·h）（与表 5-6 中的数据是相符的）。对于不同基准值的机组有不同的影响系数方程，不能混用，否则计算出的误差较大，耗差分析就失去了指导生产的意义。

二、热耗率变化对供电煤耗的影响系数

汽轮机组热耗率是指汽轮机组每生产 1kW·h 电能所消耗的热量。

热耗率变化对供电煤耗的影响系数是指，在管道效率、锅炉效率和发电厂用电率保持不变的条件下，热耗率变化 1kJ/（kW·h）对供电煤耗的影响值。为便于统计与分析，将热耗率变化设为 30kJ/（kW·h）。

供电煤耗反平衡计算公式为

$$b_{gd} = \frac{3600}{29308 \times \eta_{qj} \times \eta_{gl} \times \eta_{gd} \times \left(1 - \dfrac{L_{fd}}{100}\right)} \times 10^9 \qquad (5-13)$$

汽轮机效率与热耗率的关系公式为

$$\eta_{qj} = \frac{3600}{q} \times 100 \qquad (5-14)$$

两式联立得到

$$b_{gd} = \frac{q}{29308 \times \eta_{gl} \times \eta_{gd} \times \left(1 - \dfrac{L_{fd}}{100}\right)} \times 10^7 \qquad (5-15)$$

式中　q——汽轮机热耗率，kJ/（kW·h）。

当汽轮机热耗率取值为 q' 时，管道效率、锅炉效率和发电厂用电率保持不变的条件下，供电煤耗计算公式为

$$b'_{gd} = \frac{q'}{29308 \times \eta_{gl} \times \eta_{gd} \times \left(1 - \dfrac{L_{fd}}{100}\right)} \times 10^7 \qquad (5\text{-}16)$$

供电煤耗变化量为

$$\Delta b_{gd} = b'_{gd} - b_{gd} = \frac{q' - q}{29308 \times \eta_{gl} \times \eta_{gd} \times \left(1 - \dfrac{L_{fd}}{100}\right)} \times 10^7 \qquad (5\text{-}17)$$

汽轮机热耗率变化对供电煤耗的影响系数计算公式为

$$\Delta b'_{gdrh} = \frac{\Delta b_{gd}}{q' - q} = \frac{1 \times 10^7}{29308 \times \eta_{gl} \times \eta_{gd} \times \left(1 - \dfrac{L_{fd}}{100}\right)} \qquad (5\text{-}18)$$

【例】某 300MW 机组汽轮机热耗率基准值为 8120.4kJ/（kW·h），管道效率为 99%，锅炉效率为 92%，发电厂用电率为 8%，求当热耗率增加 30kJ/（kW·h）时，供电煤耗的变化值。

$$b_{gd} = \frac{8120.4}{29308 \times 92 \times 99 \times \left(1 - \dfrac{8}{100}\right)} \times 10^7 = 330.66 \text{g/（kW·h）}$$

$$b'_{gd} = \frac{8120.4 + 30}{29308 \times 92 \times 99 \times \left(1 - \dfrac{8}{100}\right)} \times 10^7 = 331.88 \text{g/（kW·h）}$$

即在上述条件下，当热耗率增加 30kJ/（kW·h）时，供电煤耗变化值（升高）为 $b'_{gd} - b_{gd}$ =331.88−330.66=1.22g/（kW·h）。

【例】某 300MW 机组汽轮机热耗率基准值为 8120.4kJ/（kW·h），管道效率为 99%，锅炉效率为 92%，发电厂用电率为 8%，求当热耗率降低 30kJ/（kW·h）时，供电煤耗的变化值。

$$b'_{gd} = \frac{8120.4 - 30}{29308 \times 92 \times 99 \times \left(1 - \dfrac{8}{100}\right)} \times 10^7 = 329.44 \text{g/（kW·h）}$$

即在上述条件下，当热耗率降低 30kJ/（kW·h）时，供电煤耗变化值（降低）为 $b_{gd} - b'_{gd}$ =330.66−329.44=1.22g/（kW·h）。

从汽轮机热耗率变化对供电煤耗的影响系数计算公式可以看出，只要机组锅炉效率、管道效率和发电厂用电率确定了基准值，那么汽轮机热耗率对供电煤耗的影响系数就为常数。

三、汽耗率变化对供电煤耗的影响系数

汽耗率是指汽轮机组输出单位发电量的主蒸汽消耗量。统计期内汽耗率计算时，取

主蒸汽流量累计值与机组发电量的比值。

汽耗率变化对供电煤耗的影响系数是指，在管道效率、锅炉效率和发电厂用电率保持不变的条件下，汽耗率变化 1kg/（kW·h）对供电煤耗的影响值。因汽耗率对供电煤耗影响系数较大，采用汽耗率变化 0.1kg/（kW·h）计算对供电煤耗的影响值。

汽轮机热耗计算公式为

$$q = \frac{G_{ms}(h_{ms} - h_{fw}) + G_{rhl}(h_{rhr} - h_{rhl}) + G_{rs}(h_{rhr} - h_{rs}) + G_{ss}(h_{ms} - h_{ss})}{P_2} \qquad (5\text{-}19)$$

再热器减温水量 G_{rs}、过热器减温水量 G_{ss} 都为 0 时，公式可转化为

$$q = d\left[(h_{ms} - h_{fw}) + \frac{G_{rhl}}{G_{ms}}(h_{rhr} - h_{rhl}) \right] \qquad (5\text{-}20)$$

式中 h_{rhr}、h_{rhl} ——再热器出口、入口的蒸汽焓，kJ/kg；

         h_{ms}、h_{fw} ——新蒸汽的焓、锅炉给水焓，kJ/kg；

         h_{rs}、h_{ss} ——再热蒸汽减温水焓、过热器减温水焓，kJ/kg；

         q ——机组热耗率，kJ/（kW·h）；

         d ——机组汽耗率，kg/（kW·h）；

         G_{ms} ——每小时汽轮机消耗的主蒸汽流量，kg/h；

         G_{rhl} ——再热蒸汽流量，kg/h；

         P_2 ——计算期内发电功率，kW。

将式（5-20）代入发电煤耗计算公式 $b_{fd} = \dfrac{q}{29308 \times \eta_{gl} \times \eta_{gd}} \times 10^7$ 得

$$b_{fd} = \frac{d\left[(h_{ms} - h_{fw}) + \dfrac{G_{rhl}}{G_{ms}}(h_{rhr} - h_{rhl}) \right]}{\eta_{gl} \times \eta_{gd} \times 29308} \times 10^7 \qquad (5\text{-}21)$$

当汽耗率变为 d' 时，发电煤耗变化为

$$b'_{fd} = \frac{d'\left[(h_{ms} - h_{fw}) + \dfrac{G_{rhl}}{G_{ms}}(h_{rhr} - h_{rhl}) \right]}{\eta_{gl} \times \eta_{gd} \times 29308} \times 10^7 \qquad (5\text{-}22)$$

发电煤耗的变化值为

$$\Delta b_{fdqh} = b'_{fd} - b_{fd} = \frac{(d' - d)\left[(h_{ms} - h_{fw}) + \dfrac{G_{rhl}}{G_{ms}}(h_{rhr} - h_{rhl}) \right]}{\eta_{gl} \times \eta_{gd} \times 29308} \times 10^7 \qquad (5\text{-}23)$$

汽耗率变化对发电煤耗的影响系数为

$$\Delta b'_{fdqh} = \frac{\Delta b_{fd}}{d' - d} = \frac{\left[(h_{ms} - h_{fw}) + \dfrac{G_{rhl}}{G_{ms}}(h_{rhr} - h_{rhl}) \right]}{\eta_{gl} \times \eta_{gd} \times 29308} \times 10^7 \qquad (5\text{-}24)$$

式中 $\Delta b'_{\text{fdqh}}$——汽耗率变化对发电煤耗的影响系数，g/（kW·h）。

某 300MW 机组基准值，热耗率 q 为 8120.4kJ/（kW·h），汽耗率 d 为 3.083kg/（kW·h），根据 NZK300-16.7/537/537 热力特性 THA 工况数据，计算得

$$(h_{\text{ms}} - h_{\text{fw}}) + \frac{G_{\text{rhl}}}{G_{\text{ms}}}(h_{\text{rhr}} - h_{\text{rhl}}) = 2634.02\text{kJ/kg}$$

$$b_{\text{fd}} = \frac{3.083 \times 2634.02}{92.49 \times 99 \times 29308} \times 10^7 = 302.61\text{g/（kW·h）}$$

汽耗率增加 0.1kg/（kW·h），发电煤耗为

$$b'_{\text{fd}} = \frac{3.183 \times 2634.02}{92.49 \times 99 \times 29308} \times 10^7 = 312.42\text{g/（kW·h）}$$

由此得到，汽耗率增加 0.1kg/（kW·h），影响发电煤耗升高 312.42–302.61=9.81 g/（kW·h）。

当汽耗率增加很小趋于无穷小时，对 b_{fd} 求 d 的导数，即为汽耗率变化对发电煤耗的

影响系数，结果为一常数 $\dfrac{(h_{\text{ms}} - h_{\text{fw}}) + \dfrac{G_{\text{rhl}}}{G_{\text{ms}}}(h_{\text{rhr}} - h_{\text{rhl}})}{\eta_{\text{gl}} \times \eta_{\text{gd}} \times 29308} \times 10^7$。

考虑发电厂用电率因素，汽耗率由 d 变为 d' 时，供电煤耗的变化值为

$$\Delta b_{\text{gdqh}} = b'_{\text{gd}} - b_{\text{gd}} = \frac{(d' - d)\left[(h_{\text{ms}} - h_{\text{fw}}) + \dfrac{G_{\text{rhl}}}{G_{\text{ms}}}(h_{\text{rhr}} - h_{\text{rhl}})\right]}{\eta_{\text{gl}} \times \eta_{\text{gd}} \times 29308 \times \left(1 - \dfrac{L_{\text{fd}}}{100}\right)} \times 10^7 \qquad (5\text{-}25)$$

汽耗率变化对供电煤耗的影响系数为

$$\Delta b'_{\text{gdqh}} = \frac{\Delta b_{\text{gd}}}{d' - d} = \frac{(h_{\text{ms}} - h_{\text{fw}}) + \dfrac{G_{\text{rhl}}}{G_{\text{ms}}}(h_{\text{rhr}} - h_{\text{rhl}})}{\eta_{\text{gl}} \times \eta_{\text{gd}} \times 29308 \times \left(1 - \dfrac{L_{\text{fd}}}{100}\right)} \times 10^7 \qquad (5\text{-}26)$$

式中 $\Delta b'_{\text{gdqh}}$——汽耗率变化对供电煤耗的影响系数，g/（kW·h）。

某 600MW 机组基准值，热耗率 q 为 8064kJ/（kW·h），汽耗率 d 为 3.08kg/（kW·h），根据 N600-16.67/538/538 热力性能数据 THA 工况数据，计算得

$$(h_{\text{ms}} - h_{\text{fw}}) + \frac{G_{\text{rhl}}}{G_{\text{ms}}}(h_{\text{rhr}} - h_{\text{rhl}}) = 2617.89\text{kJ/kg}$$

$$b_{\text{gd}} = \frac{3.08 \times 2617.89}{92 \times 98.5 \times 29308 \times \left(1 - \dfrac{8}{100}\right)} \times 10^7 = 329.99\text{g/（kW·h）}$$

汽耗率增加 0.1kg/（kW·h），计算供电煤耗为

$$b'_{\text{gd}} = \frac{3.18 \times 2617.89}{92 \times 98.5 \times 29308 \times \left(1 - \dfrac{8}{100}\right)} \times 10^7 = 340.71\text{g/（kW·h）}$$

由此得到，汽耗率增加 0.1kg/（kW·h），影响供电煤耗升高 340.71–329.99=10.72 g/（kW·h）。

当汽耗率增加很小趋于无穷小时，对 b_{gd} 求 d 的导数，即为汽耗率变化对供电煤耗的影响系数，结果为一常数 $\dfrac{(h_{ms} - h_{fw}) + \dfrac{G_{rhl}}{G_{ms}}(h_{rhr} - h_{rhl})}{\eta_{gl} \times \eta_{gd} \times 29308 \times \left(1 - \dfrac{L_{fd}}{100}\right)} \times 10^7$。

四、锅炉效率变化对供电煤耗的影响系数

锅炉效率变化对供电煤耗的影响系数，是指在发电厂用电率、管道效率、汽轮机效率保持不变的条件下，锅炉效率变化 1 个百分点对供电煤耗的影响值。

锅炉效率由 η_{gl} 变化为 η'_{gl}，供电煤耗的变化值为

$$
\begin{aligned}
\Delta b_{gdgl} = b'_{gd} - b_{gd} &= \frac{3600}{29308 \times \eta_{qj} \times \eta'_{gl} \times \eta_{gd} \times \left(1 - \dfrac{L_{fd}}{100}\right)} \times 10^9 - \frac{3600}{29308 \times \eta_{qj} \times \eta_{gl} \times \eta_{gd} \times \left(1 - \dfrac{L_{fd}}{100}\right)} \times 10^9 \\
&= \frac{3600}{29308 \times \eta_{qj} \times \eta_{gd} \times \left(1 - \dfrac{L_{fd}}{100}\right)} \times 10^9 \times \left(\frac{1}{\eta'_{gl}} - \frac{1}{\eta_{gl}}\right)
\end{aligned}
\tag{5-27}
$$

式中　Δb_{gdgl}——锅炉效率变化引起供电煤耗的变化值，g/（kW·h）；

　　　　b'_{gd}——锅炉效率变化后代入反平衡供电煤耗公式所得的供电煤耗，g/（kW·h）；

　　　　η'_{gl}——锅炉效率变化后的数值，%。

锅炉效率变化 1 个百分点对供电煤耗的影响值计算公式为

$$
\Delta b'_{gdgl} = \frac{\Delta b_{gdgl}}{\eta'_{gl} - \eta_{gl}}
\tag{5-28}
$$

式中　$\Delta b'_{gdgl}$——锅炉效率变化对供电煤耗的影响系数，g/（kW·h）。

（1）管道效率为 99%，不同汽轮机效率、锅炉效率条件下的发电煤耗如表 5-7 所示。

表 5-7　　管道效率为 **99**%，不同汽轮机效率、锅炉效率条件下的发电煤耗　　　g/（kW·h）

汽轮机效率	锅炉效率					
	91%	92%	93%	94%	95%	96%
43%	317.1	313.6	310.3	307.0	303.7	300.6
44%	309.9	306.5	303.2	300.0	296.8	293.7
45%	303.0	299.7	296.5	293.3	290.2	287.2
46%	296.4	293.2	290.0	286.9	283.9	281.0

在管道效率、汽轮机效率和发电厂用电率保持不变的条件下，因锅炉效率变化与发电煤耗变化不确定是否为线性关系，因此将锅炉效率的变化划分为大小为 1%的区间，例如 91%→92%，在每一个区间范围内计算锅炉效率变化对发电煤耗的影响值，进而求得锅炉效率变化对发电煤耗的影响系数。

（2）管道效率为99%，不同汽轮机效率条件下，锅炉效率变化对发电煤耗的影响系数如表 5-8 和图 5-3 所示。

表 5-8　　　　管道效率为99%，不同汽轮机效率下，锅炉效率变化对

发电煤耗的影响系数　　　　　　　　g/（kW·h）

汽轮机效率	锅炉效率					
	91%→92%	92%→93%	93%→94%	94%→95%	95%→96%	96%→97%
43%	−3.45*	−3.37	−3.30	−3.23	−3.16	−3.10
44%	−3.37	−3.30	−3.23	−3.16	−3.09	−3.03
45%	−3.29	−3.22	−3.15	−3.09	−3.02	−2.96
46%	−3.22	−3.15	−3.09	−3.02	−2.96	−2.90

* −3.45 表示汽轮机效率为 43%、管道效率为 99%时，锅炉效率从 91%升高到 92%变化 1 个百分点时，对发电煤耗的影响值为 3.45g/（kW·h）。负号表示锅炉效率变化方向与发电煤耗的变化方向相反，锅炉效率升高导致发电煤耗降低。其他数据以此类推。

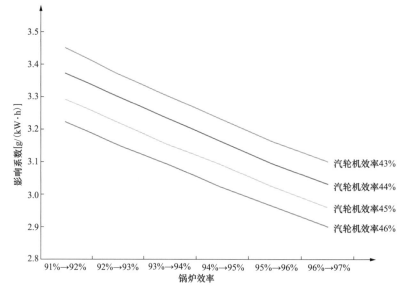

图 5-3　管道效率为99%，不同汽轮机效率下，锅炉效率变化对发电煤耗的影响系数

（3）发电厂用电率为 8%、管道效率为 99%，不同汽轮机效率条件下的供电煤耗如表 5-9 所示。

发电厂用电率为 8%、管道效率为 99%，不同汽轮机效率条件下，锅炉效率变化 1 个百分点对供电煤耗的影响值如表 5-10 和图 5-4 所示。

表 5-9　　　　　　发电厂用电率为 **8%**、管道效率为 **99%**，不同锅炉效率、

汽轮机效率下的供电煤耗　　　　　　　　　　　　g/（kW·h）

汽轮机效率	锅炉效率					
	91%	92%	93%	94%	95%	96%
43%	344.7	340.9	337.2	333.7	330.1	326.7
44%	336.8	333.2	329.6	326.1	322.6	319.3
45%	329.3	325.8	322.3	318.8	315.5	312.2
46%	322.2	318.7	315.2	311.9	308.6	305.4

表 5-10　　　　　　发电厂用电率为 **8%**、管道效率为 **99%**，锅炉效率变化对

供电煤耗的影响系数　　　　　　　　　　　　g/（kW·h）

汽轮机效率	锅炉效率					
	91%→92%	92%→93%	93%→94%	94%→95%	95%→96%	96%→97%
43%	−3.75*	−3.67	−3.59	−3.51	−3.44	−3.37
44%	−3.66	−3.58	−3.51	−3.43	−3.36	−3.29
45%	−3.58	−3.50	−3.43	−3.36	−3.29	−3.22
46%	−3.50	−3.43	−3.35	−3.28	−3.21	−3.15

* −3.75 表示汽轮机效率为 43%、管道效率为 99%、发电厂用电率为 8%，锅炉效率从 91% 升高到 92% 变化 1
个百分点时，对供电煤耗的影响值为 3.75g/（kW·h）。负号表示锅炉效率变化方向与供电煤耗的变化方向
相反，锅炉效率升高导致供电煤耗降低。其他数据以此类推。

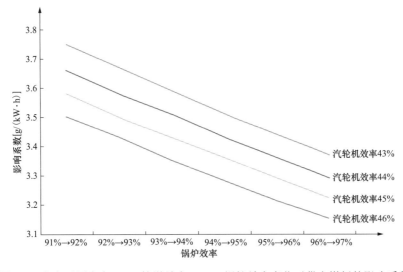

图 5-4　发电厂用电率 8%、管道效率 99%，锅炉效率变化对供电煤耗的影响系数

　　在管道效率、汽轮机效率相同的条件下，考虑发电厂用电率时，锅炉效率变化对供
电煤耗的影响值要大于对发电煤耗的影响。

　　（4）发电厂用电率为 **9%**、管道效率为 **99%**，不同汽轮机效率、锅炉效率条件下的

供电煤耗如表 5-11 所示。

表 5-11 发电厂用电率为 9%、管道效率为 99%，不同汽轮机效率、
锅炉效率下的供电煤耗 g/（kW·h）

汽轮机效率	锅炉效率					
	91%	92%	93%	94%	95%	96%
43%	348.44	344.65	340.95	337.32	333.77	330.29
44%	340.52	336.82	333.20	329.65	326.18	322.79
45%	332.96	329.34	325.79	322.33	318.94	315.61
46%	325.72	322.18	318.71	315.32	312.00	308.75

发电厂用电率为 9%、管道效率为 99%，不同汽轮机效率条件下，锅炉效率变化对供电煤耗的影响系数如表 5-12 和图 5-5 所示。

表 5-12 发电厂用电率为 9%、管道效率为 99%，锅炉效率变化
对供电煤耗的影响系数 g/（kW·h）

汽轮机效率	锅炉效率					
	91%→92%	92%→93%	93%→94%	94%→95%	95%→96%	96%→97%
43%	−3.79*	−3.71	−3.63	−3.55	−3.48	−3.41
44%	−3.70	−3.62	−3.54	−3.47	−3.40	−3.33
45%	−3.62	−3.54	−3.47	−3.39	−3.32	−3.25
46%	−3.54	−3.46	−3.39	−3.32	−3.25	−3.18

* −3.79 表示汽轮机效率为 43%、管道效率为 99%、发电厂用电率为 9%，锅炉效率从 91% 升高到 92% 变化 1 个百分点时，对供电煤耗的影响值为 3.79g/（kW·h）。负号表示锅炉效率变化方向与供电煤耗的变化方向相反，锅炉效率升高导致供电煤耗降低。其他数据以此类推。

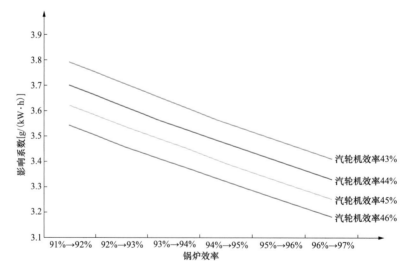

图 5-5 发电厂用电率为 9%、管道效率为 99%，不同汽轮机效率下，锅炉效率变化对供电煤耗的影响系数

管道效率、汽轮机效率保持不变，不同的发电厂用电率条件下，锅炉效率变化对供电煤耗的影响值不同，发电厂用电率越高，锅炉效率变化对供电煤耗的影响系数也越高。不同的机组参数，锅炉效率变化对供电煤耗的影响系数是不同的。火电厂应根据自身机组的参数计算得出锅炉效率变化对供电煤耗的影响系数，用于指导生产。

五、管道效率变化对供电煤耗的影响系数

管道效率变化对供电煤耗的影响系数是指，在发电厂用电率、锅炉效率、汽轮机效率保持不变的条件下，管道效率变化 1 个百分点对供电煤耗的影响值。

管道效率由 η_{gd} 变化为 η'_{gd}，供电煤耗的变化值为

$$\Delta b_{gdgd} = b'_{gd} - b_{gd} = \frac{3600}{29308 \times \eta_{qj} \times \eta_{gl} \times \eta'_{gd} \times \left(1 - \frac{L_{fd}}{100}\right)} \times 10^9 - \frac{3600}{29308 \times \eta_{qj} \times \eta_{gl} \times \eta_{gd} \times \left(1 - \frac{L_{fd}}{100}\right)} \times 10^9$$

$$= \frac{3600}{29308 \times \eta_{qj} \times \eta_{gl} \times \left(1 - \frac{L_{fd}}{100}\right)} \times 10^9 \times \left(\frac{1}{\eta'_{gd}} - \frac{1}{\eta_{gd}}\right) \tag{5-29}$$

式中　Δb_{gdgd}——管道效率变化对供电煤耗的影响值，g/（kW·h）；

b'_{gd}——管道效率变化后代入反平衡供电煤耗公式所得的供电煤耗，g/（kW·h）；

η'_{gd}——管道效率变化后的数值，%。

管道效率变化 1 个百分点对供电煤耗的影响值计算公式为

$$\Delta b'_{gdgd} = \frac{\Delta b_{gdgd}}{\eta'_{gd} - \eta_{gd}} \tag{5-30}$$

式中　$\Delta b'_{gdgd}$——管道效率变化 1 个百分点对供电煤耗的影响值，g/（kW·h）。

在实际生产中，管道效率不像汽轮机效率和锅炉效率等参数那样受机组运行工况的影响较大，管道效率的变化范围很小，一般情况下，视其为常数。

汽轮机效率为 44.33%、锅炉效率为 92.49%，不同发电厂用电率、管道效率下的供电煤耗如表 5-13 所示。

表 5-13　　汽轮机效率为 44.33%、锅炉效率为 92.49%，不同发电厂用电率、

管道效率下的供电煤耗　　　　　　　　　g/（kW·h）

管道效率	发电厂用电率					
	5%	6%	7%	8%	9%	10%
99%	318.54	321.93	325.39	328.93	332.54	336.24
98%	321.79	325.21	328.71	332.28	335.94	339.67
97%	325.11	328.57	332.10	335.71	339.40	343.17
96%	328.50	331.99	335.56	339.21	342.93	346.74

锅炉效率、汽轮机效率和发电厂用电率不变的条件下，因管道效率变化与供电煤耗的变化不确定是否为线性关系，因此将管道效率的变化划分为大小为 1% 的区间，例如 96%→97%，在每一个区间范围内计算管道效率变化对供电煤耗的影响值，进而求得管道效率变化对供电煤耗的影响系数。

汽轮机效率为 44.33%、锅炉效率为 92.49%，不同发电厂用电率下，管道效率变化对供电煤耗的影响系数如表 5-14 和图 5-6 所示。

表 5-14　汽轮机效率为 44.33%、锅炉效率为 92.49%，不同发电厂用电率下，
管道效率变化对供电煤耗的影响系数　　　　　　　　　　　　　g/（kW·h）

管道效率	发电厂用电率					
	5%	6%	7%	8%	9%	10%
99%→100%	−3.19*	−3.22	−3.25	−3.29	−3.33	−3.36
98%→99%	−3.25	−3.28	−3.32	−3.36	−3.39	−3.43
97%→98%	−3.32	−3.35	−3.39	−3.43	−3.46	−3.50
96%→97%	−3.39	−3.42	−3.46	−3.50	−3.54	−3.57

* −3.19 表示汽轮机效率为 44.33%、锅炉效率为 92.49%、发电厂用电率为 5%，管道效率从 99% 升高到 100% 变化 1 个百分点时，对供电煤耗的影响值为 3.19g/（kW·h）。负号表示管道效率变化方向与供电煤耗的变化方向相反，管道效率升高导致供电煤耗降低。其他数据以此类推。

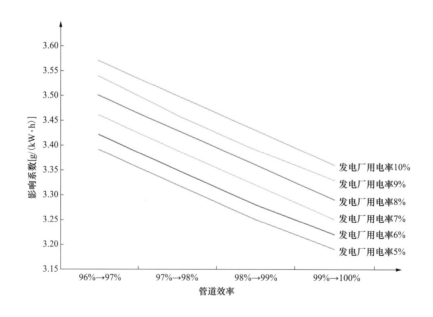

图 5-6　汽轮机效率为 44.33%、锅炉效率为 92.49%，不同发电厂用电率下，
管道效率变化对供电煤耗的影响系数

六、负荷率变化对供电煤耗的影响系数

负荷率变化对供电煤耗的影响系数是指，在机组负荷率变化 1 个百分点时，对机组供电煤耗的影响值。

理论上讲，机组满负荷运行时机组效率最高，发电煤耗最低。但实际上，由于机组设备、系统存在问题满足不了满负荷运行或需要降负荷运行时，机组发电煤耗就会升高。近几年，我国正发生能源结构调整改革，电网首先要消纳新能源发电，火力发电作为新能源发电的补充发挥兜底作用，就会导致机组负荷率变化频繁甚至深度调峰，机组发电煤耗升高。

（1）利用某电厂 NZK300-16.7/537/537 型汽轮机热力特性的不同负荷工况下基本参数计算负荷率变化对供电煤耗的影响系数。某 300MW 亚临界一次中间再热机组 THA 工况下参数如表 5-15 所示，THA 工况下机组负荷率变化对发电煤耗的影响值如表 5-16 所示。

表 5-15　　　　　　　　某 300MW 机组 THA 工况下的参数

机组出力（MW）	300	225	150	120	90
背压（kPa）	15	15	15	15	15
负荷率（%）	100	75	50	40	30
热耗值 [kJ/（kW·h）]	8120.4	8367.3	8864.8	9220.8	9719.9
汽轮机效率（%）	44.33	43.02	40.61	39.04	37.04
锅炉效率（%）	92.49	92.49	92.49	92.49	92.49
管道效率（%）	99	99	99	99	99
发电煤耗 [g/（kW·h）]	302.98	312.19	330.75	344.03	362.66

表 5-16　　某 300MW 机组 THA 工况下机组负荷率变化对发电煤耗的影响值

负荷率		100%→75%	75%→50%	50%→40%	40%→30%
背压（kPa）		15	15	15	15
负荷率变化 1 个百分点	汽轮机效率变化（个百分点）	0.052*	0.096	0.157	0.200
	热耗变化 [kJ/（kW·h）]	9.876*	19.900	35.600	49.910
	发电煤耗变化 [g/（kW·h）]	0.37*	0.74	1.33	1.86

* 0.052 表示负荷率从 100% 降至 75% 时，机组负荷率变化 1 个百分点对汽轮机效率的影响值为 0.052 个百分点；
9.876 表示负荷率从 100% 降至 75% 时，机组负荷率变化 1 个百分点对汽轮机热耗的影响值为 9.876kJ/（kW·h）；
0.37 表示负荷率从 100% 降至 75% 时，机组负荷率变化 1 个百分点对发电煤耗的影响值为 0.37kg/（kW·h）。
其他数据以此类推。

某 300MW 机组汽轮机效率和发电煤耗随负荷率变化趋势如图 5-7 所示。

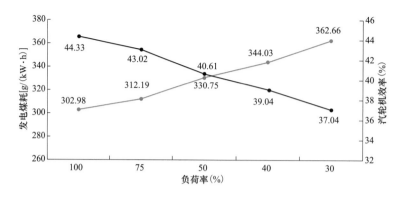

图 5-7　某 300MW 机组汽轮机效率和发电煤耗随负荷率变化趋势

某 300MW 机组 THA 工况下，汽轮机效率为 44.33%，锅炉效率为 92.49%，背压为 15kPa。在机组背压、锅炉效率和管道效率保持不变的条件下，由表 5-15 和表 5-16 得到：①随着负荷率的降低，汽轮机效率下降，发电煤耗上升；②负荷率由 100% 降至 75% 时，汽轮机效率下降 1.31 个百分点，发电煤耗上升 9.21g/（kW·h），负荷率降低 1 个百分点，影响发电煤耗升高 0.37g/（kW·h）；③负荷率由 75% 降至 50% 时，汽轮机效率下降 2.41 个百分点，发电煤耗上升 18.56g/（kW·h），负荷率下降 1 个百分点，影响发电煤耗升高 0.74g/（kW·h）；④负荷率由 50% 降至 40% 时，汽轮机效率下降 1.57 个百分点，发电煤耗升高 13.28g/（kW·h），负荷率下降 1 个百分点，影响发电煤耗升高 1.33g/（kW·h）；⑤负荷率由 40% 降至 30% 时，汽轮机效率下降 2.00 个百分点，发电煤耗升高 18.63g/（kW·h），负荷率下降 1 个百分点，影响发电煤耗升高 1.86g/（kW·h）；⑥机组负荷率越低，负荷率变化对发电煤耗的影响越大。

发电厂用电率为 8%，某 300MW 机组负荷率变化对供电煤耗的影响系数如表 5-17 所示。

表 5-17　　　　　某 300MW 机组负荷率变化对供电煤耗的影响系数

机组出力（MW）	300	225	150	120	90
背压（kPa）	15	15	15	15	15
负荷率（%）	100	75	50	40	30
热耗值［kJ/（kW·h）］	8120.4	8367.3	8864.8	9220.8	9719.9
汽轮机效率（%）	44.33	43.02	40.61	39.04	37.04
锅炉效率（%）	92.49	92.49	92.49	92.49	92.49
管道效率（%）	99	99	99	99	99
发电煤耗［g/（kW·h）］	302.98	312.19	330.75	344.03	362.66
发电厂用电率（%）	8	8	8	8	8

续表

供电煤耗 [g/（kW·h）]	329.33	339.34	359.51	373.95	394.20
供电煤耗变化 [g/（kW·h）]		10.01*	20.17	14.44	20.25
影响系数 [g/（kW·h）]		0.40*	0.81	1.44	2.03

* 10.01 表示负荷率从 100% 降至 75% 时，对供电煤耗的影响值为 10.01g/（kW·h）；0.40 表示负荷率从 100% 降至 75% 时，负荷率变化 1 个百分点对供电煤耗的影响值为 0.40g/（kW·h）。其他数据以此类推。

某 300MW 机组 THA 工况下，汽轮机效率为 44.33%，锅炉效率为 92.49%，背压为 15kPa。在机组背压、锅炉效率和管道效率保持不变的情况下，由表 5-17 得到：①随着负荷率的降低，汽轮机效率下降，供电煤耗上升；②负荷率由 100% 降至 75% 时，汽轮机效率下降 1.31 个百分点，供电煤耗上升 10.01g/（kW·h），负荷率降低 1 个百分点，影响供电煤耗升高 0.40g/（kW·h）；③负荷率由 75% 降至 50% 时，汽轮机效率下降 2.41 个百分点，供电煤耗上升 20.17g/（kW·h），负荷率下降 1 个百分点，影响供电煤耗升高 0.81g/（kW·h）；④负荷率由 50% 降至 40% 时，汽轮机效率下降 1.57 个百分点，供电煤耗升高 14.44g/（kW·h），负荷率下降 1 个百分点，影响供电煤耗升高 1.44g/（kW·h）；⑤负荷率由 40% 降至 30% 时，汽轮机效率下降 2.00 个百分点，供电煤耗升高 20.25g/（kW·h），负荷率下降 1 个百分点，影响供电煤耗升高 2.03g/（kW·h）；⑥机组负荷率越低，负荷率变化对供电煤耗的影响越大。

（2）用同样的方法计算某 600MW 机组负荷率变化对发电煤耗的影响系数。利用 N600-16.67/538/538 的 600MW 中间再热直接空冷凝汽式汽轮机热力性能数据整理机组各负荷工况下基本参数如表 5-18 所示。THA 工况下机组负荷变化对发电煤耗的影响值如表 5-19 所示。

表 5-18　　　　　　　　　　某 600MW 机组 THA 工况下的参数

背压（kPa）	15	15	15	15	15
机组出力（MW）	600	450	360	300	240
负荷率（%）	100	75	60	50	40
热耗值 [kJ/（kW·h）]	8064	8249	8460	8653	8928
汽轮机效率（%）	44.64	43.64	42.55	41.60	40.32
锅炉效率（%）	92.00	92.00	92.00	92.00	92.00
管道效率（%）	98.50	98.50	98.50	98.50	98.50
发电煤耗 [g/（kW·h）]	304.01	310.99	318.94	326.22	336.58

表 5-19　　　　某 600MW 机组 THA 工况下负荷率变化对发电煤耗的影响值

负荷率	100%→75%	75%→60%	60%→50%	50%→40%
负荷变化率（个百分点）	25	15	10	10

续表

热耗变化 [kJ/（kW·h）]		185	211	193	275
汽轮机效率变化（个百分点）		1.00	1.09	0.95	1.28
发电煤耗变化 [g/（kW·h）]		6.97	7.95	7.28	10.37
负荷率变化1个百分点	热耗变化 [kJ/（kW·h）]	7.40*	14.05	19.29	27.48
	汽轮机效率变化（个百分点）	0.04*	0.07	0.09	0.13
	发电煤耗变化 [g/（kW·h）]	0.28*	0.53	0.73	1.04

* 7.40 表示负荷率从 100% 降至 75% 时，负荷率变化 1 个百分点，对热耗的影响值为 7.40kJ/（kW·h）；0.04 表示负荷率从 100% 降至 75% 时，负荷率变化 1 个百分点，对汽轮机效率的影响值为 0.04 个百分点；0.28 表示负荷率从 100% 降至 75% 时，负荷率变化 1 个百分点，对发电煤耗的影响值为 0.28g/（kW·h）。其他数据以此类推。

某 600MW 机组汽轮机效率和发电煤耗随负荷率变化趋势如图 5-8 所示。

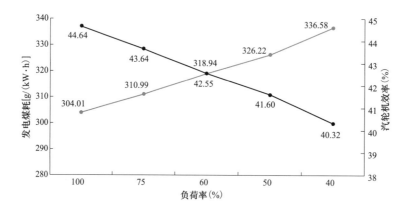

图 5-8　某 600MW 机组汽轮机效率和发电煤耗随负荷率变化趋势

该 600MW 机组 THA 工况下，汽轮机效率为 44.64%，锅炉效率为 92%，背压为 15kPa。在机组背压、锅炉效率和管道效率保持不变的条件下，由表 5-18 和表 5-19 得到：①随着负荷率的降低，汽轮机效率下降，发电煤耗上升；②负荷率由 100% 降至 75% 时，汽轮机效率下降 1.00 个百分点，发电煤耗上升 6.97g/（kW·h），负荷率降低 1 个百分点，影响发电煤耗升高 0.28g/（kW·h）；③负荷率由 75% 降至 60% 时，汽轮机效率下降 1.09 个百分点，发电煤耗上升 7.95g/（kW·h），负荷率下降 1 个百分点，影响发电煤耗升高 0.53 g/（kW·h）；④负荷率由 60% 降至 50% 时，汽轮机效率下降 0.95 个百分点，发电煤耗升高 7.28g/（kW·h），负荷率下降 1 个百分点，影响发电煤耗升高 0.73g/（kW·h）；⑤负荷率由 50% 降至 40% 时，汽轮机效率下降 1.28 个百分点，发电煤耗升高 10.37g/（kW·h），负荷率下降 1 个百分点，影响发电煤耗升高 1.04g/（kW·h）；⑥机组负荷率越低，负荷率变化对汽轮机效率的影响越大，影响发电煤耗越大。

发电厂用电率为 8%，该 600MW 机组负荷率变化对供电煤耗的影响系数如表 5-20

所示。

表 5-20   **某 600MW 机组负荷率变化对供电煤耗的影响系数**

背压（kPa）	15	15	15	15	15
机组出力（MW）	600	450	360	300	240
负荷率（%）	100	75	60	50	40
热耗值 [kJ/（kW·h）]	8064	8249	8460	8653	8928
汽轮机效率（%）	44.64	43.64	42.55	41.6	40.32
锅炉效率（%）	92	92	92	92	92
管道效率（%）	98.5	98.5	98.5	98.5	98.5
发电煤耗 [g/（kW·h）]	304.01	310.99	318.94	326.22	336.58
发电厂用电率（%）	8	8	8	8	8
供电煤耗 [g/（kW·h）]	330.45	338.03	346.67	354.59	365.85
供电煤耗变化值 [g/（kW·h）]		7.59*	8.64	7.91	11.26
影响系数 [g/（kW·h）]		0.30*	0.58	0.79	1.13

* 7.59 表示负荷率从 100% 降至 75% 时，对供电煤耗的影响值为 7.59g/（kW·h）；0.30 表示负荷率从 100% 降至 75% 时，负荷率变化 1 个百分点对供电煤耗的影响值为 0.30g/（kW·h）。其他数据以此类推。

该 600MW 机组 THA 工况下，汽轮机效率为 44.64%，锅炉效率为 92%，背压为 15kPa。在机组背压、锅炉效率和管道效率保持不变的情况下，由表 5-20 得到：①随着负荷率的降低，汽轮机效率下降，供电煤耗上升；②负荷率由 100% 至 75% 时，汽轮机效率下降 1.00 个百分点，供电煤耗上升 7.59g/（kW·h），负荷率降低 1 个百分点，影响供电煤耗升高 0.30g/（kW·h）；③负荷率由 75% 降至 60% 时，汽轮机效率下降 1.09 个百分点，供电煤耗上升 8.64g/（kW·h），负荷率下降 1 个百分点，影响供电煤耗升高 0.58g/（kW·h）；④负荷率由 60% 降至 50% 时，汽轮机效率下降 0.95 个百分点，供电煤耗升高 7.91g/（kW·h），负荷率下降 1 个百分点，影响供电煤耗升高 0.79g/（kW·h）；⑤负荷率由 50% 降至 40% 时，汽轮机效率下降 1.28 个百分点，供电煤耗升高 11.26g/（kW·h），负荷率下降 1 个百分点，影响供电煤耗升高 1.13g/（kW·h）；⑥机组负荷率越低，负荷率变化对汽轮机效率的影响越大，进而影响供电煤耗越大。

第五节   锅炉侧小指标对供电煤耗的影响系数

影响供电煤耗的锅炉侧小指标主要有燃料收到基低位发热量、空气预热器出口氧量、排烟温度、锅炉入口空气温度、燃料收到基氢、燃料收到基水分、燃料收到基灰分、飞灰含碳量、炉渣含碳量与锅炉实际蒸发量。

一、燃料收到基低位发热量变化对供电煤耗的影响系数

煤的发热量是指单位质量的燃料在完全燃烧时放出的热量。煤的发热量分为高位发热量和低位发热量。当发热量中包括煤燃烧后产生的水蒸气凝结放出的汽化潜热时，称为高位发热量。当发热量中不包括煤燃烧后产生的水蒸气凝结放出的汽化潜热时，称为低位发热量。在实际生产中，为防止锅炉尾部烟道受热面低温腐蚀，排烟温度一般都高于120℃，烟气中的水蒸气在常压下不会凝结为水，水蒸气中包含的汽化潜热未被受热面吸收，因此在计算锅炉效率各项损失时，采用低位发热量进行计算。

由于煤中水分和灰分的含量容易受外界环境的变化而发生变化，进而引起单位质量的可燃物质量百分数发生变化，因此根据煤存在的条件或根据实际需要而划分的成分组合，称为煤的基准，包括收到基、空气干燥基、干燥基与干燥无灰基。在计算锅炉效率各项损失时，统一采用燃料收到基作为基准。

燃料收到基低位发热量变化对供电煤耗的影响系数是指，在管道效率、汽轮机效率和发电厂用电率保持不变的条件下，燃料收到基低位发热量变化1kJ/kg对供电煤耗的影响值。因燃料收到基低位发热量变化1kJ/kg幅度太小，对供电煤耗的影响值很小，为便于统计与分析，燃料收到基低位发热量变化幅度采用1000kJ/kg，计算对供电煤耗的影响值。

某300MW火电机组锅炉效率计算所需参数设计值如表5-21所示。

表5-21　　　　　　　　　某300MW火电机组锅炉侧参数设计值

项目	设计值	项目	设计值	项目	设计值
收到基低位发热量（kJ/kg）	24070	锅炉入口空气温度（℃）	20	收到基灰分（%）	20.97
空气预热器出口氧量（%）	5.45	收到基氢（%）	3.49	飞灰含碳量（%）	5.01
排烟温度（℃）	123	收到基水分（%）	8	炉渣含碳量（%）	5.01
锅炉额定蒸发量（t/h）	924.88	锅炉效率（%）	92.75	发电煤耗[g/（kW·h）]	302.15

根据锅炉效率计算方法，燃料收到基低位发热量变化将引起排烟热损失、固体未完全燃烧热损失和灰渣物理热损失的变化。这三项热损失的变化引起锅炉效率的变化，锅炉效率的变化引起发电煤耗的变化，发电煤耗的变化引起供电煤耗的变化。

根据锅炉效率计算方法中排烟热损失、固体未完全燃烧热损失和灰渣物理热损失计算公式，得到燃料收到基低位发热量变化对锅炉各项损失及发电煤耗、供电煤耗的影响，如表5-22所示。

表 5-22　　　　　　　　　燃料收到基低位发热量变化对锅炉各项损失及
　　　　　　　　　　　　　发电煤耗、供电煤耗的影响

项目	低位发热量（kJ/kg）	排烟热损失（%）	固体未完全燃烧热损失（%）	散热损失（%）	灰渣物理热损失（%）	锅炉效率（%）	发电煤耗[g/（kW·h）]	供电煤耗[g/（kW·h）]
设计值	24070	5.336	1.550	0.200	0.165	92.75	301.76	328.00
计算值	23070	5.349	1.617	0.200	0.172	92.66	302.06	328.33

管道效率为 99%、汽轮机效率为 44.33%、发电厂用电率为 8%，该机组锅炉燃料收到基低位发热量由 24070kJ/kg 降低为 23070kJ/kg 时，排烟热损失升高为 5.349%，固体未完全燃烧热损失升高为 1.617%，灰渣物理热损失升高为 0.172%，锅炉效率降低为 92.66%，发电煤耗升高为 302.06g/（kW·h），供电煤耗升高为 328.33g/（kW·h），即燃料收到基低位发热量降低 1000kJ/kg，影响排烟热损失升高 5.349-5.336=0.013 个百分点，影响固体未完全热损失升高 1.617-1.550=0.067 个百分点，影响灰渣物理热损失升高 0.172-0.165=0.07 个百分点，影响锅炉效率降低 92.75-92.66=0.09 个百分点，影响发电煤耗升高 302.06-301.76=0.30g/（kW·h），影响供电煤耗升高 328.33-328.00=0.33g/（kW·h）。

二、空气预热器出口氧量变化对供电煤耗的影响系数

空气预热器出口氧量是指空气预热器出口烟气中氧的容积含量百分率。一般情况下，采用锅炉空气预热器出口的氧量仪表值时，对于锅炉空气预热器出口有两个或两个以上烟道的，氧量应取各烟道烟气氧量的算术平均值。

空气预热器出口氧量变化对供电煤耗的影响系数，是指在管道效率、汽轮机效率、发电厂用电率保持不变的条件下，空气预热器出口氧量变化 1 个百分点对供电煤耗的影响值。

空气预热器出口氧量变化将引起排烟热损失的变化，排烟热损失的变化引起锅炉效率的变化，锅炉效率的变化引起发电煤耗的变化，发电煤耗的变化引起供电煤耗的变化。

根据锅炉效率计算方法中排烟热损失的计算公式，得到空气预热器出口氧量变化对锅炉各项损失及发电煤耗、供电煤耗的影响，如表 5-23 所示。

表 5-23　　空气预热器出口氧量变化对锅炉各项损失及发电煤耗、供电煤耗的影响

项目	空气预热器出口氧量（%）	排烟热损失（%）	固体未完全燃烧热损失（%）	散热损失（%）	灰渣物理热损失（%）	锅炉效率（%）	发电煤耗[g/（kW·h）]	供电煤耗[g/（kW·h）]
设计值	5.45	5.336	1.550	0.200	0.165	92.75	301.76	328.00
计算值	4.45	5.028	1.550	0.200	0.165	93.06	300.76	326.91

管道效率为99%、汽轮机效率为44.33%、发电厂用电率为8%,该机组锅炉空气预热器出口氧量由5.45%降低为4.45%时,排烟热损失降低为5.028%,锅炉效率升高为93.06%,发电煤耗降低为300.76g/(kW·h),供电煤耗降低为326.91g/(kW·h),即空气预热器出口氧量降低1个百分点,影响排烟热损失降低5.336−5.028=0.308个百分点,影响锅炉效率升高 93.06−92.75=0.31 个百分点,影响发电煤耗降低 301.76−300.76=1 g/(kW·h),影响供电煤耗降低 328.00−326.91=1.09g/(kW·h)。

三、锅炉排烟温度变化对供电煤耗的影响系数

锅炉排烟温度是指锅炉末级受热面出口平面的烟气平均温度。对于锅炉末级受热面出口有两个或两个以上烟道的,排烟温度应取各烟道烟气温度的算术平均值。

锅炉排烟温度变化对供电煤耗的影响系数是指,在管道效率、汽轮机效率、发电厂用电率保持不变的条件下,锅炉排烟温度变化1℃对供电煤耗的影响值。因1℃变化幅度对供电煤耗的影响值较小,不易统计与分析,因此采用锅炉排烟温度变化5℃,计算对供电煤耗的影响值。

排烟温度变化将引起排烟热损失和灰渣物理热损失的变化,这两项损失的变化影响锅炉效率的变化,锅炉效率的变化引起发电煤耗的变化,发电煤耗的变化引起供电煤耗的变化。

根据锅炉效率计算方法中排烟热损失和灰渣物理热损失的计算公式,得到排烟温度变化对锅炉各项损失及发电煤耗、供电煤耗的影响,如表5-24所示。

表5-24　　　排烟温度变化对锅炉各项损失及发电煤耗、供电煤耗的影响

项目	排烟温度(℃)	排烟热损失(%)	固体未完全燃烧热损失(%)	散热损失(%)	灰渣物理热损失(%)	锅炉效率(%)	发电煤耗[g/(kW·h)]	供电煤耗[g/(kW·h)]
设计值	123	5.336	1.550	0.200	0.165	92.75	301.76	328.00
计算值	128	5.595	1.550	0.200	0.168	92.49	302.61	328.92

管道效率为99%、汽轮机效率为44.33%、发电厂用电率为8%,锅炉排烟温度由123℃升高到128℃时,排烟热损失升高为5.595%,灰渣物理热损失升高为0.168%,锅炉效率降低为92.49%,发电煤耗升高为302.61g/(kW·h),供电煤耗升高为328.92g/(kW·h),即排烟温度升高5℃,影响排烟热损失升高 5.595−5.336=0.259 个百分点,影响灰渣物理热损失升高 0.168−0.165=0.003 个百分点,影响锅炉效率降低 92.75−92.49=0.26 个百分点,影响发电煤耗升高 302.61−301.76=0.85g/(kW·h),影响供电煤耗升高 328.92−328.00=0.92g/(kW·h)。

四、锅炉入口空气温度变化对供电煤耗的影响系数

锅炉入口空气温度是指空气预热器入口处的空气温度。对于有多台空气预热器的，锅炉入口空气温度由各台空气预热器入口温度的流量加权平均计算；对于多分仓空气预热器，每台空气预热器入口空气温度由一次风入口温度和二次风入口温度按流量加权平均计算。

锅炉入口空气温度变化对供电煤耗的影响系数是指，在管道效率、汽轮机效率、发电厂用电率不变的条件下，锅炉入口空气温度变化 1℃对供电煤耗的影响值。因 1℃变化幅度对供电煤耗的影响值较小，为便于统计与分析，这里采用锅炉入口空气温度变化5℃，计算对供电煤耗的影响值。

锅炉入口空气温度变化将引起排烟热损失和灰渣物理热损失的变化，这两项损失的变化影响锅炉效率的变化，锅炉效率的变化影响发电煤耗的变化，发电煤耗的变化影响供电煤耗的变化。

根据锅炉效率计算方法中排烟热损失和灰渣物理热损失的计算公式，得到锅炉入口空气温度变化对锅炉各项损失及发电煤耗、供电煤耗的影响，如表 5-25 所示。

表 5-25　　　　锅炉入口空气温度变化对锅炉各项损失及发、供电煤耗的影响

项目	锅炉入口空气温度（℃）	排烟热损失（%）	固体未完全燃烧热损失（%）	散热损失（%）	灰渣物理热损失（%）	锅炉效率（%）	发电煤耗[g/（kW·h）]	供电煤耗[g/（kW·h）]
设计值	20	5.336	1.550	0.200	0.165	92.75	301.76	328.00
计算值	25	5.077	1.550	0.200	0.161	93.01	300.92	327.09

管道效率为99%、汽轮机效率为44.33%、发电厂用电率为8%，锅炉入口空气温度由20℃升高到25℃时，排烟热损失降低为5.077%，灰渣物理热损失降低为0.161%，锅炉效率升高为93.01%，发电煤耗降低为300.92g/（kW·h），供电煤耗降低为327.09g/（kW·h），即锅炉入口空气温度升高5℃，影响排烟热损失降低 5.336−5.077=0.259 个百分点，影响灰渣物理热损失降低 0.165−0.161=0.004 个百分点，影响锅炉效率升高93.01−92.75=0.26 个百分点，影响发电煤耗降低 301.76−300.92=0.84g/（kW·h），影响供电煤耗降低 328.00−327.09=0.91g/（kW·h）。

五、燃料收到基氢变化对供电煤耗的影响系数

测定煤中所含全部化学成分的分析叫作元素分析。煤的元素分析包括碳、氢、氧、氮、硫、灰分与水分，一般将不可燃物质归入灰分，各化学元素成分用百分数表示，即 $C+H+O+N+S+A+M=100\%$。

燃料收到基氢变化对供电煤耗的影响系数是指，在管道效率、汽轮机效率、发电厂用电率保持不变的条件下，收到基氢变化 1 个百分点对供电煤耗的影响值。为便于统计

与分析，采用收到基氢变化 0.5 个百分点，计算对供电煤耗的影响值。

燃料收到基氢变化将引起排烟热损失的变化，排烟热损失的变化引起锅炉效率的变化，锅炉效率的变化引起发电煤耗的变化，发电煤耗的变化引起供电煤耗的变化。

根据锅炉效率计算方法中排烟热损失的计算公式，得到燃料收到基氢变化对锅炉各项损失及发电煤耗、供电煤耗的影响，如表 5-26 所示。

表 5-26　　燃料收到基氢变化对锅炉各项损失及发电煤耗、供电煤耗的影响

项目	收到基氢（%）	排烟热损失（%）	固体未完全燃烧热损失（%）	散热损失（%）	灰渣物理热损失（%）	锅炉效率（%）	发电煤耗 [g/（kW·h）]	供电煤耗 [g/（kW·h）]
设计值	3.49	5.336	1.550	0.200	0.165	92.75	301.76	328.00
计算值	3.99	5.372	1.550	0.200	0.165	92.71	301.90	328.15

管道效率为 99%、汽轮机效率为 44.33%、发电厂用电率为 8%，锅炉收到基氢含量由 3.49% 升高至 3.99%，排烟热损失升高为 5.372%，锅炉效率降低为 92.71%，发电煤耗升高为 301.90g/（kW·h），供电煤耗升高为 328.15g/（kW·h），即燃料收到基氢含量升高 0.5 个百分点，影响排烟热损失升高 5.372–5.336=0.036 个百分点，影响锅炉效率降低 92.75–92.71=0.04 个百分点，影响发电煤耗升高 301.90–301.76=0.14g/（kW·h），影响供电煤耗升高 328.15–328.00=0.15g/（kW·h）。

六、燃料收到基水分变化对供电煤耗的影响系数

燃料收到基水分也称全水分，包括外部水分和内部水分。煤中的水分在自然干燥条件下失去的水分叫作外部水分，剩余的部分叫作内部水分。

燃料收到基水分变化对供电煤耗的影响系数是指，在管道效率、汽轮机效率、发电厂用电率保持不变的条件下，燃料收到基水分变化 1 个百分点对供电煤耗的影响值。为便于统计与分析，采用收到基水变化 5 个百分点，计算对供电煤耗的影响值。

燃料收到基水分的变化影响排烟热损失的变化，排烟热损失的变化影响锅炉效率的变化，锅炉效率的变化影响发电煤耗的变化，发电煤耗的变化影响供电煤耗的变化。

根据锅炉效率计算方法中排烟热损失的计算公式，得到燃料收到基水分变化对锅炉各项损失及发电煤耗、供电煤耗的影响，如表 5-27 所示。

表 5-27　　燃料收到基水分变化对锅炉各项损失及发电煤耗、供电煤耗的影响

项目	收到基水（%）	排烟热损失（%）	固体未完全燃烧热损失（%）	散热损失（%）	灰渣物理热损失（%）	锅炉效率（%）	发电煤耗 [g/（kW·h）]	供电煤耗 [g/（kW·h）]
设计值	8	5.336	1.550	0.200	0.165	92.75	301.76	328.00
计算值	13	5.376	1.550	0.200	0.165	92.71	301.90	328.15

管道效率为99%、汽轮机效率为44.33%、发电厂用电率为8%，锅炉燃料收到基水分由8%升高至13%，排烟热损失升高为5.376%，锅炉效率降低为92.71%，发电煤耗升高为301.90g/（kW·h），供电煤耗升高为328.15g/（kW·h），即燃料收到基水分升高5个百分点，影响排烟热损失升高5.376–5.336=0.04个百分点，影响锅炉效率降低92.75–92.71=0.04个百分点，影响发电煤耗升高301.90–301.76=0.14g/（kW·h），影响供电煤耗升高328.15–328.00=0.15g/（kW·h）。

七、燃料收到基灰分变化对供电煤耗的影响系数

燃料收到基灰分变化对供电煤耗的影响系数是指，在管道效率、汽轮机效率、发电厂用电率保持不变的条件下，收到基灰分变化1个百分点对供电煤耗的影响值。为便于统计与分析，采用燃料收到基灰分变化3个百分点，计算对供电煤耗的影响值。

燃料收到基灰分的变化影响固体未完全燃烧热损失和灰渣物理热损失的变化，这两项热损失的变化影响锅炉效率的变化，锅炉效率的变化影响发电煤耗的变化，发电煤耗的变化影响供电煤耗的变化。

根据锅炉效率计算方法中固体未完全燃烧热损失和灰渣物理热损失的计算公式，得到燃料收到基灰分变化对锅炉各项损失及发电煤耗、供电煤耗，如表5-28所示。

表5-28　燃料收到基灰分变化对锅炉各项损失及发电煤耗、供电煤耗的影响

项目	收到基灰分（%）	排烟热损失（%）	固体未完全燃烧热损失（%）	散热损失（%）	灰渣物理热损失（%）	锅炉效率（%）	发电煤耗[g/（kW·h）]	供电煤耗[g/（kW·h）]
设计值	20.97	5.336	1.550	0.200	0.165	92.75	301.76	328.00
计算值	17.97	5.336	1.328	0.200	0.141	92.99	300.99	327.16

管道效率为99%、汽轮机效率为44.33%、发电厂用电率为8%，锅炉燃料收到基灰分由20.97%降低至17.97%，固体未完全燃烧热损失降低为1.328%，灰渣物理热损失降低为0.141%，锅炉效率升高为92.99%，发电煤耗降低为300.99g/（kW·h），供电煤耗降低为327.16g/（kW·h），即燃料收到基灰分降低3个百分点，影响固体未完全燃烧热损失降低1.550–1.328=0.222个百分点，影响灰渣物理热损失降低0.165–0.141=0.024个百分点，影响锅炉效率升高92.99–92.75=0.24个百分点，影响发电煤耗降低301.76–300.99=0.77g/（kW·h），影响供电煤耗降低328.00–327.16=0.84g/（kW·h）。

八、飞灰含碳量变化对供电煤耗的影响系数

飞灰含碳量是指飞灰中未燃尽碳的质量百分比。对于有飞灰含碳量在线测量装置的系统，飞灰含碳量为在线测量装置分析结果的平均值；对于没有在线测量装置的系统，

应对统计期内的每班飞灰含碳量数值，按各班燃煤消耗量加权计算平均值。

飞灰含碳量变化对供电煤耗的影响系数是指，在管道效率、汽轮机效率、发电厂用电率保持不变的条件下，飞灰含碳量变化 1 个百分点对供电煤耗的影响值。为便于统计与分析，采用飞灰含碳量变化 3 个百分点，计算对供电煤耗的影响值。

飞灰含碳量变化将引起固体未完全燃烧热损失和灰渣物理热损失的变化，这两项热损失的变化引起锅炉效率的变化，锅炉效率的变化引起发电煤耗的变化，发电煤耗的变化引起供电煤耗的变化。

根据锅炉效率计算方法中固体未完全燃烧热损失和灰渣物理热损失的计算公式，得到飞灰含碳量变化对锅炉各项损失及发电煤耗、供电煤耗的影响，如表 5-29 所示。

表 5-29　　　飞灰含碳量变化对锅炉各项损失及发电煤耗、供电煤耗的影响

项目	飞灰含碳量（%）	排烟热损失（%）	固体未完全燃烧热损失（%）	散热损失（%）	灰渣物理热损失（%）	锅炉效率（%）	发电煤耗[g/（kW·h）]	供电煤耗[g/（kW·h）]
设计值	5.01	5.336	1.550	0.200	0.165	92.75	301.76	328.00
计算值	2.01	5.336	0.745	0.200	0.163	93.56	299.15	325.17

管道效率为99%、汽轮机效率为44.33%、发电厂用电率为8%，锅炉飞灰含碳量由5.01%降低至 2.01%，固体未完全燃烧热损失降低为 0.745%，灰渣物理热损失降低为0.163%，锅炉效率升高为 93.56%，发电煤耗降低为 299.15g/（kW·h），供电煤耗降低为325.17g/（kW·h），即锅炉飞灰含碳量降低 3 个百分点，影响固体未完全燃烧热损失降低 1.550–0.745=0.805 个百分点，影响灰渣物理热损失降低 0.165–0.163=0.002 个百分点，影响锅炉效率升高 93.56–92.75=0.81 个百分点，影响发电煤耗降低 301.76–299.15=2.61g/（kW·h），影响供电煤耗降低 328.00–325.17=2.83g/（kW·h）。

九、炉渣含碳量变化对供电煤耗的影响系数

炉渣含碳量是指大渣中未燃尽碳的质量百分比。炉渣含碳量的数值可采用离线化验值。

炉渣含碳量变化对供电煤耗的影响系数是指，在管道效率、汽轮机效率、发电厂用电率保持不变的条件下，炉渣含碳量变化 1 个百分点对供电煤耗的影响值。为便于统计与分析，采用炉渣含碳量变化 3 个百分点，计算对供电煤耗的影响值。

炉渣含碳量变化将引起固体未完全燃烧热损失与灰渣物理热损失的变化，这两项热损失的变化引起锅炉效率的变化，锅炉效率的变化引起发电煤耗的变化，发电煤耗的变化引起供电煤耗的变化。

根据锅炉效率计算方法中固体未完全燃烧热损失与灰渣物理热损失的计算公式，得

到炉渣含碳量变化对锅炉各项损失及发电煤耗、供电煤耗的影响，如表 5-30 所示。

表 5-30 　　　　炉渣含碳量变化对锅炉各项损失及发电煤耗、供电煤耗的影响

项目	炉渣含碳量（%）	排烟热损失（%）	固体未完全燃烧热损失（%）	散热损失（%）	灰渣物理热损失（%）	锅炉效率（%）	发电煤耗[g/（kW·h）]	供电煤耗[g/（kW·h）]
设计值	5.01	5.336	1.550	0.200	0.165	92.75	301.76	328.00
计算值	2.01	5.336	1.408	0.200	0.162	92.89	301.31	327.51

管道效率为 99%、汽轮机效率为 44.33%、发电厂用电率为 8%，锅炉炉渣含碳量由 5.01% 降低至 2.01%，固体未完全燃烧热损失降低为 1.408%，灰渣物理热损失降低为 0.162%，锅炉效率升高为 92.89%，发电煤耗降低为 301.31g/（kW·h），供电煤耗降低为 327.51g/（kW·h），即炉渣含碳量降低 3 个百分点，影响固体未完全燃烧热损失降低 1.550−1.408=0.142 个百分点，影响灰渣物理热损失降低 0.165−0.162=0.003 个百分点，影响锅炉效率升高 92.89−92.75=0.14 个百分点，影响发电煤耗降低 301.76−301.31=0.45 g/（kW·h），影响供电煤耗降低 328.00−327.51=0.49g/（kW·h）。

十、锅炉实际蒸发量变化对供电煤耗的影响系数

锅炉实际蒸发量即锅炉主蒸汽流量，是指锅炉末级过热器出口的蒸汽流量值。锅炉实际蒸发量变化对供电煤耗的影响系数是指，在管道效率、汽轮机效率和发电厂用电率保持不变的条件下，锅炉实际蒸发量变化 1t/h 对供电煤耗的影响值。为便于统计与分析，计算时锅炉实际蒸发量变化采用为 100t/h，计算对供电煤耗的影响值。

锅炉实际蒸发量变化将引起散热损失的变化，散热损失的变化引起锅炉效率的变化，锅炉效率的变化引起发电煤耗的变化，发电煤耗的变化引起供电煤耗的变化。

根据锅炉效率计算方法中散热损失的计算公式，得到锅炉实际蒸发量变化对锅炉各项损失及发电煤耗、供电煤耗的影响如表 5-31 所示。

表 5-31 　　　　锅炉实际蒸发量变化对锅炉各项损失及发电煤耗、供电煤耗的影响

项目	锅炉实际蒸发量（t/h）	排烟热损失（%）	固体未完全燃烧热损失（%）	散热损失（%）	灰渣物理热损失（%）	锅炉效率（%）	发电煤耗[g/（kW·h）]	供电煤耗[g/（kW·h）]
设计值	924.88	5.336	1.550	0.200	0.165	92.75	301.76	328.00
计算值	824.88	5.336	1.550	0.224	0.165	92.73	301.83	328.08

管道效率为 99%、汽轮机效率为 44.33%、发电厂用电率为 8%，锅炉实际蒸发量由 924.88t/h 降低至 824.88t/h，散热损失升高为 0.224%，锅炉效率降低为 92.73%，发电煤耗升高为 301.83g/（kW·h），供电煤耗升高为 328.08g/（kW·h），即锅炉实际蒸发量降

低 100t/h，影响散热损失升高 0.224−0.200=0.024 个百分点，影响锅炉效率降低92.75−92.73=0.02 个百分点，影响发电煤耗升高 301.83−301.76=0.07g/（kW·h），影响供电煤耗升高 328.08−328.00=0.08g/（kW·h）。

锅炉侧各参数对供电煤耗的影响系数如表 5-32 所示。

表 5-32 锅炉侧各参数影响供电煤耗汇总

序号	参数	参数变化量	锅炉效率变化量		供电煤耗变化量	
			300MW	600MW	300MW	600MW
1	锅炉效率（个百分点）	−1			3.60	3.60
2	低位发热量（kJ/kg）	−1000	−0.09	−0.11	0.33	0.37
3	空气预热器出口氧量（个百分点）	−1	0.31	0.31	−1.09	−1.15
4	排烟温度（℃）	5	−0.26	−0.27	0.92	0.92
5	入口空气温度（℃）	5	0.26	0.26	−0.91	−0.94
6	收到基氢（个百分点）	0.5	−0.04	−0.04	0.15	0.15
7	收到基水分（个百分点）	5	−0.04	−0.04	0.15	0.15
8	收到基灰分（个百分点）	−3	0.24	0.31	−0.84	−1.13
9	飞灰含碳量（个百分点）	−3	0.81	0.80	−2.83	−2.87
10	炉渣含碳量（个百分点）	−3	0.14	0.14	−0.49	−0.52
11	锅炉蒸发量（t/h）	−100	−0.02	−0.01	0.08	0.03

第六节 汽轮机侧小指标对供电煤耗的影响系数

汽轮机侧影响供电煤耗的主要指标有汽轮机效率、热耗率、汽耗率、主蒸汽压力、主蒸汽温度、再热蒸汽压损、再热蒸汽温度、补水率、排汽压力、高压缸效率及中压缸效率等。

一、主蒸汽压力变化对供电煤耗的影响系数

汽轮机主蒸汽压力是指汽轮机自动主汽门前的蒸汽压力值。如果有两路主蒸汽管道，取算术平均值。

主蒸汽压力变化对供电煤耗的影响系数是指，在管道效率、锅炉效率和发电厂用电率保持不变的条件下，主蒸汽压力变化 1MPa 对供电煤耗的影响值。

1. 某 300MW 机组（主蒸汽压力基准值为 16.7MPa）

查该机组的 NZK300-16.7/537/537 型汽轮机热力特性中主蒸汽压力对热耗修正曲线（四阀），如图 5-9 所示。

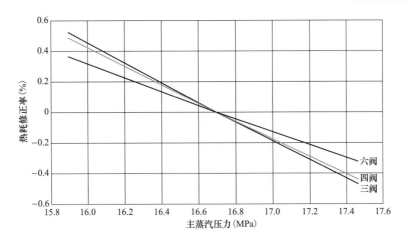

图 5-9 某 300MW 机组主蒸汽压力对热耗修正曲线

主蒸汽压力由 16.7MPa 降至 16.4MPa，对汽轮机热耗的修正率为 0.18%，即影响汽轮机热耗值 8120.4×0.18%=14.62kJ/（kW·h）。主蒸汽压力降低影响汽轮机热耗升高，汽轮机热耗升高为 8120.4+14.62=8135.02kJ/（kW·h）。

根据公式 $b_{fd} = \dfrac{q}{29308 \times \eta_{gl} \times \eta_{gd}} \times 10^7$ 得到，主蒸汽压力为基准值 16.7MPa 时发电煤耗

为 $b_{fd} = \dfrac{8120.4}{29308 \times 92.49 \times 99} \times 10^7 = 302.59$g/（kW·h），主蒸汽压力变化为 16.4MPa 时发电煤

耗为 $b'_{fd} = \dfrac{8135.02}{29308 \times 92.49 \times 99} \times 10^7 = 303.14$g/（kW·h），由此可知，主蒸汽压力降低 0.3MPa，

影响发电煤耗升高 303.14–302.59=0.55g/（kW·h）。即主蒸汽压力降低 1MPa，影响发电煤耗升高 1.83g/（kW·h）。

当发电厂用电率为 8%时，根据供电煤耗的计算公式 $b_{gd} = \dfrac{q}{29308 \times \eta_{gl} \times \eta_{gd} \times \left(1 - \dfrac{L_{fd}}{100}\right)} \times 10^7$

得到，主蒸汽压力为基准值 16.7MPa 时供电煤耗为 $b_{gd} = \dfrac{8120.4}{29308 \times 92.49 \times 99 \times \left(1 - \dfrac{8}{100}\right)} \times 10^7 =$

328.91g/（kW·h），主蒸汽压力变化为 16.4MPa 时供电煤耗为 $b'_{gd} = \dfrac{8135.02}{29308 \times 92.49 \times 99 \times \left(1 - \dfrac{8}{100}\right)} \times 10^7$

=329.50g/（kW·h），由此可知，主蒸汽压力降低 0.3MPa，影响供电煤耗升高 329.50–328.91=0.59g/（kW·h）。即主蒸汽压力降低 1MPa，影响供电煤耗升高 1.97g/（kW·h）。

根据该机组的 NZK300-16.7/537/537 型汽轮机热力特性中主蒸汽压力对热耗修正曲线（四阀），得到主蒸汽压力与修正率之间的对应数据，如表 5-33 所示。

表 5-33 某 300MW 机组主蒸汽压力与热耗修正率的关系

主蒸汽压力（MPa）	16.2	16.4	16.7	17.0	17.2
热耗修正率（%）	0.3	0.18	0	−0.172	−0.284

利用表 5-33 中数据做出主蒸汽压力与修正率的曲线方程，如图 5-10 所示。

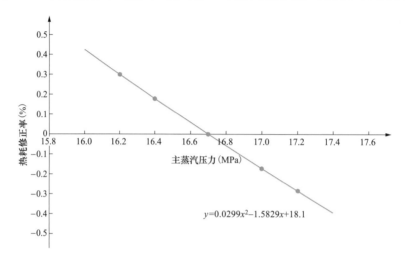

图 5-10　某 300MW 机组主蒸汽压力与热耗修正率的曲线方程

方程中 x 为机组主蒸汽压力，y 为对应的热耗修正率。当主蒸汽压力为基准值 16.7MPa 时，热耗修正率为 0。当主蒸汽压力偏离基准值为 x_1 时，对机组热耗的修正率计算公式为：$y_1=0.0299x_1^2-1.5829x_1+18.1$（例如主蒸汽压力 $x_1=16.4$kPa 时，代入公式求得对机组热耗的修正率等于 0.18%），此时机组实际热耗率为（$1+y_1$）乘以基准值。利用发电煤耗公式 $b_{fd}=\dfrac{q}{29308\times\eta_{gl}\times\eta_{gd}}\times10^7$ 得出主蒸汽压力变化前后的发电煤耗。同理，利用供电煤耗公式 $b_{gd}=\dfrac{q}{29308\times\eta_{gl}\times\eta_{gd}\times\left(1-\dfrac{L_{fd}}{100}\right)}\times10^7$ 得出主蒸汽压力变化前后的供电煤耗。发（供）电煤耗的变化值除以主蒸汽压力的变化值，就是主蒸汽压力变化对发（供）电煤耗的影响值。

例如，锅炉效率为 92.49%、管道效率为 99%、发电厂用电率为 8%，主蒸汽压力基准值为 16.7MPa，求当主蒸汽压力为 16.5MPa 时对供电煤耗的影响值。

供电煤耗基准值为

$$b_{gd}=\frac{q}{29308\times\eta_{gl}\times\eta_{gd}\times\left(1-\dfrac{L_{fd}}{100}\right)}\times10^7=\frac{8120.4}{29308\times92.49\times99\times\left(1-\dfrac{8}{100}\right)}\times10^7=328.91\,\mathrm{g/(kW\cdot h)}$$

主蒸汽压力为 16.5MPa 时，对机组热耗的修正率为 0.0299×16.5×16.5−1.5829×16.5+

18.1=0.1224%，此时机组热耗为 8120.4×（1+0.1224%）=8130.34kJ/（kW·h），供电煤耗为

$$b'_{gd} = \frac{q'}{29308 \times \eta_{gl} \times \eta_{gd} \times \left(1 - \dfrac{L_{fd}}{100}\right)} \times 10^7 = \frac{8130.34}{29308 \times 92.49 \times 99 \times \left(1 - \dfrac{8}{100}\right)} \times 10^7 = 329.31 \text{g/（kW·h）},$$

则供电煤耗变化值为 329.31–328.91=0.40g/（kW·h）。即主蒸汽压力变化 1MPa，影响供电煤耗变化 2g/（kW·h）。

2. 某 600MW 机组（主蒸汽压力基准值为 16.67MPa）

该 600MW 机组汽轮机性能试验报告中主蒸汽压力对热耗的修正曲线如图 5-11 所示。主蒸汽压力由 16.67MPa 降至 16.4MPa，对汽轮机热耗的修正率为 0.14%，即影响汽轮机热耗升高 8064×0.14%=11.29kJ/（kW·h），汽轮机热耗为 8075.29kJ/（kW·h）。

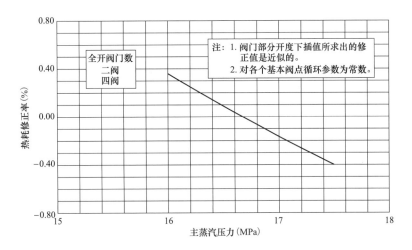

图 5-11 某 600MW 机组主蒸汽压力对热耗的修正曲线

发电煤耗基准值为 $b_{fd} = \dfrac{8064}{29308 \times 92 \times 98.5} \times 10^7 = 303.63$g/（kW·h）。

主蒸汽压力为 16.4MPa 时，发电煤耗为 $b'_{fd} = \dfrac{8075.29}{29308 \times 92 \times 98.5} \times 10^7 = 304.05$g/（kW·h）。

主蒸汽压力降低 0.27MPa，影响发电煤耗升高 304.05–303.63=0.42g/（kW·h）。即主蒸汽压力降低 1MPa，影响发电煤耗升高 1.56g/（kW·h）。

当发电厂用电率为 8%时，供电煤耗基准值为 $b_{gd} = \dfrac{8064}{29308 \times 92 \times 98.5 \times \left(1 - \dfrac{8}{100}\right)} \times 10^7$

=330.03g/（kW·h）。

主蒸汽压力为 16.4MPa 时，供电煤耗为 $b'_{gd} = \dfrac{8075.29}{29308 \times 92 \times 98.5 \times \left(1 - \dfrac{8}{100}\right)} \times 10^7 =$

330.49g/（kW·h）。主蒸汽压力降低 0.27MPa，影响供电煤耗升高 330.49–330.03=0.46 g/（kW·h）。即主蒸汽压力降低 1MPa，影响供电煤耗升高 1.70g/（kW·h）。

根据该电厂汽轮机性能试验报告中主蒸汽压力对热耗修正曲线，得到主蒸汽压力与修正率之间的对应数据，如表 5-34 所示。

表 5-34　　　　　　　　　某 600MW 机组主蒸汽压力与热耗修正率关系

主蒸汽压力（MPa）	16.0	16.4	16.7	17.0	17.4
热耗修正率（%）	0.37	0.14	0	−0.16	−0.35

利用表 5-34 中数据做出主蒸汽压力与热耗修正率的曲线方程，如图 5-12 所示。

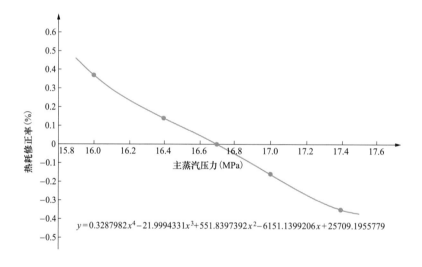

图 5-12　某 600MW 机组主蒸汽压力与热耗修正率的曲线方程

方程中 x 为机组主蒸汽压力，y 为对应的热耗修正率。当主蒸汽压力为基准值 16.67MPa 时，修正率为 0。当主蒸汽压力偏离基准值为 x_1 时，机组热耗的修正率为：$y_1 = 0.3287982x_1^4 - 21.9994331x_1^3 + 551.839792x_1^2 - 6151.1399206x_1 + 25709.1955779$（例如主蒸汽压力 x_1=17.4kPa 时，代入公式求得对机组热耗的修正率等于−0.35%，负号表示热耗率的修正率与主蒸汽压力的变化方向相反，主蒸汽压力升高，热耗率的修正率为降低，即主蒸汽压力升高影响机组热耗率降低），此时机组实际热耗率为（1+y_1）乘以基准值。利用发电煤耗公式 $b_{fd} = \dfrac{q}{29308 \times \eta_{gl} \times \eta_{gd}} \times 10^7$ 得出主蒸汽压力变化前后的发电煤耗。同理，利用供电煤耗公式 $b_{gd} = \dfrac{q}{29308 \times \eta_{gl} \times \eta_{gd} \times \left(1 - \dfrac{L_{fd}}{100}\right)} \times 10^7$ 得出主蒸汽压力变化前后的供电

煤耗。发（供）电煤耗的变化值除以主蒸汽压力的变化值，就是主蒸汽压力变化对（发）

供电煤耗的影响系数。

由以上两个电厂的计算过程得到，对于不同基准值的机组，主蒸汽压力对供电煤耗的影响系数是不同的。针对各自电厂的机组进行专业建模与计算，对生产运行进行指导，才具有针对性。

二、主蒸汽温度变化对供电煤耗的影响系数

汽轮机主蒸汽温度是指汽轮机自动主汽门前的蒸汽温度值。如果有多路主蒸汽管道，取算术平均值。

主蒸汽温度变化对供电煤耗的影响系数是指，在锅炉效率、管道效率和发电厂用电率保持不变的条件下，主蒸汽温度变化 1℃对供电煤耗的影响值。为便于统计与分析，计算时主蒸汽温度变化采用 10℃，计算对供电煤耗的影响值。

1. 某 300MW 机组（主蒸汽温度基准值为 537℃）

该机组的 NZK300-16.7/537/537 型汽轮机热力特性的主蒸汽温度对热耗修正曲线（四阀）如图 5-13 所示。主蒸汽温度由 537℃降为 530℃，对汽轮机热耗修正率为 0.207%，即影响汽轮机热耗升高 8120.4×0.207%=16.81kJ/（kW·h），汽轮机热耗为 8120.4+16.81=8137.21kJ/（kW·h）。

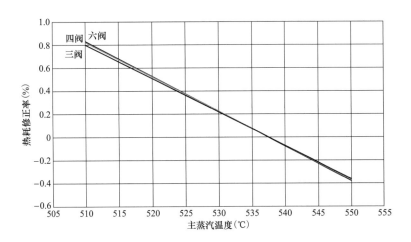

图 5-13 某 300MW 机组主蒸汽温度对热耗的修正曲线

发电煤耗基准值为 $b_{fd} = \dfrac{8120.4}{29308 \times 92.49 \times 99} \times 10^7 = 302.59\text{g/（kW·h）}$。

主蒸汽温度为 530℃，发电煤耗为 $b'_{fd} = \dfrac{8137.21}{29308 \times 92.49 \times 99} \times 10^7 = 303.22\text{g/（kW·h）}$，得到主蒸汽温度降低 7℃，影响发电煤耗升高 303.22–302.59=0.63g/（kW·h）。即主蒸汽温度降低 10℃，影响发电煤耗升高 0.90g/（kW·h）。

当发电厂用电率为 8%时，供电煤耗基准值为 $b_{gd} = \dfrac{8120.4}{29308 \times 92.49 \times 99 \times \left(1 - \dfrac{8}{100}\right)} \times 10^7$

=328.91g/（kW·h）。

主蒸汽温度为 530℃时，供电煤耗为 $b'_{gd} = \dfrac{8137.21}{29308 \times 92.49 \times 99 \times \left(1 - \dfrac{8}{100}\right)} \times 10^7$ =329.59

g/（kW·h），得到主蒸汽温度降低 7℃，影响供电煤耗升高 329.59–328.91=0.68g/（kW·h）。即主蒸汽温度降低 10℃，影响供电煤耗升高 0.97g/（kW·h）。

根据该机组 NZK300-16.7/537/537 型汽轮机热力特性中的主蒸汽温度对热耗修正曲线（四阀），得到主蒸汽温度与修正率之间的对应关系，如表 5-35 所示。

表 5-35   **某 300MW 机组主蒸汽温度与热耗修正率关系**

主蒸汽温度（℃）	520	530	537	540	545
热耗修正率（%）	0.514	0.207	0	−0.0857	−0.2286

利用表 5-35 中的数据做出主蒸汽温度与热耗修正率的曲线方程，如图 5-14 所示。

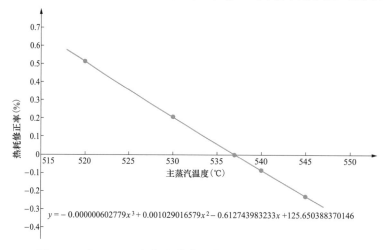

图 5-14   某 300MW 机组主蒸汽温度与热耗修正率的曲线方程

方程中 x 为机组主蒸汽温度，y 为对应的热耗修正率。主蒸汽温度为基准值 537℃时，修正率为 0。主蒸汽温度偏离基准值为 x_1 时，对机组热耗的修正率计算公式为：$y_1 = -0.000000502779 x_1^3 + 0.001029016579 x_1^2 - 0.612743983233 x_1 + 125.650388370146$（例如主蒸汽温度 x_1=530℃时，代入公式求得对机组热耗的修正率等于 0.207%），此时机组实际热耗率为（1+y_1）乘以基准值。利用发电煤耗公式 $b_{fd} = \dfrac{q}{29308 \times \eta_{gl} \times \eta_{gd}} \times 10^7$ 计算出主蒸汽

温度变化前后的发电煤耗。同理，利用供电煤耗公式 $b_{gd} = \dfrac{q}{29308 \times \eta_{gl} \times \eta_{gd} \times \left(1 - \dfrac{L_{fd}}{100}\right)} \times 10^7$

计算出主蒸汽温度变化前后的供电煤耗。发（供）电煤耗的变化值除以主蒸汽温度的变化值，就是主蒸汽温度变化对发（供）电煤耗的影响系数。

例如，锅炉效率为92.49%，管道效率为99%，发电厂用电率为8%，主蒸汽温度基准值为537℃，求主蒸汽温度为530℃时对供电煤耗的影响值。

供电煤耗基准值为

$$b_{gd} = \frac{q}{29308 \times \eta_{gl} \times \eta_{gd} \times \left(1 - \frac{L_{fd}}{100}\right)} \times 10^7 = \frac{8120.4}{29308 \times 92.49 \times 99 \times \left(1 - \frac{8}{100}\right)} \times 10^7 = 328.91\,g/\,(kW \cdot h)$$

主蒸汽温度为530℃时，对机组热耗的修正率为−0.000000602779×530³+0.001029016579×530²−0.612743983233×530+125.650388370146=0.207%，此时机组热耗为8120.4×（1+0.207%）=8137.21kJ/（kW·h），供电煤耗为

$$b'_{gd} = \frac{q}{29308 \times \eta_{gl} \times \eta_{gd} \times \left(1 - \frac{L_{fd}}{100}\right)} \times 10^7 = \frac{8137.21}{29308 \times 92.49 \times 99 \times \left(1 - \frac{8}{100}\right)} \times 10^7 = 329.59\,g/\,(kW \cdot h),$$

则供电煤耗变化值为329.59−328.91=0.68g/（kW·h）。即主蒸汽温度变化10℃，影响供电煤耗变化0.97g/（kW·h）。

2. 某600MW机组（主蒸汽温度基准值为538℃）

该机组汽轮机性能试验报告中主蒸汽温度对热耗的修正曲线如图5-15所示。主蒸汽温度由538℃降为530℃，对汽轮机热耗修正率为0.241%，即影响汽轮机热耗升高8064×0.241%=19.43kJ/（kW·h），汽轮机热耗为8064+19.43=8083.43kJ/（kW·h）。

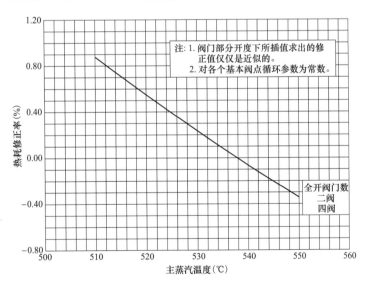

图5-15 某600MW机组主蒸汽温度对热耗的修正曲线

发电煤耗基准值为 $b_{fd} = \dfrac{8064}{29308 \times 92 \times 98.5} \times 10^7 = 303.63\,g/\,(kW \cdot h)$。

主蒸汽温度为 530℃时，发电煤耗为 $b_{fd}' = \dfrac{8083.43}{29308 \times 92 \times 98.5} \times 10^7 = 304.36\,\mathrm{g/(kW \cdot h)}$，得到主蒸汽温度降低 8℃，影响发电煤耗升高 304.36–303.63=0.73g/（kW·h）。即主蒸汽温度降低 10℃，影响发电煤耗升高 0.91g/（kW·h）。

当发电厂用电率为 8%时，供电煤耗基准值为 $b_{gd} = \dfrac{8064}{29308 \times 92 \times 98.5 \times \left(1 - \dfrac{8}{100}\right)} \times 10^7$

$=330.03\,\mathrm{g/(kW \cdot h)}$。

主蒸汽温度为 530℃时，供电煤耗为 $b_{gd}' = \dfrac{8083}{29308 \times 92 \times 98.5 \times \left(1 - \dfrac{8}{100}\right)} \times 10^7 = 330.82$

g/（kW·h），得到主蒸汽温度降低 8℃，影响供电煤耗升高 330.82–330.03=0.79g/（kW·h）。即主蒸汽温度降低 10℃，影响供电煤耗升高 0.99g/（kW·h）。

根据该机组性能试验报告中主蒸汽温度对热耗修正曲线，得到主蒸汽温度与热耗修正率之间的对应关系，如表 5-36 所示。

表 5-36　　　　　　　　　某 600MW 机组主蒸汽温度与热耗修正率关系

主蒸汽温度（℃）	520	530	538	550
热耗修正率（%）	0.55	0.241	0	−0.345

利用表 5-36 中的数据做出主蒸汽温度与热耗修正率的曲线方程，如图 5-16 所示。

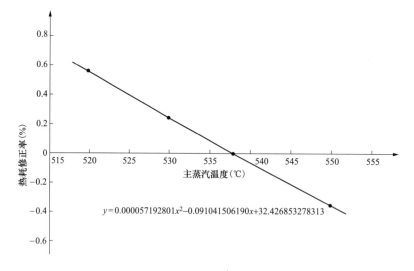

图 5-16　某 600MW 机组主蒸汽温度与热耗修正率的曲线方程

方程中 x 为机组主蒸汽温度，y 为对机组热耗的修正率。主蒸汽温度为基准值 538℃ 时，修正率为 0。主蒸汽温度偏离基准值为 x_1 时，对机组热耗的修正率计算公式为：

$y_1 = 0.000057192801x_1^2 - 0.091041506190x_1 + 32.426853278313$（例如主蒸汽温度 x_1=530℃

时，代入公式求得对机组热耗的修正率等于 0.240%），此时机组实际热耗率为（1+y_1）乘以基准值。利用发电煤耗公式 $b_{fd}=\dfrac{q}{29308\times\eta_{gl}\times\eta_{gd}}\times10^7$ 计算出主蒸汽温度变化前后的

发电煤耗。同理，利用供电煤耗公式 $b_{gd}=\dfrac{q}{29308\times\eta_{gl}\times\eta_{gd}\times\left(1-\dfrac{L_{fd}}{100}\right)}\times10^7$ 计算出主蒸汽

温度变化前后的供电煤耗。发（供）电煤耗的变化值除以主蒸汽温度的变化值，就是主蒸汽温度变化对发（供）电煤耗的影响系数。

三、再热蒸汽压损变化对供电煤耗的影响系数

再热蒸汽压损是指高压缸排汽压力和汽轮机再热蒸汽压力之差与高压缸排汽压力的百分比。

再热蒸汽压损变化对供电煤耗的影响系数是指，在管道效率、锅炉效率和发电厂用电率保持不变的条件下，再热蒸汽压损变化 1 个百分点对供电煤耗的影响值。

1. 某 300MW 机组（再热蒸汽压损基准值为 10%）

该机组 NZK300-16.7/537/537 型汽轮机热力特性的再热蒸汽压损对热耗修正曲线（四阀）如图 5-17 所示。再热蒸汽压损由 10%升高为 12%，对汽轮机热耗率修正率为 0.19%，即影响汽轮机效率升高 8120.4×0.19%=15.43kJ/（kW·h），汽轮机热耗为 8120.4+15.43=8135.83kJ/（kW·h）。

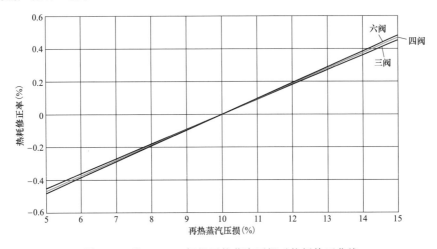

图 5-17 某 300MW 机组再热蒸汽压损对热耗修正曲线

发电煤耗基准值为 $b_{fd}=\dfrac{8120.4}{29308\times92.49\times99}\times10^7=302.59$g/（kW·h）。

再热蒸汽压损为 12%，发电煤耗为 $b_{fd}'=\dfrac{8135.83}{29308\times92.49\times99}\times10^7=303.17$g/（kW·h），得到再热蒸汽压损升高 2 个百分点，影响发电煤耗升高 303.17−302.59=0.58g/（kW·h）。

即再热蒸汽压损升高 1 个百分点，影响发电煤耗升高 0.29g/（kW·h）。

当发电厂用电率为 8%时，供电煤耗基准值为 $b_{gd} = \dfrac{8120.4}{29308 \times 92.49 \times 99 \times \left(1 - \dfrac{8}{100}\right)} \times 10^7$

=328.91g/（kW·h）。

再热蒸汽压损为 12%时，供电煤耗为 $b'_{gd} = \dfrac{8135.83}{29308 \times 92.49 \times 99 \times \left(1 - \dfrac{8}{100}\right)} \times 10^7$ =329.53

g/（kW·h），得到再热蒸汽压损升高 2 个百分点，影响供电煤耗升高 329.53–328.91=0.62
g/（kW·h）。即再热蒸汽压损升高 1 个百分点，影响供电煤耗升高 0.31g/（kW·h）。

根据该机组 NZK300-16.7/537/537 型汽轮机热力特性的再热蒸汽压损对热耗修正曲
线（四阀），得到再热蒸汽压损与热耗修正率之间的对应数据，如表 5-37 所示。

表 5-37　　　　　　　某 300MW 机组再热蒸汽压损与热耗修正率关系

再热蒸汽压损（%）	6	8	10	12	14
热耗修正率（%）	−0.347	−0.179	0	0.19	0.3874

利用表 5-37 中的数据做出再热蒸汽压损与热耗修正率的曲线方程，如图 5-18 所示。

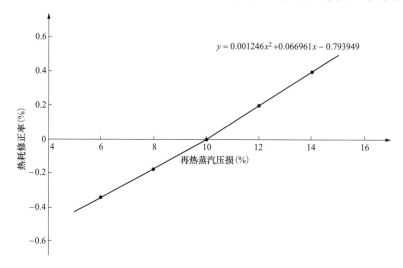

图 5-18　某 300MW 机组再热蒸汽压损与热耗修正率的曲线方程

方程中 x 为机组再热蒸汽压损，y 为对应的热耗修正率。当再热蒸汽压损为基准值
10%时，修正率为 0。当再热蒸汽压损偏离基准值为 x_1 时，对机组热耗的修正率计算公
式为：$y_1=0.001246 x_1^2 +0.066961x_1 -0.793949$（例如再热蒸汽压损 x_1=8%时，代入公式求
得对机组热耗的修正率等于–0.179%），此时机组实际热耗率为（1+y_1）乘以基准值。
利用发电煤耗公式 $b_{fd} = \dfrac{q}{29308 \times \eta_{gl} \times \eta_{gd}} \times 10^7$ 计算出再热蒸汽压损为 x_1 时的发电煤耗，发

电煤耗的变化值除以再热蒸汽压损的变化值，就是再热蒸汽压损变化对发电煤耗的影响系数。同理，利用供电煤耗公式 $b_{gd} = \dfrac{q}{29308 \times \eta_{gl} \times \eta_{gd} \times \left(1 - \dfrac{L_{fd}}{100}\right)} \times 10^7$ 计算出再热蒸汽压损为 x_1 时的供电煤耗，供电煤耗的变化值除以再热蒸汽压损的变化值，就是再热蒸汽压损变化对供电煤耗的影响系数。

例如，锅炉效率为 92.49%，管道效率为 99%，机组热耗为 8120.4kJ/（kW·h），发电厂用电率为 8%，再热蒸汽压损基准值为 10%，求当再热蒸汽压损为 10.2% 时对供电煤耗的影响值。

供电煤耗基准值为

$$b_{gd} = \frac{q}{29308 \times \eta_{gl} \times \eta_{gd} \times \left(1 - \dfrac{L_{fd}}{100}\right)} \times 10^7 = \frac{8120.4}{29308 \times 92.49 \times 99 \times \left(1 - \dfrac{8}{100}\right)} \times 10^7 = 328.91 \, g/(kW \cdot h)$$

再热蒸汽压损 10.2% 时，对机组热耗的修正率为 0.001246×10.2×10.2+0.066961×10.2−0.793949=0.01869%，此时机组热耗为 8120.4×（1+0.01869%）= 8121.92kJ/（kW·h）。

$$供电煤耗为 \; b'_{gd} = \frac{q'}{29308 \times \eta_{gl} \times \eta_{gd} \times \left(1 - \dfrac{L_{fd}}{100}\right)} \times 10^7 = \frac{8121.92}{29308 \times 92.49 \times 99 \times \left(1 - \dfrac{8}{100}\right)} \times 10^7$$

=328.97g/（kW·h），则供电煤耗变化值为 328.97−328.91=0.06g/（kW·h）。即再热蒸汽压损变化 1 个百分点，影响供电煤耗变化 0.3g/（kW·h）。

2. 某 600MW 机组（再热蒸汽压损基准值为 10%）

该机组汽轮机性能试验报告中再热蒸汽压损对热耗的修正曲线如图 5-19 所示。再热蒸汽压损由 10% 升高为 12%，对汽轮机热耗修正率为 0.18%，即影响汽轮机热耗升高 8064×0.18%=14.52kJ/（kW·h），汽轮机热耗为 8064+14.52=8078.52kJ/（kW·h）。

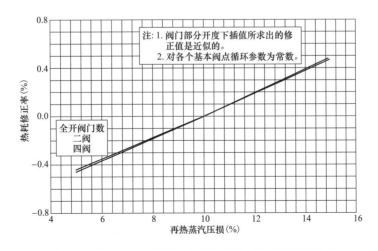

图 5-19　某 600MW 机组再热蒸汽压损对热耗的修正曲线

发电煤耗基准值为 $b_{fd}=\dfrac{8064}{29308\times92\times98.5}\times10^7$=303.63g/（kW·h）。

再热蒸汽压损为 12%时，发电煤耗为 $b'_{fd}=\dfrac{8078.52}{29308\times92\times98.5}\times10^7$=304.17g/（kW·h），
得到再热蒸汽压损升高 2 个百分点，影响发电煤耗升高 304.17–303.63=0.54g/（kW·h）。即再热蒸汽压损升高 1 个百分点，影响发电煤耗升高 0.27g/（kW·h）。

当发电厂用电率为 8%时，供电煤耗基准值为 $b_{gd}=\dfrac{8064}{29308\times92\times98.5\times\left(1-\dfrac{8}{100}\right)}\times10^7$

=330.03g/（kW·h）。

再热蒸汽压损为 12%时，供电煤耗为 $b'_{gd}=\dfrac{8078.52}{29308\times92\times98.5\times\left(1-\dfrac{8}{100}\right)}\times10^7$=330.62

g/（kW·h），得到再热蒸汽压损升高 2 个百分点，影响供电煤耗升高 330.62–330.03=0.59
g/（kW·h）。即再热蒸汽压损升高 1 个百分点，影响供电煤耗升高 0.295g/（kW·h）。

根据该机组汽轮机性能试验报告的再热蒸汽压损对热耗修正曲线，得到再热蒸汽压损与热耗修正率之间的对应数据，如表 5-38 所示。

表 5-38 　　　　　　　　某 600MW 机组再热蒸汽压损与热耗修正率关系

再热蒸汽压损（%）	6	8	10	12	14
热耗修正率（%）	−0.36	−0.18	0	0.18	0.38

利用表 5-38 中的数据做出再热蒸汽压损与热耗修正率的曲线方程，如图 5-20 所示。

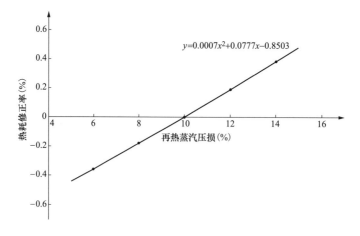

图 5-20　某 600MW 机组再热蒸汽压损与热耗修正率的曲线方程

方程中 x 为机组再热蒸汽压损，y 为对应的热耗修正率。再热蒸汽压损为基准值 10%时，修正率为 0。再热蒸汽压损偏离基准值为 x_1 时，对机组热耗的修正率计算公式为：

y_1=0.0007 x_1^2 +0.0777x_1−0.8503（例如再热蒸汽压损 x_1=8%时，代入公式求得对机组热耗的修正率等于−0.1839%），此时机组实际热耗率为（1+y_1）乘以基准值。利用发电煤耗公式 $b_{fd} = \dfrac{q}{29308 \times \eta_{gl} \times \eta_{gd}} \times 10^7$ 计算出再热蒸汽压损变化前后的发电煤耗。同理，利用供电煤耗公式 $b_{gd} = \dfrac{q}{29308 \times \eta_{gl} \times \eta_{gd} \times \left(1 - \dfrac{L_{fd}}{100}\right)} \times 10^7$ 计算出再热蒸汽压损变化前后供电煤耗。

发（供）电煤耗的变化值除以再热蒸汽压损的变化值，就是再热蒸汽压损变化对发（供）电煤耗的影响系数。

四、再热蒸汽温度变化对供电煤耗的影响系数

汽轮机再热蒸汽温度是指汽轮机再热主汽门前的蒸汽温度值。如有多路再热蒸汽管道，取算术平均数。

再热蒸汽温度变化对供电煤耗的影响系数是指，在管道效率、锅炉效率和发电厂用电率保持不变的条件下，再热蒸汽温度变化 1℃对供电煤耗的影响值。为便于统计与分析，计算时再热蒸汽温度变化采用 10℃，计算对供电煤耗的影响值。

1. 某 300MW 机组（再热蒸汽基准值为 537℃）

该机组 NZK300-16.7/537/537 型汽轮机热力特性的再热蒸汽温度对热耗修正曲线（四阀）如图 5-21 所示。再热蒸汽温度由 537℃升高为 540℃，对汽轮机热耗修正率为−0.072%，即影响汽轮机热耗降低 8120.4×0.072%=5.85kJ/（kW·h），汽轮机热耗为 8120.4−5.85=8114.55kJ/（kW·h）。

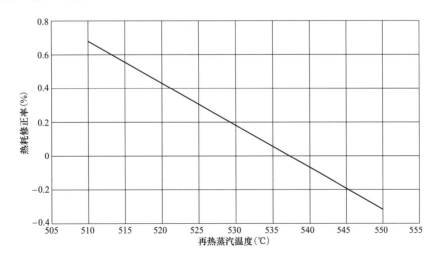

图 5-21 某 300MW 机组再热蒸汽温度对热耗修正曲线

发电煤耗基准值为 $b_{fd} = \dfrac{8120.4}{29308 \times 92.49 \times 99} \times 10^7$ =302.59g/（kW·h）。

再热蒸汽温度为540℃时，发电煤耗为 $b'_{fd} = \dfrac{8114.55}{29308 \times 92.49 \times 99} \times 10^7 = 302.38g$（kW·h），得到额定工况下，再热蒸汽温度升高3℃，影响发电煤耗降低 302.59−302.38=0.21 g/（kW·h）。即再热蒸汽温度升高10℃，影响发电煤耗降低 0.70g/（kW·h）。

当发电厂用电率为8%时，供热煤耗基准值为 $b_{gd} = \dfrac{8120.4}{29308 \times 92.49 \times 99 \times \left(1 - \dfrac{8}{100}\right)} \times 10^7$

=328.91g/（kW·h）。

再热蒸汽温度为 540℃ 时，供电煤耗为 $b'_{gd} = \dfrac{8114.55}{29308 \times 92.49 \times 99 \times \left(1 - \dfrac{8}{100}\right)} \times 10^7 =$

328.67g/（kW·h），得到额定工况下，再热蒸汽温度升高3℃，影响供电煤耗降低 328.91−328.67= 0.24g/（kW·h）。即再热蒸汽温度升高10℃，影响供电煤耗降低 0.80g/（kW·h）。

根据该机组 NZK300-16.7/537/537 型汽轮机热力特性中的再热蒸汽温度对热耗修正曲线（四阀），得到再热蒸汽温度与热耗修正率之间的对应关系，如表 5-39 所示。

表 5-39   **某 300MW 机组再热蒸汽温度与热耗修正率关系**

再热蒸汽温度（℃）	515	525	537	540	545
热耗修正率（%）	0.5444	0.3	0	−0.072	−0.189

利用表 5-39 中的数据做出再热蒸汽温度与热耗修正率的曲线方程，如图 5-22 所示。

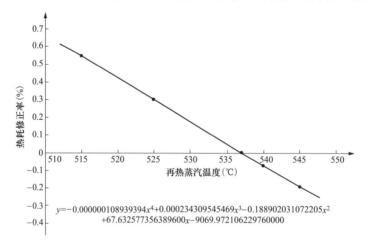

图 5-22　再热蒸汽温度与热耗修正率的曲线方程

方程中 x 为机组再热蒸汽温度，y 为对应的热耗修正率。当热蒸汽温度为基准值 537℃ 时，修正率为 0。再热蒸汽温度偏离基准值为 x_1 时，对机组热耗的修正率计算公式为：$y_1 = -0.000000108939394x_1^4 + 0.000234309545469x_1^3 - 0.188902031072205x_1^2 + 67.632577356389600x_1 - 9069.972106229760000$（例如再热蒸汽温度 $x_1 = 540$℃时，代入公式求得对机组热耗

的修正率等于−0.072%），此时机组实际热耗率为（1+y_1）乘以基准值。利用发电煤耗公式 $b_{fd} = \dfrac{q}{29308 \times \eta_{gl} \times \eta_{gd}} \times 10^7$ 计算出再热蒸汽温度变化前后的发电煤耗。同理，利用

供电煤耗公式 $b_{gd} = \dfrac{q}{29308 \times \eta_{gl} \times \eta_{gd} \times \left(1 - \dfrac{L_{fd}}{100}\right)} \times 10^7$ 计算出再热蒸汽温度变化前后的供电

煤耗。发（供）电煤耗的变化值除以再热蒸汽温度的变化值，就是再热蒸汽温度变化对发（供）电煤耗的影响系数。

例如，锅炉效率为 92.49%，管道效率为 99%，机组热耗为 8120.4kJ/（kW·h），发电厂用电率为 8%，再热蒸汽温度基准值为 537℃，求再热蒸汽温度为 531℃时对供电煤耗的影响值。

供电煤耗基准值为

$$b_{gd} = \frac{q}{29308 \times \eta_{gl} \times \eta_{gd} \times \left(1 - \dfrac{L_{fd}}{100}\right)} \times 10^7 = \frac{8120.4}{29308 \times 92.49 \times 99 \times \left(1 - \dfrac{8}{100}\right)} \times 10^7 = 328.91\,\text{g/（kW·h）}$$

再热蒸汽温度为 531℃时，对机组热耗的修正率为−0.000000108939394×531^4+0.000234309545469×531^3−0.188902031072205×531^2+67.632577356389600×531−9069.97210622976000=0.1482%，此时机组热耗为 8120.4×（1+0.1482%）=8132.43kJ/（kW·h），

供电煤耗为 $b'_{gd} = \dfrac{q'}{29308 \times \eta_{gl} \times \eta_{gd} \times \left(1 - \dfrac{L_{fd}}{100}\right)} \times 10^7 = \dfrac{8132.43}{29308 \times 92.49 \times 99 \times \left(1 - \dfrac{8}{100}\right)} \times 10^7 = 329.39$

g/（kW·h），则供电煤耗变化值为 329.39−328.91=0.48g/（kW·h）。即再热蒸汽温度变化 10℃，影响供电煤耗变化 0.80g/（kW·h）。

2. 某 600MW 机组（再热蒸汽温度基准值为 538℃）

该机组汽轮机性能试验报告中再热蒸汽温度对热耗的修正曲线如图 5-23 所示。再热蒸汽温度由 538℃升高为 545℃，对汽轮机热耗修正率为−0.15%，即影响汽轮机热耗降低 8064×0.15%=12.10kJ/（kW·h），汽轮机热耗为 8064−12.10=8051.9kJ/（kW·h）。

发电煤耗基准值为 $b_{fd} = \dfrac{8064}{29308 \times 92 \times 98.5} \times 10^7 = 303.63\,\text{g/（kW·h）}$

再热蒸汽温度为 545℃时，发电煤耗为 $b'_{fd} = \dfrac{8051.9}{29308 \times 92 \times 98.5} \times 10^7 = 303.17\,\text{g/（kW·h）}$，

得到额定工况下，再热蒸汽温度升高 7℃，影响发电煤耗降低 303.63−303.17=0.46 g/（kW·h）。即再热蒸汽温度升高 10℃，影响发电煤耗降低 0.66g/（kW·h）。

当发电厂用电率为 8%时，供电煤耗基准值为 $b_{gd} = \dfrac{8064}{29308 \times 92 \times 98.5 \times \left(1 - \dfrac{8}{100}\right)} \times 10^7 =$

330.03g/（kW·h）。

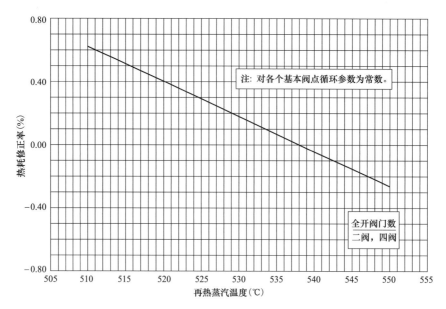

图 5-23　某 600MW 机组再热蒸汽温度对热耗的修正曲线

再热蒸汽温度为 545℃时，供电煤耗为 $b'_{gd} = \dfrac{8051.9}{29308 \times 92 \times 98.5 \times \left(1 - \dfrac{8}{100}\right)} \times 10^7 = 329.53$

g/（kW·h），得到额定工况下，再热蒸汽温度升高 7℃，影响供电煤耗降低 330.03–329.53 =0.50g/（kW·h）。即再热蒸汽温度升高 10℃，影响供电煤耗降低 0.71g/（kW·h）。

根据该机组汽轮机性能试验报告中的再热蒸汽温度对热耗修正曲线，得到再热蒸汽温度与热耗修正率之间的对应数据，如表 5-40 所示。

表 5-40　　　　　　某 600MW 机组再热蒸汽温度与热耗修正率的关系

再热蒸汽温度（℃）	515	525	538	545	550
热耗修正率（%）	0.51	0.28	0	−0.15	−0.26

利用表 5-40 中的数据做出再热蒸汽温度与热耗修正率的曲线方程，如图 5-24 所示。

方程中 x 为机组再热蒸汽温度，y 为对应的热耗修正率。再热蒸汽温度为基准值 538℃时，热耗修正率为 0。再热蒸汽温度偏离基准值为 x_1 时，对机组热耗的修正率计算公式为：$y_1 = 0.0000246661x_1^2 - 0.0481675541x_1 + 18.7727717348$（例如再热蒸汽温度 x_1=540℃时，代入公式求得对机组热耗的修正率等于−0.045%），此时机组实际热耗率为（1+y_1）乘以基准值。利用发电煤耗公式 $b_{fd} = \dfrac{q}{29308 \times \eta_{gl} \times \eta_{gd}} \times 10^7$ 计算出再热蒸汽温度变化前后的发电煤耗。同理，利用供电煤耗公式 $b_{gd} = \dfrac{q}{29308 \times \eta_{gl} \times \eta_{gd} \times \left(1 - \dfrac{L_{fd}}{100}\right)} \times 10^7$ 计算出再热

蒸汽温度变化前后的供电煤耗。发（供）电煤耗的变化值除以再热蒸汽温度的变化值，就是再热蒸汽温度变化对发（供）电煤耗的影响系数。

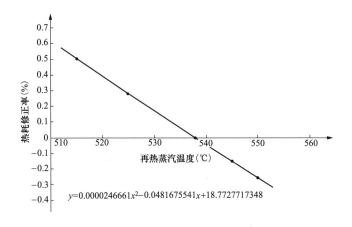

$y=0.0000246661x^2-0.0481675541x+18.7727717348$

图 5-24　某 600MW 机组再热蒸汽温度与热耗修正率的曲线方程

五、补水率变化对供电煤耗的影响系数

发电补水率是指统计期内汽、水损失水量，锅炉排污量，空冷塔补水量，事故放水（汽）损失量，机、炉启动用水损失量，电厂自用汽（水）量等总计占锅炉实际总蒸发量的百分比。

补水率变化对供电煤耗的影响系数是指，在管道效率、锅炉效率和发电厂用电率保持不变的条件下，补水率变化 1 个百分点对供电煤耗的影响值。

某 300MW 机组补水率基准值为 0%，该机组汽轮机性能试验报告中补水率对热耗的修正曲线如图 5-25 所示。补水率由 0% 升高至 3%，对汽轮机热耗修正率为 0.671%，即影响汽轮机热耗升高 8120.4×0.671%=54.49kJ/（kW·h），汽轮机热耗为 8120.4+54.49= 8174.89kJ/（kW·h）。

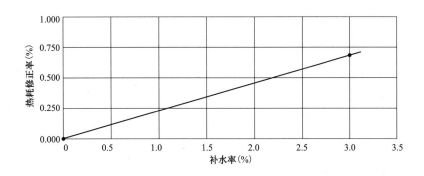

图 5-25　某 300MW 机组补水率对热耗的修正曲线

发电煤耗基准值为 $b_{fd} = \dfrac{8120.4}{29308 \times 92.49 \times 99} \times 10^7 = 302.59 \mathrm{g/（kW \cdot h）}$。

补水率为3%时，发电煤耗为 $b'_{fd} = \dfrac{8174.89}{29308 \times 92.49 \times 99} \times 10^7 = 304.63 \mathrm{g/（kW \cdot h）}$，得到额定工况下，补水率升高3个百分点，影响发电煤耗升高 304.63–302.59=2.04g/（kW·h）。即补水率升高1个百分点，影响发电煤耗升高 0.678g/（kW·h）。

当发电厂用电率为8%时，供电煤耗基准值为 $b_{gd} = \dfrac{8120.4}{29308 \times 92.49 \times 99 \times \left(1 - \dfrac{8}{100}\right)} \times 10^7$

=328.91g/（kW·h）。

补水率为3%时，供电煤耗为 $b'_{gd} = \dfrac{8174.89}{29308 \times 92.49 \times 99 \times \left(1 - \dfrac{8}{100}\right)} \times 10^7 = 331.11 \mathrm{g/（kW \cdot h）}$，

得到额定工况下，补水率升高3个百分点，影响供电煤耗升高 331.11–328.91=2.20 g/（kW·h）。即补水率升高1个百分点，影响供电煤耗升高 0.73g/（kW·h）。

根据该机组汽轮机性能试验报告的补水率对热耗修正曲线，得到补水率与热耗修正率之间的对应数据，如表 5-41 所示。

表 5-41　　　　　　　　　某 300MW 机组补水率与热耗修正率的关系

补水率（%）	0	3
热耗修正率（%）	0	0.671

利用表 5-41 中的数据做出补水率与热耗修正率的曲线方程，如图 5-26 所示。

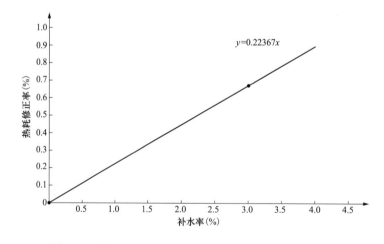

图 5-26　某 300MW 机组补水率与热耗修正率的曲线方程

方程中 x 为机组补水率，y 为对应的热耗修正率。补水率为基准值 0 时，修正率为 0。补水率偏离基准值为 x_1 时，对机组热耗的修正率计算公式为：$y_1 = 0.22367 x_1$（例如补水率

为 2%时，代入公式求得对机组热耗的修正率等于 0.447%），此时机组实际热耗率为 $(1+y_1)$ 乘以基准值。利用发电煤耗公式 $b_{fd}=\dfrac{q}{29308\times\eta_{gl}\times\eta_{gd}}\times10^7$ 计算出补水率变化前后的发电煤耗。同理，利用供电煤耗公式 $b_{gd}=\dfrac{q}{29308\times\eta_{gl}\times\eta_{gd}\times\left(1-\dfrac{L_{fd}}{100}\right)}\times10^7$ 计算出补水率变化前后的供电煤耗。发（供）电煤耗的变化值除以补水率的变化值，就是补水率变化对发（供）电煤耗的影响系数。

例如，锅炉效率为 92.49%，管道效率为 99%，机组热耗率为 8120.4kJ/（kW·h），发电厂用电率为 8%，补水率基准值为 0，求当补水率为 2.2%时对供电煤耗的影响值。

供电煤耗基准值为

$$b_{gd}=\frac{q}{29308\times\eta_{gl}\times\eta_{gd}\times\left(1-\dfrac{L_{fd}}{100}\right)}\times10^7=\frac{8120.4}{29308\times92.49\times99\times\left(1-\dfrac{8}{100}\right)}\times10^7=328.91\,\text{g/（kW·h）}$$

补水率为 2.2%时，对机组热耗的修正率为 0.22367×2.2=0.4921%，此时机组热耗为 8120.4×（1+0.4921%）= 8160.36kJ/（kW·h），供电煤耗为 $b'_{gd}=\dfrac{q'}{29308\times\eta_{gl}\times\eta_{gd}\times\left(1-\dfrac{L_{fd}}{100}\right)}\times10^7$

$$=\frac{8160.36}{29308\times92.49\times99\times\left(1-\dfrac{8}{100}\right)}\times10^7=330.53\,\text{g/（kW·h）}$$，则供电煤耗变化值为 330.53−328.91=1.62g/（kW·h）。即补水率变化 1 个百分点，影响供电煤耗变化 0.74g/（kW·h）。

六、排汽压力变化对供电煤耗的影响系数

排汽压力即凝汽器真空，是指汽轮机低压缸排汽端真空。

排汽压力变化对供电煤耗的影响系数是指，在管道效率、锅炉效率和发电厂用电率保持不变的条件下，排汽压力变化 1kPa 对供电煤耗的影响值。

（一）计算方法一

1. 某 300MW 机组（排汽压力基准值 15kPa）

该机组 NZK300-16.7/537/537 型汽轮机热力特性的排汽压力对热耗修正曲线（THA）如图 5-27 所示。排汽压力由 15kPa 升高为 22kPa，对汽轮机热耗率修正率为 3.714%，即影响汽轮机热耗升高 8120.4×3.714%=301.59kJ/（kW·h），汽轮机热耗为 8120.4+301.59=8421.99kJ/（kW·h）。

发电煤耗基准值为 $b_{fd}=\dfrac{8120.4}{29308\times92.49\times99}\times10^7=302.59\text{g/（kW·h）}$。

排汽压力为 22kPa 时，发电煤耗为 $b'_{fd}=\dfrac{8421.99}{29308\times92.49\times99}\times10^7=313.83\text{g/（kW·h）}$，

得到额定工况下，排汽压力升高 7kPa，影响发电煤耗升高 313.83–302.59=11.24g/（kW·h）。即排汽压力升高 1kPa，影响发电煤耗升高 1.61g/（kW·h）。

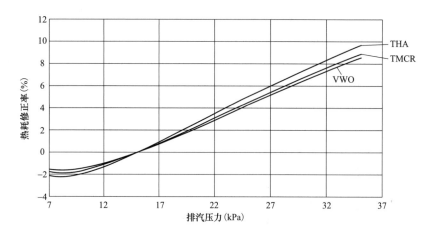

图 5-27　某 300MW 机组排汽压力对热耗修正曲线

当发电厂用电率为 8%时，供电煤耗基准值为 $b_{gd}=\dfrac{8120.4}{29308\times92.49\times99\times\left(1-\dfrac{8}{100}\right)}\times10^7$

=328.91g/（kW·h）。

排汽压力为 22kPa 时，供电煤耗为 $b'_{gd}=\dfrac{8421.99}{29308\times92.49\times99\times\left(1-\dfrac{8}{100}\right)}\times10^7$=341.12

g/（kW·h），得到额定工况下，排汽压力升高 7kPa，影响供电煤耗升高 341.12–328.91=12.21g/（kW·h）。即排汽压力升高 1kPa，影响供电煤耗升高 1.74g/（kW·h）。

根据该机组 NZK300-16.7/537/537 型汽轮机热力特性的排汽压力对热耗修正曲线（THA），得到排汽压力与热耗修正率之间的对应关系，如表 5-42 所示。

表 5-42　　　　　　　　　某 300MW 机组排汽压力与热耗修正率的关系

排汽压力（kPa）	7	9.5	12	15	18.842	22	24.63	27	30.62	32
热耗修正率（%）	−2.17	−2	−1.257	0	2	3.714	5	6.214	8	8.571

利用表 5-42 中的数据做出排汽压力与热耗修正率的曲线方程，如图 5-28 所示。

方程中 x 为机组排汽压力，y 为对应的热耗修正率。排汽压力为基准值 15kPa 时，修正率为 0。排汽压力偏离基准值为 x_1 时，对机组热耗的修正率计算公式为：$y_1=0.0000326481x_1^4-0.0032286210x_1^3+0.1148439836x_1^2-1.2262891238x_1+1.8076596697$（例如排汽压力为 25kPa 时，代入公式求得对机组热耗的修正率等于 5.25%），此时机组实际热耗率为（1+y_1）乘以基准值。利用发电煤耗公式 $b_{fd}=\dfrac{q}{29308\times\eta_{gl}\times\eta_{gd}}\times10^7$ 计算出排汽压力变化前后的发电煤耗。同理，利用供电煤耗公式 $b_{gd} = \dfrac{q}{29308 \times \eta_{gl} \times \eta_{gd} \times \left(1 - \dfrac{L_{fd}}{100}\right)} \times 10^7$ 计

算出排汽压力变化前后的供电煤耗。发（供）电煤耗的变化值除以排汽压力的变化值，就是排汽压力变化对发（供）电煤耗的影响系数。

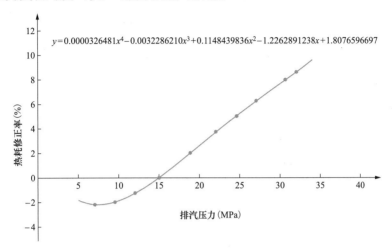

图 5-28 某 300MW 机组排汽压力与热耗修正率的曲线方程

例如，锅炉效率为 92.49%，管道效率为 99%，机组热耗率为 8120.4kJ/（kW·h），发电厂用电率为 8%，排汽压力基准值为 15kPa，求当排汽压力为 30kPa 时对供电煤耗的影响值。

供电煤耗基准值为

$$b_{gd} = \frac{q}{29308 \times \eta_{gl} \times \eta_{gd} \times \left(1 - \dfrac{L_{fd}}{100}\right)} \times 10^7 = \frac{8120.4}{29308 \times 92.49 \times 99 \times \left(1 - \dfrac{8}{100}\right)} \times 10^7 = 328.91 \, \text{g/（kW·h）}$$

排汽压力为 30kPa 时，对机组热耗的修正率为 $0.0000326481 \times 30^4 - 0.0032286210 \times 30^3 + 0.1148439836 \times 30^2 - 1.2262891238 \times 30 + 1.8076596697 = 7.65\%$，此时机组热耗为 $8120.4 \times （1+7.65\%） = 8741.61 \text{kJ/（kW·h）}$，供电煤耗为 $b'_{gd} = \dfrac{q'}{29308 \times \eta_{gl} \times \eta_{gd} \times \left(1 - \dfrac{L_{fd}}{100}\right)} \times 10^7 =$

$\dfrac{8741.61}{29308 \times 92.49 \times 99 \times \left(1 - \dfrac{8}{100}\right)} \times 10^7 = 354.07 \, \text{g/（kW·h）}$，则供电煤耗变化值为 354.07–328.91

$= 25.16 \text{g/（kW·h）}$。即排汽压力变化 1kPa，影响供电煤耗变化 1.677g/（kW·h）。

2. 某 600MW 机组（排汽压力基准值 15kPa）

该机组汽轮机性能试验报告中排汽压力对热耗的修正曲线如图 5-29 所示。排汽压力由 15kPa 升高为 25kPa，对汽轮机热耗修正率为 4.2%（凝汽量为 1218.326t/h），即影响汽轮机热耗升高 $8064 \times 4.2\% = 338.69 \text{kJ/（kW·h）}$，汽轮机热耗为 8402.69kJ/（kW·h）。

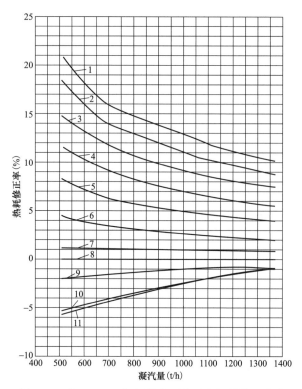

图 5-29 某 600MW 机组排汽压力对热耗的修正曲线

1—排汽压力 45kPa；2—排汽压力 40kPa；3—排汽压力 35kPa；4—排汽压力 30kPa；5—排汽压力 25kPa；

6—排汽压力 20kPa；7—排汽压力 16kPa；8—排汽压力 15kPa；9—排汽压力 12kPa；

10—排汽压力 8kPa；11—排汽压力 7.55kPa

发电煤耗基准值为 $b_{fd} = \dfrac{8064}{29308 \times 92 \times 98.5} \times 10^7 = 303.63$g/（kW·h）。

排汽压力为 25kPa 时，发电煤耗为 $b'_{fd} = \dfrac{8402.69}{29308 \times 92 \times 98.5} \times 10^7 = 316.38$g/（kW·h），得到额定工况下，排汽压力升高 10kPa，影响发电煤耗升高 316.38–303.63=12.75g/（kW·h）。即排汽压力升高 1kPa，影响发电煤耗升高 1.28g/（kW·h）。

当发电厂用电率为 8% 时，供电煤耗基准值为 $b_{gd} = \dfrac{8064}{29308 \times 92 \times 98.5 \times \left(1 - \dfrac{8}{100}\right)} \times 10^7 =$

330.03g/（kW·h）。

排汽压力为 25kPa 时，供电煤耗为 $b'_{gd} = \dfrac{8402.69}{29308 \times 92 \times 98.5 \times \left(1 - \dfrac{8}{100}\right)} \times 10^7 = 343.89$g/（kW·h）。

得到额定工况下，排汽压力升高 10kPa，影响供电煤耗升高 343.89–330.03=13.86g/（kW·h）。即排汽压力升高 1kPa，影响供电煤耗升高 1.39g/（kW·h）。

根据该机组汽轮机性能试验报告中排汽压力对热耗修正曲线（凝汽量为 1587.31t/h），得到排汽压力与热耗修正率之间的对应关系，如表 5-43 所示。

表 5-43   **某 600MW 机组排汽压力与热耗修正率的关系**

排汽压力（kPa）	8	15	20	25	35	45
热耗修正率（%）	−1	0	1.6	3.408	6.816	9.612

利用表 5-43 中的数据做出排汽压力与热耗修正率的曲线方程，如图 5-30 所示。

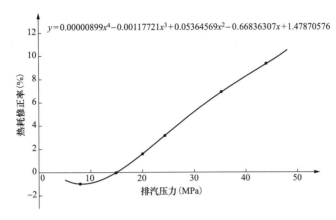

图 5-30 某 600MW 机组排汽压力与热耗修正率的曲线方程

方程中 x 为机组排汽压力，y 为对应的热耗修正率。排汽压力为基准值 15kPa 时，修正率为 0。排汽压力偏离基准值为 x_1 时，对机组热耗的修正率计算公式为：$y_1 = 0.00000899x_1^4 - 0.00117721x_1^3 + 0.05364569x_1^2 - 0.66836307x_1 + 1.47870576$（例如排汽压力为 25kPa 时，代入公式求得对机组热耗的修正率等于 3.81%），此时机组实际热耗率为 $(1+y_1)$ 乘以基准值。利用发电煤耗公式 $b_{fd} = \dfrac{q}{29308 \times \eta_{gl} \times \eta_{gd}} \times 10^7$ 计算出排汽压力变化前后的发电煤耗。同理，利用供电煤耗公式 $b_{gd} = \dfrac{q}{29308 \times \eta_{gl} \times \eta_{gd} \times \left(1 - \dfrac{L_{fd}}{100}\right)} \times 10^7$ 计算出排汽压力变化前后的供电煤耗。发（供）电煤耗的变化值除以排汽压力的变化值，就是排汽压力变化对发（供）电煤耗的影响系数。

（二）计算方法二

利用计算方法一中 300MW 机组集控运行规程额定出力下汽轮机特性数据，得到随背压变化数据及计算结果，如表 5-44 和表 5-45 所示。

表 5-44   **某 300MW 机组不同背压下对应供电煤耗情况**

背压（kPa）	10	15	20	25	30	40	50	60
机组出力（MW）	300	300	300	300	300	300	300	300

续表

热耗值 [kJ/（kW·h）]	8012.3	8120.4	8260.2	8396.4	8523.1	8808.9	9089.1	9341
汽轮机效率 （%）	44.93	44.33	43.58	42.88	42.24	40.87	39.61	38.54
锅炉效率 （%）	92.49	92.49	92.49	92.49	92.49	92.49	92.49	92.49
管道效率 （%）	99	99	99	99	99	99	99	99
发电煤耗 [g/（kW·h）]	298.57	302.61	307.82	312.85	317.59	328.23	338.67	348.08
供电煤耗 [g/（kW·h）]	324.54	328.93	334.59	340.05	345.2	356.77	368.12	378.34

表 5-45   **某 300MW 机组背压对供电煤耗的影响系数**

背压 （kPa）	10→15	15→20	20→25	25→30	35→40	40→50	50→60
热耗变化 [kJ/（kW·h）]	21.62*	27.96	27.24	25.34	28.58	28.02	25.19
汽轮机效率变化 （个百分点）	0.12*	0.15	0.14	0.13	0.14	0.13	0.11
发电煤耗变化 [g/（kW·h）]	0.81*	1.04	1.01	0.95	1.06	1.04	0.94
供电煤耗变化 [g/（kW·h）]	0.88*	1.13	1.09	1.03	1.16	1.13	1.02

* 21.62 表示机组背压从 10kPa 升至 15kPa，背压变化 1kPa 对热耗的影响值（即背压变化对热耗的影响系数）
为 21.62kJ/（kW·h）；0.12 表示机组背压从 10kPa 升至 15kPa，背压变化 1kPa 对汽轮机效率的影响值（即
背压变化对汽轮机效率的影响系数）为 0.12 个百分点；0.81 表示机组背压从 10kPa 升至 15kPa，背压变化
1kPa 对发电煤耗的影响值（即背压变化对发电煤耗的影响系数）为 0.81g/（kW·h）；0.88 表示机组背压从
10kPa 升至 15kPa，背压变化 1kPa 对供电煤耗的影响值（即背压变化对供电煤耗的影响系数）为 0.88g/（kW·h）。
其他数据以此类推。

    根据表 5-44 和表 5-45 可做出 300MW 机组额定出力下汽轮机效率和发电煤耗随背压
变化趋势，如图 5-31 所示。

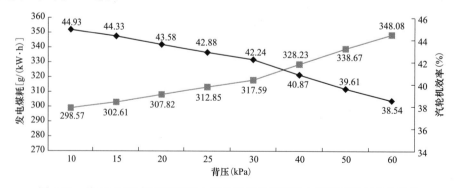

图 5-31　某 300MW 机组额定出力下汽轮机效率和发电煤耗随背压变化趋势

背压变化 1kPa，影响热耗变化值为 26.28kJ/（kW·h），影响汽轮机效率变化值为 0.13 个百分点，影响发电煤耗变化值为 0.98g/（kW·h），影响供电煤耗变化值为 1.06 g/（kW·h）（不同背压下影响值的平均值）。

利用计算方法一中 600MW 机组集控运行规程，额定出力下汽轮机特性数据随背压变化数据及计算结果如表 5-46 和表 5-47 所示。

表 5-46　　　　　　　　　　某 600MW 机组不同背压下对应供电煤耗情况

背压 （kPa）	8	10	15	20	25	30	50
机组出力 （MW）	600	600	600	600	600	600	600
热耗值 [kJ/（kW·h）]	7926.7	7948.7	8063.6	8198.5	8329	8451	8853.1
汽轮机效率 （%）	45.42	45.29	44.65	43.91	43.22	42.6	40.66
锅炉效率 （%）	92	92	92	92	92	92	92
管道效率 （%）	98.5	98.5	98.5	98.5	98.5	98.5	98.5
发电煤耗 [g/（kW·h）]	298.43	299.29	303.58	308.69	313.62	318.19	333.37
供电煤耗 [g/（kW·h）]	324.38	325.31	329.98	335.54	340.89	345.86	362.36

表 5-47　　　　　　　　　　某 600MW 机组背压对供电煤耗的影响系数

背压 （kPa）	8→10	10→15	15→20	20→25	25→30	30→50
热耗变化 [kJ/（kW·h）]	11*	22.98	26.98	26.1	24.4	20.11
汽轮机效率变化 （个百分点）	0.06*	0.13	0.15	0.14	0.12	0.1
发电煤耗变化 [g/（kW·h）]	0.43*	0.86	1.02	0.99	0.91	0.76
供电煤耗变化 [g/（kW·h）]	0.47*	0.93	1.11	1.07	0.99	0.83

* 11 表示机组背压从 8kPa 升至 10kPa，背压变化 1kPa 对热耗的影响值（即背压变化对热耗的影响系数）为 11kJ/（kW·h）；0.06 表示机组背压从 8kPa 升至 10kPa，背压变化 1kPa 对汽轮机效率的影响值（即背压变化对汽轮机效率的影响系数）为 0.06 个百分点；0.43 表示机组背压从 8kPa 升至 10kPa，背压变化 1kPa 对发电煤耗的影响值（即背压变化对发电煤耗的影响系数）为 0.43g/（kW·h）；0.47 表示机组背压从 8kPa 升至 10kPa，背压变化 1kPa 对供电煤耗的影响值（即背压变化对供电煤耗的影响系数）为 0.47g/（kW·h）。其他数据以此类推。

根据表 5-46 和表 5-47 作出该 600MW 机组额定出力下汽轮机效率和发电煤耗随背压变化趋势，如图 5-32 所示。

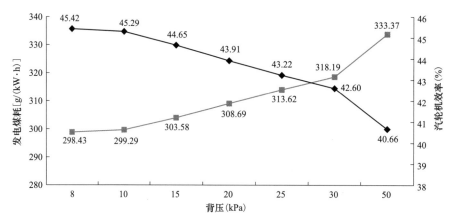

图 5-32　某 600MW 机组额定出力下汽轮机效率和发电煤耗随背压变化趋势

背压变化 1kPa，影响热耗变化值为 21.93kJ/（kW·h），影响汽轮机效率变化值为 0.12 个百分点，影响发电煤耗变化值为 0.83g/（kW·h），影响供电煤耗变化值为 0.90g/（kW·h）（不同背压下影响值的平均值）。

显然，方法一通过机组背压对热耗的修正曲线计算得到的对供电煤耗的影响系数大于方法二通过汽轮机特性数据计算结果，主要原因是：方法一中的修正曲线是制造厂采用变工况逐级计算得到的，也就是说机组不一定处于额定满工况下。而方法二是在机组额定工况下，机组负荷保持不变情况下得到的，也就是说机组处于额定满负荷条件下的数据。

七、给水泵焓升变化对供电煤耗的影响系数

给水泵焓升变化对供电煤耗的影响系数是指，在管道效率、锅炉效率和发电厂用电率保持不变的条件下，给水泵焓升变化 1kJ/kg 对供电煤耗的影响值。

某 300MW 机组给水泵焓升基准值为 0kJ/kg。该 300MW 机组汽轮机性能试验报告中给水泵焓升对热耗修正曲线如图 5-33 所示。给水泵焓升由 0 升高至 10kJ/kg，对汽轮机热耗修正率为 0.144%，即影响汽轮机热耗升高 8120.4×0.144%=11.69kJ/（kW·h），汽轮机热耗为 8120.4+11.69=8132.09kJ/（kW·h）。

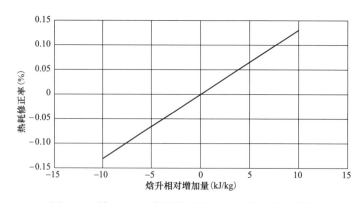

图 5-33　某 300MW 机组给水泵焓升对热耗修正曲线

发电煤耗基准值为 $b_{fd}=\dfrac{8120.4}{29308\times92.49\times99}\times10^7$ =302.59g/（kW·h）。

给水泵焓升为 10kJ/kg 时，发电煤耗为 $b'_{fd}=\dfrac{8132.09}{29308\times92.49\times99}\times10^7$ =303.03g/（kW·h），得到额定工况下，给水泵焓升为 10kJ/kg，影响发电煤耗升高 303.03–302.59=0.44g/（kW·h）。

当发电厂用电率为 8%时，供电煤耗基准值为 $b_{gd}=\dfrac{8120.4}{29308\times92.49\times99\times\left(1-\dfrac{8}{100}\right)}\times10^7$

=328.91g/（kW·h）。

给水泵焓升为 10kJ/kg 时，供电煤耗为 $b'_{gd}=\dfrac{8132.09}{29308\times92.49\times99\times\left(1-\dfrac{8}{100}\right)}\times10^7=$

329.38g/（kW·h），得到额定工况下，给水泵焓升为 10kJ/kg，影响供电煤耗升高 329.38–328.91=0.47g/（kW·h）。

根据该机组给水泵焓升对热耗修正曲线，得到给水泵焓升与热耗修正率之间的对应关系，如表 5-48 所示。

表 5-48　　　　　某 300MW 机组给水泵焓升与热耗修正率的关系

给水泵焓升（kJ/kg）	−10	0	10
热耗修正率（%）	−0.131	0	0.144

利用表 5-48 中的数据做出给水泵焓升与热耗修正率的曲线方程，如图 5-34 所示。

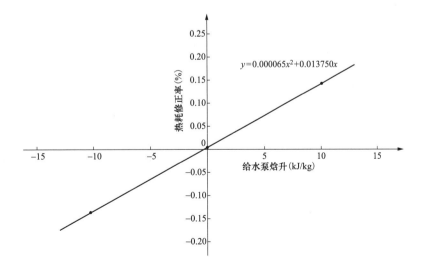

图 5-34　某 300MW 机组给水泵焓升与热耗修正率的曲线方程

方程中 x 为给水泵焓升，y 为对应的热耗修正率。给水泵焓升为基准值 0 时，修

289

正率为 0。给水泵焓升偏离基准值为 x_1 时，对机组热耗的修正率计算公式为：$y_1=0.000065x_1^2+0.013750x_1$（例如给水泵焓升为 6kJ/kg 时，代入公式求得对机组热耗的修正率等于 0.085%），此时机组实际热耗率为（$1+y_1$）乘以基准值。利用发电煤耗公式 $b_{fd}=\dfrac{q}{29308\times\eta_{gl}\times\eta_{gd}}\times10^7$ 计算出给水泵焓升变化前后的发电煤耗。同理，利用供电煤耗公式 $b_{gd}=\dfrac{q}{29308\times\eta_{gl}\times\eta_{gd}\times\left(1-\dfrac{L_{fd}}{100}\right)}\times10^7$ 计算出给水泵焓升变化前后的供电煤耗。发（供）电煤耗的变化值除以给水泵焓升的变化值，就是给水泵焓升变化对发（供）电煤耗的影响系数。

例如，锅炉效率为 92.49%，管道效率为 99%，机组热耗率为 8120.4kJ/（kW·h），发电厂用电率为 8%，给水泵焓升基准值为 0，求当给水泵焓升为 6kJ/（kW·h）时对供电煤耗的影响值。

供电煤耗基准值为

$$b_{gd}=\dfrac{q}{29308\times\eta_{gl}\times\eta_{gd}\times\left(1-\dfrac{L_{fd}}{100}\right)}\times10^7=\dfrac{8120.4}{29308\times92.49\times99\times\left(1-\dfrac{8}{100}\right)}\times10^7=328.91\,g/（kW·h）$$

给水泵焓升为 6kJ/（kW·h）时，对机组热耗的修正率为 $0.000065\times6^2+0.013750\times6=0.085\%$，此时机组热耗为 8120.4×（1+0.085%）= 8127.30kJ/（kW·h），供电煤耗为 $b'_{gd}=\dfrac{q'}{29308\times\eta_{gl}\times\eta_{gd}\times\left(1-\dfrac{L_{fd}}{100}\right)}\times10^7=\dfrac{8127.30}{29308\times92.49\times99\times\left(1-\dfrac{8}{100}\right)}\times10^7=329.19\,g/（kW·h）$，则供电煤耗变化值为 329.19–328.91=0.28g/（kW·h）。即给水泵焓升变化 1kJ/（kW·h），影响供电煤耗变化 0.047g/（kW·h）。

八、过热器喷水量变化对供电煤耗的影响系数

过热器喷水量是指进入过热器系统的减温水流量。对于过热器系统有多级减温器设置的锅炉，过热器减温水流量为各级过热器减温水流量之和。过热器减温水需要明确是源自汽轮机高压加热器出口的给水平台还是源自高压加热器前的给水泵出口。

过热器喷水量变化对供电煤耗的影响系数是指，在管道效率、锅炉效率和发电厂用电率保持不变的条件下，过热器喷水量变化 1t/h 对供电煤耗的影响值。

某 300MW 机组过热器喷水量基准值为 0t/h。该 300MW 机组汽轮机性能试验报告过热器喷水量对热耗修正曲线如图 5-35 所示。过热器喷水量由 0 升高至 30t/h，对汽轮机热耗修正率为 0.14%，即影响汽轮机热耗升高 8120.4×0.14%=11.37kJ/（kW·h），汽轮机热耗为 8120.4+11.37=8131.77kJ/（kW·h）。

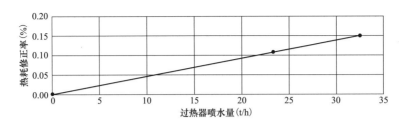

图 5-35 某 300MW 机组热器喷水量对热耗修正曲线

发电煤耗基准值为 $b_{fd} = \dfrac{8120.4}{29308 \times 92.49 \times 99} \times 10^7 = 302.59\text{g/（kW·h）}$。

过热器喷水量为 30t/h 时，发电煤耗为 $b'_{fd} = \dfrac{8131.77}{29308 \times 92.49 \times 99} \times 10^7 = 303.02\text{g/（kW·h）}$，

得到额定工况下，过热器喷水量升高 30t/h，影响发电煤耗升高 303.02–302.59=0.43 g/（kW·h）。

当发电厂用电率为 8% 时，供电煤耗基准值为 $b_{gd} = \dfrac{8120.4}{29308 \times 92.49 \times 99 \times \left(1 - \dfrac{8}{100}\right)} \times 10^7$

=328.91g/（kW·h）。

过热器喷水量为 30t/h 时，供电煤耗为 $b'_{gd} = \dfrac{8131.77}{29308 \times 92.49 \times 99 \times \left(1 - \dfrac{8}{100}\right)} \times 10^7 = 329.37$

g/（kW·h），得到额定工况下，过热器喷水量升高 30t/h，影响发电煤耗升高 329.37–328.91=0.46g/（kW·h）。

根据该机组过热器喷水量对热耗修正曲线，得到过热器喷水量与热耗修正率之间的对应关系，如表 5-49 所示。

表 5-49　　　　　　　某 300MW 机组过热器喷水量与热耗修正率的关系

过热器喷水量（t/h）	0	30
热耗修正率（%）	0	0.14

利用表 5-49 中的数据做出过热器喷水量与热耗修正率的曲线方程，如图 5-36 所示。

方程中 x 为过热器喷水量，y 为对应的热耗修正率。过热器喷水量为基准值 0 时，修正率为 0。过热器喷水量偏离基准值为 x_1 时，对机组热耗的修正率计算公式为：$y_1 = 0.0047x_1$（例如过热器喷水量为 20t/h 时，代入公式求得对机组热耗的修正率等于 0.094%），此时机组实际热耗率为 $(1+y_1)$ 乘以基准值。利用发电煤耗公式 $b_{fd} = \dfrac{q}{29308 \times \eta_{gl} \times \eta_{gd}} \times 10^7$ 计算

出过热器喷水量变化前后的发电煤耗。同理，利用供电煤耗公式 $b_{gd} = \dfrac{q}{29308 \times \eta_{gl} \times \eta_{gd} \times \left(1 - \dfrac{L_{fd}}{100}\right)} \times 10^7$

计算出过热器喷水量变化前后的供电煤耗。发（供）电煤耗的变化值除以过热器喷水量的变化值，就是过热器喷水量变化对发（供）电煤耗的影响系数。

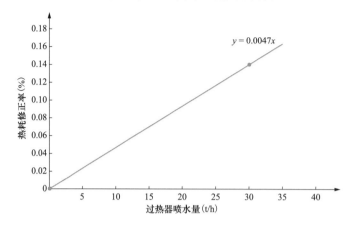

图 5-36　某 300MW 机组过热器喷水量与热耗修正率的曲线方程

例如，锅炉效率为 92.49%，管道效率为 99%，机组热耗率为 8120.4kJ/（kW·h），发电厂用电率为 8%，过热器喷水量基准值为 0，求当过热器喷水量为 20t/h 时对供电煤耗的影响值。

供电煤耗基准值为

$$b_{\mathrm{gd}}=\frac{q}{29308\times\eta_{\mathrm{gl}}\times\eta_{\mathrm{gd}}\times\left(1-\dfrac{L_{\mathrm{fd}}}{100}\right)}\times10^{7}=\frac{8120.4}{29308\times92.49\times99\times\left(1-\dfrac{8}{100}\right)}\times10^{7}=328.91\,\mathrm{g/（kW\cdot h）}$$

过热器喷水量为 20t/h 时，对机组热耗的修正率为 0.0047×20=0.094%，此时机组热耗为 8120.4×（1+0.094%）=8128.03kJ/（kW·h），供电煤耗为 $b'_{\mathrm{gd}}=\dfrac{q'}{29308\times\eta_{\mathrm{gl}}\times\eta_{\mathrm{gd}}\times\left(1-\dfrac{L_{\mathrm{fd}}}{100}\right)}\times10^{7}$

$$=\frac{8128.03}{29308\times92.49\times99\times\left(1-\dfrac{8}{100}\right)}\times10^{7}=329.22\,\mathrm{g/（kW\cdot h）}，则供电煤耗变化值为\ 329.22-$$

328.91=0.31g/（kW·h）。即过热器喷水量变化 1t/h，影响供电煤耗变化 0.016g/（kW·h）。

九、再热器喷水量变化对供电煤耗的影响系数

再热器喷水量是指进入再热器系统的减温水流量。对于再热器系统有多级减温器设置的锅炉，再热器减温水流量为各级再热器减温水流量之和。

再热器喷水量变化对供电煤耗的影响系数是指，在管道效率、锅炉效率和发电厂用电率保持不变的条件下，再热器喷水量变化 1t/h 对供电煤耗的影响值。

某 300MW 机组再热器喷水量基准值为 0t/h。查该 300MW 机组汽轮机性能试验报告再热器喷水对热耗修正曲线如图 5-37 所示。再热器喷水量由 0 升高至 40t/h，对汽轮机

热耗修正率为 0.76%，即影响汽轮机热耗升高 8120.4×0.76%=61.72kJ/（kW•h），汽轮机热耗为 8182.12kJ/（kW•h）。

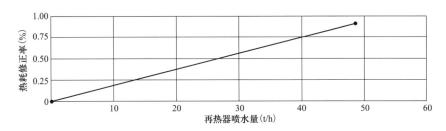

图 5-37 某 300MW 机组再热器喷水量对热耗修正曲线

发电煤耗基准值为 $b_{fd} = \dfrac{8120.4}{29308 \times 92.49 \times 99} \times 10^7 = 302.59$g/（kW•h）。

再热器喷水量为 40t/h 时，发电煤耗为 $b'_{fd} = \dfrac{8182.12}{29308 \times 92.49 \times 99} \times 10^7 = 304.89$g/（kW•h），得到额定工况下，再热器喷水量升高 40t/h，影响发电煤耗升高 304.89–302.59=2.30 g/（kW•h）。即再热器喷水量升高 20t/h，影响发电煤耗升高 1.15g/（kW•h）。

当发电厂用电率为 8% 时，供电煤耗基准值为 $b_{gd} = \dfrac{8120.4}{29308 \times 92.49 \times 99} \times 10^7 = 328.91$ g/（kW•h）。

再热器喷水量为 40t/h 时，供电煤耗为 $b_{gd} = \dfrac{8182.12}{29308 \times 92.49 \times 99 \times \left(1 - \dfrac{8}{100}\right)} \times 10^7 = 331.41$

g/（kW•h），得到额定工况下，再热器喷水量升高 40t/h，影响发电煤耗升高 331.41–328.91=2.50g/（kW•h）。即再热器喷水量升高 20t/h，影响发电煤耗升高 1.25g/（kW•h）。

根据该机组的再热器喷水量对热耗修正曲线，得到再热器喷水量与热耗修正率之间的对应数据，如表 5-50 所示。

表 5-50　　　　　　　　某 300MW 机组再热器喷水量与热耗修正率的关系

再热器喷水量（t/h）	0	40
热耗修正率（%）	0	0.76

利用表 5-50 中的数据做出再热器喷水量与热耗修正率的曲线方程，如图 5-38 所示。

方程中 x 为再热器喷水量，y 为对应的热耗修正率。再热器喷水量为基准值 0 时，修正率为 0。再热器喷水量偏离基准值为 x_1 时，对机组热耗的修正率计算公式为：$y_1 = 0.019x_1$（例如再热器喷水量为 20t/h 时，代入公式求得对机组热耗的修正率等于 0.38%），此时机组实际热耗率为（$1+y_1$）乘以基准值。利用发电煤耗公式 $b_{fd} = \dfrac{q}{29308 \times \eta_{gl} \times \eta_{gd}} \times 10^7$ 计算出再热器喷水量变化前后的发电煤耗。同理，利用供电煤耗公

式 $b_{gd} = \dfrac{q}{29308 \times \eta_{gl} \times \eta_{gd} \times \left(1 - \dfrac{L_{fd}}{100}\right)} \times 10^7$ 计算出再热器喷水量变化前后的时的供电煤耗。

发（供）电煤耗的变化值除以再热器喷水量的变化值，就是再热器喷水量变化对发（供）电煤耗的影响系数。

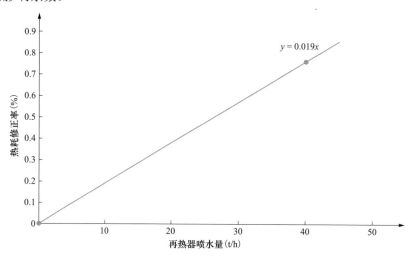

图 5-38　某 300MW 机组再热器喷水量与热耗修正率的曲线方程

例如，锅炉效率为 92.49%，管道效率为 99%，机组热耗率为 8120.4kJ/（kW·h），发电厂用电率为 8%，再热器喷水量基准值为 0，求当再热器喷水量为 20t/h 时对供电煤耗的影响值。

供电煤耗基准值为

$$b_{gd} = \frac{q}{29308 \times \eta_{gl} \times \eta_{gd} \times \left(1 - \dfrac{L_{fd}}{100}\right)} \times 10^7 = \frac{8120.4}{29308 \times 92.49 \times 99 \times \left(1 - \dfrac{8}{100}\right)} \times 10^7 = 328.91\,\text{g/（kW·h）}$$

再热器喷水量为 20t/h 时，对机组热耗的修正率为 0.019×20=0.38%，此时机组热耗为 8120.4×（1+0.38%）= 8151.26kJ/（kW·h），供电煤耗为 $b'_{gd} = \dfrac{q'}{29308 \times \eta_{gl} \times \eta_{gd} \times \left(1 - \dfrac{L_{fd}}{100}\right)} \times 10^7$

$$= \frac{8151.26}{29308 \times 92.49 \times 99 \times \left(1 - \dfrac{8}{100}\right)} \times 10^7 = 330.16\,\text{g/（kW·h）}$$，则供电煤耗变化值为 330.16–328.91=1.25g/（kW·h），再热器喷水量变化 1t/h，影响供电煤耗变化 0.0625g/（kW·h）。

十、高压加热器端差变化对供电煤耗的影响系数

高压加热器端差对供电煤耗的影响系数是指，在管道效率、锅炉效率和发电厂用电率保持不变的条件下，高压加热器端差变化 1℃对供电煤耗的影响值。

某 300MW 机组 1 号高压加热器端差基准值为–2℃。该 300MW 机组汽轮机性能试验报告中 1 号高压加热器端差对热耗修正曲线如图 5-39 所示。1 号加热器端差由–2℃升高至 4℃，对汽轮机热耗修正率为 0.167%，即影响汽轮机热耗升高 8120.4×0.167%=13.56kJ/（kW·h），汽轮机热耗为 8120.4+13.56=8133.96kJ/（kW·h）。

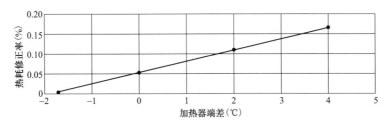

图 5-39　某 300MW 机组 1 号高压加热器端差对热耗修正曲线

发电煤耗基准值为 $b_{fd} = \dfrac{8120.4}{29308 \times 92.49 \times 99} \times 10^7 = 302.59$ g/（kW·h）。

1 号加热器端差为 4℃时，发电煤耗为 $b'_{fd} = \dfrac{8133.96}{29308 \times 92.49 \times 99} \times 10^7 = 303.10$ g/（kW·h），得到额定工况下，1 号加热器端差升高 6℃，影响发电煤耗升高 303.10–302.59=0.51 g/（kW·h）。

当发电厂用电率为 8% 时，供电煤耗基准值为 $b_{gd} = \dfrac{8120.4}{29308 \times 92.49 \times 99 \times \left(1 - \dfrac{8}{100}\right)} \times 10^7$ =328.91g/（kW·h）。

1 号加热器端差为 4℃时，供电煤耗为 $b'_{gd} = \dfrac{8133.96}{29308 \times 92.49 \times 99 \times \left(1 - \dfrac{8}{100}\right)} \times 10^7 =$ 329.46g/（kW·h），得到额定工况下，1 号加热器端差升高 6℃，影响供电煤耗升高 329.46–328.91=0.55g/（kW·h）。

根据该机组 1 号高压加热器端差对热耗修正曲线，得到 1 号高压加热器端差与热耗修正率之间的对应数据，如表 5-51 所示。

表 5-51　　　　　某 300MW 机组 1 号高压加热器端差与热耗修正率的关系

1 号高压加热器端差（℃）	–1.7	0	4
热耗修正率（%）	0	0.05	0.167

利用表 5-51 中的数据做出 1 号高压加热器端差与热耗修正率的曲线方程，如图 5-40 所示。

方程中 x 为 1 号高压加热器端差，y 为对应的热耗修正率。1 号高压加热器端差为基准值–2 时，修正率为 0。1 号高压加热器端差偏离基准值为 x_1 时，对机组热耗的修正率计算公式为：$y_1=0.029x_1+0.049$（例如 1 号高压加热器端差为 5℃时，代入公式求得对机组热耗的修正率等于 0.194%），此时机组实际热耗率为（$1+y_1$）乘以基准值。利用发电煤耗公式 $b_{fd}=\dfrac{q}{29308\times\eta_{gl}\times\eta_{gd}}\times10^7$ 计算出 1 号高压加热器端差变化前后的发电煤耗。同理，利用供电煤耗公式 $b_{gd}=\dfrac{q}{29308\times\eta_{gl}\times\eta_{gd}\times\left(1-\dfrac{L_{fd}}{100}\right)}\times10^7$ 计算出 1 号高压加热器端差变化前后的供电煤耗。发（供）电煤耗的变化值除以 1 号高压加热器端差的变化值，就是再热器喷水量变化对发（供）电煤耗的影响系数。

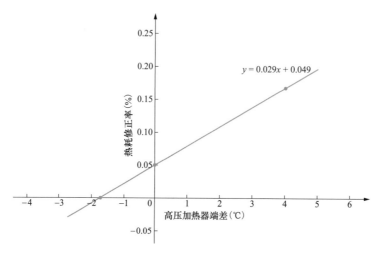

图 5-40 某 300MW 机组 1 号高压加热器端差与热耗修正率的曲线方程

例如，锅炉效率为 92.49%，管道效率为 99%，机组热耗率为 8120.4kJ/（kW·h），发电厂用电率为 8%，1 号高压加热器端差基准值为 -2℃，求当 1 号高压加热器端差为 5℃时对供电煤耗的影响值。

供电煤耗基准值为

$$b_{gd}=\frac{q}{29308\times\eta_{gl}\times\eta_{gd}\times\left(1-\dfrac{L_{fd}}{100}\right)}\times10^7=\frac{8120.4}{29308\times92.49\times99\times\left(1-\dfrac{8}{100}\right)}\times10^7=328.91\,\text{g/（kW·h）}$$

1 号加热器端差为 5℃时，对机组热耗的修正率为 0.029×5+0.049=0.194%，此时机组热耗为 8120.4×（1+0.194%）= 8136.15kJ/（kW·h），供电煤耗为 $b'_{gd}=\dfrac{q}{29308\times\eta_{gl}\times\eta_{gd}\times\left(1-\dfrac{L_{fd}}{100}\right)}\times10^7$

$$=\frac{8136.15}{29308\times92.49\times99\times\left(1-\dfrac{8}{100}\right)}\times10^7=329.55\,\text{g/（kW·h）}，则供电煤耗变化值为 329.55-$$

328.91=0.64g/（kW·h）。即 1 号高压加热器端差变化 1℃，影响供电煤耗变化 0.091

g/（kW·h）。

十一、缸效率（高压缸、中压缸、低压缸）对供电煤耗的影响系数

缸效率（高压缸、中压缸、低压缸）对供电煤耗的影响系数是指，在管道效率、锅炉效率和发电厂用电率保持不变的条件下，缸效率（高压缸、中压缸、低压缸）变化 1 个百分点对供电煤耗的影响值。

分析缸效率对煤耗率的影响一般采用小偏差方法，由于各制造厂提供的小偏差公式复杂，本书利用上海发电设备研究所推导的缸效率与机组热耗关系式，热耗可用公式（5-31）表示，即

$$q = \frac{3600Q_b}{Q_h\eta_h + Q_i\eta_i + Q_l\eta_l} \tag{5-31}$$

式中　　Q_b——锅炉吸热量；

Q_h——高压缸折算理想焓降；

Q_i——中压缸折算理想焓降；

Q_l——低压缸折算理想焓降；

η_h、η_i、η_l——高压缸、中压缸、低压缸的内效率。

假定锅炉吸热量不变，对该式进行微分，得

$$
\begin{aligned}
\frac{\mathrm{d}q}{q} &= -\left(\frac{Q_h\mathrm{d}\eta_h}{Q_h\eta_h + Q_i\eta_i + Q_l\eta_l} + \frac{Q_i\mathrm{d}\eta_i}{Q_h\eta_h + Q_i\eta_i + Q_l\eta_l} + \frac{Q_l\mathrm{d}\eta_l}{Q_h\eta_h + Q_i\eta_i + Q_l\eta_l} \right) \\
&= -\left(\frac{KW_h}{KW_h + KW_i + KW_l} \times \frac{\mathrm{d}\eta_h}{\eta_h} + \frac{KW_i}{KW_h + KW_i + KW_l} \times \frac{\mathrm{d}\eta_i}{\eta_i} + \frac{KW_l}{KW_h + KW_i + KW_l} \times \frac{\mathrm{d}\eta_l}{\eta_l} \right)
\end{aligned} \tag{5-32}
$$

式中　KW_h、KW_i、KW_l——汽轮机的高压缸、中压缸、低压缸出力。

式（5-32）只适用于非再热式机组，且未考虑前缸对后缸的影响，为此做下列修正：

（1）再热后的高压缸内效率变化对热耗的影响小一些，这是因为高压部分内效率提高后，高压部分出力增加 ΔKW_h，但同时再热器的入口焓下降；在不影响再热器出口状态下，再热器吸热量必须等量增加 $3600\Delta KW_h$，换言之，高压部分效率提高 $\Delta\eta_h$，实际收益仅为

$$\Delta KW'_h = \left(1 - \frac{3600}{q}\right)\Delta KW_h \tag{5-33}$$

（2）中压缸效率提高后，会降低低压缸进汽温度，增加排汽湿度，从而使低压缸部分内效率恶化；而且使低压缸部分的抽气量有不同程度的增加，中压缸内效率提高所带来的好处，并不全转移到机组的热耗上，因此中压缸内效率部分应乘以小于 1 的因子 β，对于再热凝汽式机组，可取 β=0.7～0.75（本书取 β 值为 0.75）。

综上所述，再热凝汽式汽轮机组的热耗与各部分内效率的关系式可以写成

$$\delta q = \frac{\mathrm{d}q}{q} = -\left[\frac{\left(1-\dfrac{3600}{q}\right)KW_h}{KW_h+KW_i+KW_l}\times\frac{\mathrm{d}\eta_h}{\eta_h}+\frac{\beta KW_i}{KW_h+KW_i+KW_l}\times\frac{\mathrm{d}\eta_i}{\eta_i}+\frac{KW_l}{KW_h+KW_i+KW_l}\times\frac{\mathrm{d}\eta_l}{\eta_l}\right]$$

(5-34)

根据某电厂 300MW 机组 NZK300-16.7/537/537 型汽轮机热力特性书中高压缸/中压缸/低压缸通流部分热力参数汇总表，在额定工况下，η_h=87.98%，η_i=92.48%，η_l=92.53%，KW_h=89609kW，KW_i=82893kW，KW_l=122134kW，$KW_h+KW_i+KW_l$=294636kW，q=8120.4 kJ/（kW·h），代入式（5-34）得

δq=-（0.1924$\delta\eta_h$+0.2282$\delta\eta_i$+0.4145$\delta\eta_l$），可见，额定工况下，高压缸内效率每变化 1 个百分点，热耗变化 0.1924%；中压缸内效率每变化 1 个百分点，热耗变化 0.2282%；低压缸内效率每变化 1 个百分点，热耗变化 0.4145%。

通过换算得到：

（1）高压缸内效率变化 1 个百分点，汽轮机热耗变化值为 8120.4×0.1924%=15.62 kJ/（kW·h），汽轮机热耗为 8120.4+15.62=8136.02kJ/（kW·h）。

发电煤耗基准值为 $b_{fd}=\dfrac{8120.4}{29308\times92.49\times99}\times10^7$=302.59g/（kW·h）。

高压缸内效率变化 1 个百分点时，发电煤耗为 $b'_{fd}=\dfrac{8136.02}{29308\times92.49\times99}\times10^7$=303.18 g/（kW·h），发电煤耗变化值为 303.18-302.59=0.59g/（kW·h），即高压缸内效率变化对发电煤耗的影响系数为 0.59g/（kW·h）。

发电厂用电率为 8%时，供电煤耗基准值为 $b_{gd}=\dfrac{8120.4}{29308\times92.49\times99\times\left(1-\dfrac{8}{100}\right)}\times10^7$ =328.91g/（kW·h）。

高压缸内效率变化 1 个百分点时，供电煤耗为 $b'_{gd}=\dfrac{8136.02}{29308\times92.49\times99\times\left(1-\dfrac{8}{100}\right)}\times10^7$ =329.54g/（kW·h），供电煤耗变化值为 329.54-328.91=0.63g/（kW·h），即高压缸内效率变化对发电煤耗的影响系数为 0.63g/（kW·h）。

（2）中压缸内效率变化 1 个百分点，汽轮机热耗变化值为 8120.4×0.2282%=18.53 kJ/（kW·h），汽轮机热耗为 8120.4+18.53=8138.93kJ/（kW·h）。

发电煤耗基准值为 $b_{fd}=\dfrac{8120.4}{29308\times92.49\times99}\times10^7$=302.59g/（kW·h）。

中压缸内效率变化 1 个百分点时，发电煤耗为 $b'_{fd}=\dfrac{8138.93}{29308\times92.49\times99}\times10^7$=303.29

g/（kW·h），发电煤耗变化值为 303.29–302.59=0.70g/（kW·h），即中压缸内效率变化对发电煤耗的影响系数为 0.70g/（kW·h）。

发电厂用电率为 8%时，供电煤耗基准值为 $b_{gd} = \dfrac{8120.4}{29308 \times 92.49 \times 99 \times \left(1 - \dfrac{8}{100}\right)} \times 10^7$

=328.91g/（kW·h）。

中压缸内效率变化 1 个百分点时，供电煤耗为 $b'_{gd} = \dfrac{8138.93}{29308 \times 92.49 \times 99 \times \left(1 - \dfrac{8}{100}\right)} \times 10^7$

=329.66g/（kW·h），供电煤耗变化值为 329.66–328.91=0.75g/（kW·h），即中压缸内效率变化对供电煤耗的影响系数为 0.75g/（kW·h）。

（3）低压缸效率变化 1 个百分点，汽轮机热耗变化值为 8120.4×0.4145%=33.66 kJ/（kW·h），汽轮机热耗为 8120.4+33.66=8154.06kJ/（kW·h）。

发电煤耗基准值为 $b_{fd} = \dfrac{8120.4}{29308 \times 92.49 \times 99} \times 10^7$ =302.59g/（kW·h）。

低压缸内效率变化 1 个百分点时，发电煤耗为 $b'_{fd} = \dfrac{8154.06}{29308 \times 92.49 \times 99} \times 10^7$ =303.85 g/（kW·h），发电煤耗变化值为 303.85–302.59=1.26g/（kW·h），即低压缸内效率变化对发电煤耗的影响系数为 0.70g/（kW·h）。

发电厂用电率为 8%时，供电煤耗基准值为 $b_{gd} = \dfrac{8120.4}{29308 \times 92.49 \times 99 \times \left(1 - \dfrac{8}{100}\right)} \times 10^7$

=328.91g/（kW·h）。

低压缸内效率变化 1 个百分点时，供电煤耗为 $b'_{gd} = \dfrac{8154.06}{29308 \times 92.49 \times 99 \times \left(1 - \dfrac{8}{100}\right)} \times 10^7$

=330.27g/（kW·h），供电煤耗变化值为 330.27–328.91=1.36g/（kW·h），即低压缸内效率变化对供电煤耗的影响系数为 1.36g/（kW·h）。

十二、高压加热器切除对供电煤耗的影响系数

查某电厂 300MW 机组 NZK300-16.7/537/537 型汽轮机热力特性，以及 600MW 机组 N600-16.67/537/538 型 600MW 中间再热直接空冷凝汽式汽轮机热力性能数据，得机组高压加热器切除时基本参数，如表 5-52 所示。

表 5-52　　　　　　　　　　　高压加热器切除时的基本参数

项目	300MW	600MW			
	全切	全切	1 号高压加热器切除	2 号高压加热器切除	3 号高压加热器切除
机组出力（MW）	300	600	600	600	600

项目	300MW	600MW			
	全切	全切	1号高压加热器切除	2号高压加热器切除	3号高压加热器切除
背压 （kPa）	15	15	15	15	15
负荷率 （%）	100	100	100	100	100
热耗值 [kJ/（kW·h）]	8461.099	8348	8142	8099	8075

注 该电厂300MW机组高压加热器系统为大旁路系统,高压加热器切除时为3台高压加热器全部切除;600MW机组高压加热器系统为小旁路系统,高压加热器可单台切除。

以300MW机组高压加热器全切为例，计算高压加热器系统切除对供电煤耗的影响系数。

发电煤耗基准值为 $b_{fd} = \dfrac{8120.4}{29308 \times 92.49 \times 99} \times 10^7 = 302.59\text{g/（kW·h）}$。

高压加热器全切时，发电煤耗为 $b'_{fd} = \dfrac{8461.099}{29308 \times 92.49 \times 99} \times 10^7 = 315.29\text{g/（kW·h）}$，发电煤耗变化值 $315.29 - 302.59 = 12.7\text{g/（kW·h）}$，即高压加热器全切对发电煤耗的影响系数为12.7g/（kW·h）。

发电厂用电率为8%时，供电煤耗基准值为 $b_{gd} = \dfrac{8120.4}{29308 \times 92.49 \times 99 \times \left(1 - \dfrac{8}{100}\right)} \times 10^7$ $= 328.91\text{g/（kW·h）}$。

高压加热器全切时，供电煤耗为 $b'_{gd} = \dfrac{8461.099}{29308 \times 92.49 \times 99 \times \left(1 - \dfrac{8}{100}\right)} \times 10^7 = 342.69$ g/（kW·h），供电煤耗变化值为 $342.69 - 328.91 = 13.78\text{g/（kW·h）}$，即高压加热器全切对供电煤耗的影响系数为13.78g/（kW·h）。

高压加热器系统切除后的机组煤耗计算结果如表5-53所示。

表5-53　　　　　　　　高压加热器切除对供电煤耗的影响系数

项目	300MW	600MW			
	全切	全切	1号高压加热器切除	2号高压加热器切除	3号高压加热器切除
背压 （kPa）	15	15	15	15	15
机组出力 （MW）	300	600	600	600	600

续表

项目	300MW	600MW			
	全切	全切	1号高压加热器切除	2号高压加热器切除	3号高压加热器切除
负荷率（%）	100	100	100	100	100
热耗值[kJ/（kW·h）]	8461.1	8348	8142	8099	8075
汽轮机效率（%）	42.55	43.12	44.22	44.45	44.58
锅炉效率（%）	92.49	92	92	92	92
管道效率（%）	99	98.5	98.5	98.5	98.5
发电煤耗[g/（kW·h）]	315.27	314.35	306.53	304.94	304.06
供电煤耗[g/（kW·h）]	342.69	341.68	333.19	331.46	330.49
发电煤耗基准值[g/（kW·h）]	302.59	303.63	303.63	303.63	303.63
供电煤耗基准值[g/（kW·h）]	328.91	330.03	330.03	330.03	330.03
发电煤耗变化值[g/（kW·h）]	12.68	10.72	2.90	1.31	0.43
供电煤耗变化值[g/（kW·h）]	13.78	11.65	3.16	1.43	0.46

参 考 文 献

[1] 赵兵，景杰. 碳达峰碳中和目标下火力发电行业的转型与发展 [J]. 节能与环保，2021（5）：32-33.

[2] 李青，公维平. 火力发电厂节能和指标管理技术 [M]. 北京：中国电力出版社，2009.

[3] 邹泽锦. 发电企业经济活动分析 [M]. 北京：中国电力出版社，2008.

[4] 李青，高山，薛彦廷. 火力发电厂节能技术及其应用 [M]. 北京：中国电力出版社，2007.

[5] 李德林. 火力发电厂冷却塔节能技术分析及改造 [J]. 安徽电力，2004（12）：36-39.

[6] 蒋明昌，田志国，等. 火力发电厂能耗指标管理 [M]. 北京：华文出版社，2004.

[7] 杨慧超. 提高电厂高加投入率的对策 [J]. 电力建设，2001（6）：35-36.

[8] 张永清. 降低某电厂给水泵单耗的分析与研究 [J]. 沈阳工程学院学报（自然科学版），2019（1）：45-47.

[9] 李恩辰. 火力发电厂锅炉计算知识 [M]. 北京：水利电力出版社，1990.

[10] 李青，张兴营，徐光照. 火力发电厂节能技术及其应用 [M]. 北京：中国电力出版社，2007.

[11] 庄婷. 耗差分析方法在机组运行优化管理中的应用 [J]. 浙江电力，2004（2）：5-7.

[12] 方超. 发电厂节能技术监督工作探讨 [J]. 中国电力，1997（9）：6-7，14.

[13] 李青，公维平，李晓辉. 火电厂节能减排手册节能管理部分 [M]. 北京：中国电力出版社，2014.

[14] 华北电力节能检测中心，山西电力节能检测中心，等. 电力节能检测实施细则 [M]. 北京：中国标准出版社，2000.

[15] 李名远，郭建林，等. 论提高国产 300 万千瓦汽轮机的经济性 [J]. 动力工程，1986（3）：17-23.

[16] 李青，邢春. 供电煤耗率的实时计算及管理节能 [J]. 山东电力技术，2000（5）：43-46.

[17] 王振铭，郁刚. 我国热电联产的现状、前景与建议 [J]. 中国电力，2003（9）：43-49.

[18] 李青，高山，薛彦廷. 火电厂节能减排手册技能技术部分 [M]. 北京：中国电力出版社，2013.

[19] 华东电业管理局. 汽轮机运行技术问答 [M]. 北京：中国电力出版社，2003.

[20] 刘玉铭. 锅炉技术问答 [M]. 北京：水利电力出版社，1994.

[21] 王志超. 火力发电厂生产经营指标释义与计算 [M]. 山西：山西经济出版社，1998.

[22] 山西省地方电力公司. 电力生产技术经济指标 [M]. 北京：中国电力出版社，2001.

[23] 陈浩，刘志真. 加热器端差对机组经济性的影响 [J]. 山东电力技术，2001（1）：17.

[24] 王运民. 高压加热器投入率低原因分析与改进 [J]. 汽轮机技术，2006（2）：56-57.

[25] 雷铭. 发电节能手册 [M]. 北京：中国电力出版社，2005.

[26] 林万超. 火力发电厂热力系统节能分析 [M]. 北京：中国水利电力出版社，1987.

[27] 华东电管局. 电力工业词典 [M]. 北京：水利电力出版社，2003.

[28] 樊泉桂，阎维平. 锅炉原理 [M]. 北京：中国电力出版社，2004.

[29] 丁尔谋. 发电厂空冷技术 [M]. 北京：水利电力出版社，1992.

[30] 管小伟. FCC 烟气湿式一体化氨法脱硫脱硝技术 [J]. 硫磷设计与粉体工程，2016，131（2）：12.

[31] 王志雅. 氨法脱硫中的氨逃逸和硫酸铵气溶胶现象 [J]. 化工设计通讯，2014，40（5）：36.

[32] 胡敏. 氨法烟气脱硫技术控制要求与问题分析 [J]. 炼油技术与工程，2020，50（1）.

[33] 李娟，李军东，杨婷. 氨法脱硫过程中气溶胶的形成机理及控制研究 [J]. 硫磷设计与粉体工程，2018（2）：6.

[34] 鲍静静，印华斌，杨林军，等. 湿式氨法烟气脱硫中气溶胶的形成特性研究 [J]. 高校化学工程学报，2010，24（2）：325.

[35] 许定国. 针对湿式氨法烟气脱硫措施论述 [C]//科学制定有效决策理论学术研讨会论文集：上. 科技与企业，2015.

[36] 郭永利，董雄鹰. 300MW 锅炉脱硫系统运行状况分析 [C]//全国火电大机组（300MW 级）竞赛第三十八届年会论文集，2010.

[37] 朱德勇，谷伟，冯庭有. 海水脱硫技术在 1036MW 超超临界机组中的应用 [J]. 发电企业节能减排技术论坛，2013.

[38] 宗琦. 无油螺杆空气压缩机的节能改造 [J]. 棉纺织技术，2015，43（5）：13.

[39] 孙铁源. 压缩空气系统的运行现状与节能改造 [J]. 机床与液压. 2010，38（13）：110.

[40] 杨忠亮. 螺杆式空气压缩机能耗损失与节能途径 [J]. 设备管理与维修，2018，11：165-166.

[41] 何干祥，井新经，张海龙，等. 燃煤机组气力除灰系统能耗评估及节能优化 [J]. 热力发电，2018，11：18-23.

[42] 胡振君. 压缩空气干燥机能耗计算方法 [J]. 除灰技术，2021，（11）：133-136.

[43] 白雪川. 循环流化床机组降低脱硫系统厂用电率的措施 [J]. 云南水力发电. 2021（9）：45-50.

[44] 杨天桃，翟学军. 脱硫浆液循环泵电耗影响因素分析与优化 [J]. 江苏电机工程，2011，30（3）：74-77.

[45] 殷东. 燃煤电厂静电除尘器除尘效率降低的原因分析以及解决措施研究 [J]. 节能，2021（4）：71-73.

[46] 唐敏康，冯国俊. 粉尘比电阻影响因素分析及应对措施 [J]. 江西理工大学学报，2007，28（3）：47-49.

[47] 蔺小力. 电除尘器对低比电阻粉尘收集的研究 [J]. 环境科学与管理，2008，33（12）：102-104，139.

[48] 窦小春. 电厂电除尘器除尘效率的主要影响因素分析 [J]. 中国化工贸易，2015（36）：129.

[49] 洛成元. 影响静电除尘器工作效率的主要因素和关键部件 [J]. 石油化工应用，2008，27（4）：96-98.

[50] 刘明，孟桂祥，严俊杰，等. 火电厂除尘器前烟道流场性能诊断与优化 [J]. 中国电机工程学报，

2013，33（11）：1-7.

[51] 赵大周，何胜，刘沛奇. 600MW 机组除尘器前烟道流场的模拟分析及优化 [J]. 电站系统工程，
2016，32（5）：17-19.

[52] 王全胜，王宏，寇忠昌. 中小型燃煤电厂电除尘器效率降低的原因探讨 [J]. 能源环境保护，2005
（1）：57-59.

[53] 蒋明昌. 火电厂能耗指标分析手册 [M]. 北京：中国电力出版社，2021.

[54] 董广彦，高睿鸿. 耗差分析在 350MW 和 660MW 超临界机组中的应用 [J]. 神华科技，2018，
16（9）：91-94.

[55] 王松浩. 耗差分析方法的现状及其发展研究 [J]. 江苏科技信息，2017，（32）：25-27.

[56] 方超. 燃煤锅炉煤质指标耗差分析方法研究 [J]. 电力工程技术，2017，36（3）：115-119.

[57] 王会强. 660MW 超超临界火电机组耗差分析系统的开发与应用 [D]. 北京：华北电力大学，2016.

[58] 黄卫军，王海锋，朱延海. 锅炉参数耗差在线分析模型建立与应用 [J]. 热力发电，2015，44（9）：
66-70.

[59] 赵恕. 火电厂能耗指标分析与管理 [D]. 北京：华北电力大学，2007.

[60] 刘帅. 汽轮机通流部分运行参数对机组热经济性的影响分析 [D]. 保定：华北电力大学，2009.

[61] 赵晓峰. 电厂热经济分析中重要参数耗差计算模型的建立 [D]. 北京：华北电力大学，2009.

[62] 刘振刚. 火电机组耗差分析模型研究 [D]. 保定：华北电力大学，2007.